Medizinische Informatik, Biometrie und Epidemiologie

Herausgeber:
K. Überla, München
O. Rienhoff, Marburg
N. Victor, Heidelberg

G. U. H. Seeber   Ch. E. Minder (Hrsg.)

Multivariate Modelle

Neue Ansätze für biometrische Anwendungen

Springer-Verlag

Berlin Heidelberg New York
London Paris Tokyo
Hong Kong Barcelona
Budapest

Herausgeber

Gilg U. H. Seeber
Institut für Statistik, Leopold-Franzens Universität Innsbruck
Innrain 52, A-6020 Innsbruck

Christoph E. Minder
Institut für Sozial- und Präventivmedizin, Universität Bern
Finkenhubelweg 11, CH-3012 Bern

ISBN-13: 978-3-540-54511-8   e-ISBN-13: 978-3-642-95669-0
DOI: 10.1007/978-3-642-95669-0

24/3130-543210 – Gedruckt auf säurefreiem Papier

Inhalt

Vorwort

Ein Tag des im September 1991 in Biel (Schweiz) stattfindenden ROeS-Seminars, der Zweijahrestagung der österreichisch-schweizerischen Region der Internationalen Biometrischen Gesellschaft, wird dem Schwerpunkt *Neuere Methoden der Multivariaten Statistik* gewidmet sein. Der vorliegende Band enthält (fast vollständig) die schriftlichen Ausarbeitungen der eingeladenen und zu diskutierenden Vorträge und einen eingereichten Beitrag.

Bei der Planung des Buches wie des Tagungsprogrammes sind wir davon ausgegangen, dem für das ROeS-Seminar typischen heterogenen TeilnehmerInnenkreis neuere, methodisch anspruchsvollere und nicht durch weit verbreitete, im Routineeinsatz befindliche Softwarelösungen unterstützte Ansätze der multivariaten Datenanalyse zu präsentieren. Selbstverständlich können wir nur einen Ausschnitt aus dem vielfältigen Spektrum multivariater Methoden bieten, die Auswahl ist auch subjektiv — unser Anspruch war in erster Linie, anhand konkreter biometrischer Fragestellungen intelligente und sensible methodische Lösungen zu demonstrieren, zur kritischen Diskussion anzuregen und ein wenig zur breiteren Anerkennung professioneller statistischer Arbeit beizutragen. Wir sind uns natürlich darüber im klaren, daß der Nutzen neuerer Ansätze und Methoden erst durch wiederholte Anwendung zu Tage tritt und deren Verbesserung und Verfeinerung nur durch stetige praktische Verwendung möglich ist.

Neben den beitragenden AutorInnen gilt unser Dank Herrn Professor N. Victor als einem der Reihenherausgeber und Frau G. Schröder-Djeiran vom Springer-Verlag für eine sehr kooperative Zusammenarbeit.

Innsbruck und Bern im Juli 1991

Gilg U.H. Seeber
Christoph E. Minder

Einleitung

Gilg U.H. Seeber
Institut für Statistik, Leopold-Franzens-Universität Innsbruck
Innrain 52, A-6020 Innsbruck

Die Titel der Beiträge in diesem Band lassen auf den ersten Blick mit Ausnahme der Zugehörigkeit der dort vorgestellten Modelle und Methoden zur Multivariaten Statistik nur wenig gemeinsames vermuten. Tatsächlich führt das in der Biometrie praktizierte quantitative und empirische Forschen auch auf eine große Vielfalt verschiedenartiger substanzwissenschaftlicher Probleme, die dann auch vielfältiges und subtiles statistisches Instrumentarium erfordern. Dieser Band kann nur einen Einblick in einen kleinen Ausschnitt der für die angewandte biometrische Arbeit interessanten Methoden bieten. Aus der Sicht des Methodikers stellen die Beiträge jedoch über die konkreten und referierten Anwendungsbeispiele weit hinausgehende, generelle Ansätze dar.

Auch wenn die Ergebnislisten so manches gut eingeführten Statistikprogrammes Rätsel aufgeben können oder zumindest nicht immer Klarheit zu schaffen in der Lage sind, kann das Multivariate Lineare Modell unter Annahme einer Normalverteilung auch in seiner großen Allgemeinheit und Vielseitigkeit als in der Theorie gut verstanden und in der Praxis als in vielen Situationen bewährt angesehen werden. Sehr viel schwieriger wird die Situation, wenn etwa das Meßniveau der vorliegenden Daten die Normalverteilung nicht mehr angemessen erscheinen lassen oder Abhängigkeitsmuster nicht mehr hinreichend genau oder nur mit großem Aufwand beschrieben werden können. Die Beiträge dieses Bandes illustrieren Beispiele aus der aktuellen biometrischen Forschung, deren statistische Behandlung komplexere Methoden voraussetzen.

MANFRED BERRES analysiert einen hochdimensionalen Datensatz von Zählvariablen, die aus einem landwirtschaftlichen Feldversuch stammen. Der Autor zeigt, daß in dieser Situation viele gängige Analysemethoden — inklusive loglinearer Modelle — unbefriedigende Ergebnisse liefern. Er entschließt sich deshalb zu einer explorativen Vorgangsweise und verwendet dazu einen von A. Gifi entwickelten Ansatz zur nichtlinearen Hauptkomponenten- und kanonischen Korrelationsanalyse.

BERRES verwendet — dem Problem angemessen — letztlich nur deskriptive Methoden. Tatsächlich wird Datenanalyse in den meisten Lehrbüchern als Teilgebiet der deskriptiven Statistik behandelt. Mir erscheint diese Auffassung zu eng und ich würde unter diesem Begriff lieber alle jene statistischen Methoden zusammengefaßt sehen, die zur Beschreibung von in Daten aufzufindenden Eigenheiten dienen. Dies umfaßt natürlich auch deskriptive und graphische Verfahren, beinhaltet aber auch stochastische Methoden, wie sie in den weiteren Beiträgen vorgestellt werden.

Ausgehend von der Klasse der Generalisierten Linearen Modelle zeigt REINHOLD HATZINGER wie durch Aufgabe der Forderung nach vollständiger parametrischer Spezifikation der Verteilung der qualitativen oder quantitativen abhängigen Variablen in einem Regressionsmodell Daten mit allgemeineren Varianz-/Kovarianzstrukturen — wie etwa Überdispersion oder spezielle Muster von Abhängigkeiten — analysiert werden können. Das Fehlen hinreichend flexibler aber mathematisch handhabbarer, diskreter Verteilungsfamilien läßt diesen Ansatz attraktiv erscheinen.

GERHARD TUTZ wählt in seinem Beitrag einen anderen Weg, zu restriktiv erscheinende Modellvoraussetzungen abzuschwächen. Die von ihm vorgestellten Glättungsverfahren verlangen im Gegensatz zu parametrischen Modellierungsansätzen keine spezifischen Annahmen über Verteilungsform oder etwa Linearität des Einflusses der erklärenden Variablen auf die Reaktorvariable, sondern fordern nur eine gewisse Glattheit der zugrundeliegenden Struktur. Er sieht die Daten und nicht (stochastische) Modelle als Ausgangspunkt für die Analyse. Der Aufsatz behandelt diskrete Kerne als Verfahren zur Glättung von qualitativen Daten und deren Einsatz in Regressions- und diskriminanzanalytischen Problemen.

Gegenstand der Arbeiten von SYLVIA FRÜHWIRTH-SCHNATTER und WILLI-JULIUS STRONEGGER bilden Prozesse, die durch regelmäßige Beobachtung einer meßbaren, aber nicht notwendigerweise normalverteilten Meßgröße laufend erfaßt werden. Sie betrachten Zeitreihenmodelle, in der die Trendfunktion, i.e. die Erwartungswerte der Komponenten der Zeitreihe, selbst stochastisch ist. In beiden Beiträgen stellen Filter das grundlegende statistische Instrumentarium dar, inhaltlich steht bei FRÜHWIRTH-SCHNATTER die begleitende Beobachtung, das Monitoring, im Vordergrund, bei STRONEGGER die diskrimanzanalytische Fragestellung der sequentiellen Zuordnung von Untersuchungseinheiten zu vorgegebenen Gruppen oder der Prognosestellung unter Verwendung wiederholter Messungen.

Den Abschluß bildet ein methodischer Aufsatz von CHRISTOPH E. MINDER, in dem er einen globalen, anhand der Scorefunktion konstruierten Anpassungstest vorstellt und am Beispiel den Spezialfall für die Poisson-Regression illustriert.

Nicht-lineare multivariate Analyse eines Nützlingsversuchs im Feld

Manfred Berres
CIBA-GEIGY AG, Mathematical Applications
Postfach/R-1008.Z2.34, CH-4002 Basel

Schlüsselworte: Gifi-System, nicht-lineare Transformationen, Hauptkomponenten, kanonische Korrelationen, Biplot

Zusammenfassung

Ein wichtiger Aspekt bei der Entwicklung neuer Pestizide ist deren selektiver Einfluß auf verschiedene Arthropodenarten im offenen Feldversuch. Solche Feldversuche liefern multivariate Daten zur Artenhäufigkeit vor und nach verschiedenen Behandlungen. Diese Daten sind großer Variabilität unterworfen, so daß die üblichen statistischen Methoden nicht anwendbar sind oder keine schlüssigen Ergebnisse liefern. Wir halten deshalb Methoden der schließenden Statistik für unangemessen und schlagen eine nicht-lineare, multivariate, explorative Datenanalyse für diskrete Variablen (Insektenzahlen) vor. In den Programmen des Gifi-Systems (Gifi (1990)) ist es erlaubt, in Hauptkomponenten- und kanonischen Korrelationsanalysen solche beobachteten Variablen mit nominal skalierten Einflußvariablen (z.B. Behandlung) zu kombinieren. Dabei werden optimale Transformationen der Anzahlen jeder Spezies und der Einflussvariablen bestimmt. In einer kanonischen Korrelationsanalyse der vorliegenden Daten finden wir, daß den Einflußvariablen Behandlung, Sammeltag und Lage des Feldes je eine Dimension entspricht. Biplots von Variablen und von Scores liefern zusätzliche Informationen über die relative Häufigkeit verschiedener Arten unter jeder Behandlung.

1. Einführung

1.1 Biologische Hintergrundinformationen

In der Entomologie bezeichnet man solche Arthropoden als **Nützlinge**, welche sich von pflanzenfressenden Insekten ernähren. Sie sind also die natürlichen Feinde wichtiger Schädlinge. Wenn breit wirksame Pflanzenschutzmittel mit einer Wirkung gegen viele Arten von Arthropoden im Feld angewendet werden, so steht man vor dem Problem, daß nicht nur Schädlinge sondern auch Nützlinge getötet werden. Dies hat oft die ernsthafte Konsequenz, daß weitere chemische Feldeinsätze nötig sind. Als Folge davon können die Schädlinge mit der Zeit gegen das Pflanzenschutzmittel resistent werden: Das natürliche Gleichgewicht zwischen den Arten ist gestört und die Nützlinge sind nicht mehr in der Lage, die Schädlingspopulationen unter Kontrolle zu halten. Dies kann zu großen Ernteschäden führen.

Aus diesem Grunde ist es eines der wichtigsten Ziele der integrierten Schädlingsbekämpfung, Pflanzenschutzmittel zu benutzen, welche die Nützlingspopulationen im Feld nicht angreifen. Solche Substanzen werden **selektive Pflanzenschutzmittel** genannt. Andererseits sollten auch die Schädlinge nicht vollkommen ausgerottet werden, denn dann verschwinden auch die von ihnen lebenden Nützlinge: sie verhungern oder sie wandern aus. Wenn die Schädlinge später wieder auftreten, können sie sich sehr rasch vermehren, weil ihre natürlichen Feinde fehlen.

Bei Selektivitätsversuchen wird untersucht, ob ein neues Pflanzenschutzmittel im Vergleich zu bekannten Substanzen weniger schädlich für Nützlinge ist. Ein Teil dieser Versuche wird unter Laborbedingungen mit konstanter Temperatur und Luftfeuchtigkeit ausgeführt. Dabei werden nur wenige Arten und eine festgelegte Anzahl von Arthropoden jeder Art eingesetzt. Diese Art von Versuch erhellt die Beziehung zwischen einem Nützling und einem Schädling, läuft jedoch unter unrealistischen Bedingungen ab. Deshalb müssen zusätzliche Selektivitätstests auch im offenen Feldversuch durchgeführt werden. Alle Schädlinge und Nützlinge, welche in der natürlichen Umgebung gefunden werden, müssen in einem solchen Versuch in Betracht gezogen werden. Aus diesem Grunde werden Stichproben von Arthropoden vor und nach der Behandlung mit Pflanzenschutzmittel eingesammelt und die Anzahlen der wichtigen Arten bestimmt.

Die Wechselbeziehungen zwischen Nützlingen und Schädlingen sind im allgemeinen sehr kompliziert, weil die meisten Nützlinge sich von mehreren Schädlingsarten ernähren und ihre Futterbasis mit anderen Nützlingen teilen müssen. Die Ausgangspopulationen können außerdem zwischen den verschiedenen Behandlungsfeldern unterschiedlich sein, und was noch schlimmer ist, viele der Arten können leicht zwischen verschiedenen Feldern migrieren. Aus technischen Gründen ist es jedoch unmöglich, die Anzahl Arthropoden zu bestimmen, die von einem Versuchsfeld zum anderen fliegen. Ebenso wenig kann festgestellt werden, wie viele Arthropoden zwischen Versuchsfeldern und den umliegenden Regionen migrieren. Der Biologe kann nur annehmen, daß aufgrund der Umweltbedingungen ein Teil einer Population ausgewandert sein kann, er ist aber nicht in der Lage, diesen Anteil zu quantifizieren.

In diesem Beitrag stellen wir einen Nützlingsversuch in Baumwollfeldern vor. Er illustriert schön, daß man es mit vielen verschiedenen Arten und einer natürlicherweise inhomogenen Umwelt zu tun hat, die verschiedene Quellen der Variabilität enthält.

1.2 Versuchsplan

Der zu diskutierende Feldversuch wurde im Sommer 1988 an der landwirtschaftlichen Versuchsstation der Ciba-Geigy in Kaha, Ägypten, durchgeführt. Zwei Insektizide, ein Wachstumshemmer und ein Carbamat wurden miteinander und mit einer Kontrolle (Wasser) verglichen. Ein Wachstumshemmer ist eine Substanz, die die Chitinsynthese stört. Behandelte Larven können sich nicht mehr richtig häuten, so daß nur ein Teil von ihnen das nächste Stadium erreicht. Die anderen Larven bleiben in ihren alten Schalen gefangen. Diese Substanz ist neu. Carbamate sind konventionelle systemisch wirkende Insektizide, die ein breites Spektrum von saugenden und fressenden Insekten schädigen. Sie töten die Insekten unmittelbar nach der Anwendung. Beide Insektizide werden auf die Pflanzen gespritzt.

Sechs Felder auf der Versuchsstation wurden nach einem zweifaktoriellen Plan mit zwei Stufen für die Lage des Feldes im Süden und im Norden der Station, und drei Stufen für die Behandlung (Kontrolle, Carbamat, Wachstumshemmer) eingesetzt. Jedes Feld erstreckt sich über 5'000 bis 10'000 m^2. Die ökologischen Bedingungen auf der Nord- und auf der Südseite der Station sind recht unterschiedlich. Während die südlichen Felder an Obstgärten grenzen, die einen bevorzugten Aufenthaltsort für viele Insektenarten bilden, liegen die nördlichen Felder entlang einer staubigen Straße, die als Barriere für einige Insekten wirkt. Zwischen den beiden Positionen liegen drei andere Reihen von Feldern mit unterschiedlicher Bepflanzung.

Die Arthropoden wurden einmal vor der Spritzung und fünfmal nach der Spritzung eingesammelt. Da dieser Datensatz für eine vernünftige Analyse zu ausgedehnt erschien, entschied der Biologe, daß die drei Wochen nach der Behandlung gesammelten Stichproben die beste Information über die Aktivität der Substanzen liefern. Frühere Stichproben zeigen Kurzzeiteffekte, während nach mehr als drei Wochen die Wirksamkeit der Substanzen abnimmt. Der reduzierte Versuchsplan ist in Tabelle 1 dargestellt.

Tabelle 1: Versuchsplan reduziert auf zwei Sammeltage. Die Symbole (a-f für den vor Behandlung, A-F drei Wochen nach dem Behandlung, jeweils die ersten zwei Buchstaben für das Kontrollfeld, ...) werden später verwendet, um Datenwerte und Punkte in Graphiken zu bezeichnen.

	Vor Behandlung		3 Wochen nach Behandlung	
Behandlung	Südliche Region	Nördliche Region	Südliche Region	Nördliche Region
Kontrolle	a	b	A	B
Wachstumshemmer	c	d	C	D
Carbamat	e	f	E	F

An jedem Sammeltag wurden in jedem der sechs Felder zwölf Stichproben genommen, die jeweils 25 laufenden Metern einer Baumwollreihe entsprechen. Zu diesem Zweck wurde eine Folie entsprechender Größe unter die Pflanzen gelegt. Diese wurden dann von Hand geschüttelt, wobei die Arthropoden auf die Folie fielen und mittels eines umgebauten Staubsaugers in Beutel gesammelt wurden. Diese Beutel kamen zur Identifikation und Auszählung ins Laboratorium nach Basel. An jedem Sammeltag wurden andere Stellen in den Baumwollreihen ausgewählt, um den Einfluß früherer Stichproben zu minimieren. Es kann angenommen werden, daß der Stichprobenfehler dieser Prozedur für alle Behandlungen und alle Sammeltage konstant ist.

Etwa 50 verschiedene Arten, bzw. Stadien einzelner Arten wurden unterschieden. Der Biologe wählte sieben Nützlinge und sieben Schädlinge aus, die ihm am wichtigsten erschienen. Diese haben wir für unsere Analyse verwendet. Die Anzahlen für jede Stichprobe im Kontroll- und Carbamatfeld in der südlichen Region sind in Tabelle 2 wiedergegeben. Die biologischen Namen der ausgewählten Arten sind in Abbildung 1 aufgeführt.

Der wichtigste Räuber in den ägyptischen Baumwollfeldern ist die Wanze Orius (ben_2 - ben_4). Sie ernährt sich von allen Schädlingen, die wir hier betrachten. In Abbildung 1 sind alle Räuber-Beute-Beziehungen zwischenn Nützlingen und Schädlingen dargestellt. Die Numerierung ist so gewählt, daß die Beziehungen so einfach wie möglich abgebildet werden. Adulte Arthropoden können an Orte fliegen, wo sie mehr oder besseres Futter finden.

Tabelle 2: Rohdaten für Kontrolle und Wachstumshemmer in den südlichen Feldern. Die Bezeichnungen folgen der Tabelle 1, pro Index gibt es zwölf Stichproben, die Nützlinge und Schädlinge sind nach Abbildung 1 bezeichnet.

Index	beneficial species: ben_							pest species: pest_						
	1	2	3	4	5	6	7	1	2	3	4	5	6	7
a	7	14	3	9	6	0	4	25	4	10	1	28	116	1
a	5	14	2	4	9	0	1	126	0	8	2	22	58	1
a	4	11	1	5	7	0	2	93	2	9	1	31	79	2
a	3	22	4	9	4	0	1	155	5	7	0	22	147	5
a	5	19	3	8	8	0	2	118	5	9	1	29	151	10
a	5	27	0	13	5	1	0	13	2	15	0	29	138	16
a	5	18	0	3	7	0	2	72	0	6	1	21	131	9
a	4	23	1	9	8	1	2	91	3	8	2	27	155	12
a	2	16	0	3	2	1	0	54	1	10	0	14	89	10
a	3	13	0	2	3	0	0	104	6	8	1	17	87	15
a	4	21	2	7	6	1	2	94	5	10	1	25	166	11
a	14	11	0	2	3	0	0	41	2	3	0	17	81	14
c	4	7	3	5	7	0	2	1	2	45	10	10	66	1
c	25	9	2	10	10	0	0	6	0	42	2	7	81	1
c	11	8	3	8	11	1	2	8	3	49	8	9	93	0
c	20	18	1	4	6	0	0	4	4	32	2	23	121	0
c	18	12	2	5	6	0	1	8	4	31	3	21	143	0
c	10	28	0	5	5	1	0	5	5	12	0	19	134	0
c	6	16	4	6	17	3	3	5	4	26	1	31	145	2
c	12	19	2	4	13	2	1	7	5	31	2	27	153	1
c	9	14	2	5	9	0	0	6	3	19	1	6	117	1
c	3	10	2	2	13	0	0	17	3	21	4	17	98	0
c	5	12	3	3	12	1	1	12	4	22	2	23	129	1
c	7	16	2	8	5	1	0	7	2	39	1	9	111	2
A	19	9	1	6	11	0	14	17	27	2	0	23	39	6
A	33	12	1	10	9	4	11	16	50	4	0	33	54	4
A	21	8	1	5	10	3	10	17	27	3	1	29	48	2
A	6	7	0	8	8	1	8	13	35	2	0	12	37	5
A	14	9	1	6	9	4	10	20	31	3	1	25	51	7
A	5	12	1	12	17	1	7	17	63	5	0	15	62	9
A	9	7	1	13	4	6	6	16	40	2	1	1	27	5
A	12	9	2	9	13	5	8	35	41	3	0	21	43	9
A	13	13	3	13	25	14	19	9	69	2	2	30	81	8
A	5	6	1	6	26	4	14	23	19	3	0	22	55	5
A	9	9	2	8	17	7	10	14	46	3	1	27	57	8
A	10	12	1	10	11	6	28	21	41	3	1	21	44	0
C	8	6	2	7	43	1	5	5	24	13	1	5	87	3
C	14	7	3	6	20	0	11	2	59	7	1	12	72	0
C	17	8	2	4	33	1	7	17	49	11	2	14	91	4
C	18	4	0	4	25	3	7	2	46	9	0	12	93	1
C	14	5	1	3	31	2	5	20	45	10	1	14	101	2
C	9	14	2	28	18	5	3	23	62	18	3	9	183	1
C	15	7	3	10	27	1	9	10	67	12	1	18	212	2
C	14	9	2	6	34	4	7	22	63	10	2	14	208	2
C	14	7	1	10	62	4	7	32	49	4	2	15	169	5
C	12	10	2	6	50	3	5	34	54	10	3	16	171	2
C	17	9	3	7	34	4	6	30	72	8	2	14	196	3
C	21	5	4	22	49	4	2	19	42	40	2	17	185	5

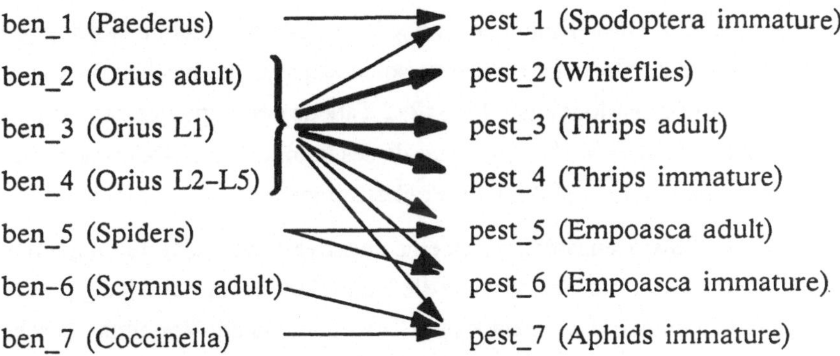

Abbildung 1: Beziehungen zwischen Nützlingen ("ben_", Räubern) und Schädlingen ("pest_", Beute). Die wichtigsten Beziehungen sind durch dicke Pfeile betont. Biologische Namen in Klammern.

Für alle folgenden Analysen definieren wir eine Beobachtung als einen kompletten Satz von zwei mal sieben Anzahlen von Arthropoden (eine Zeile von Tabelle 1). Wir haben demnach zwölf Stichproben pro Tag und Feld. Auf diese Weise können wir die Variabilität zwischen Beobachtungen (und innerhalb eines Sammeltags, einer Behandlung und einer Region) bestimmen. Dies ergibt die Fehlervarianz des Experiments.

1.3 Fragestellung

Das Hauptziel dieses Feldversuchs war, herauszufinden, ob der Wachstumshemmer selektiver (d.h. weniger schädlich für die Nützlinge) wirkt als das Carbamat. Zusätzliche sind folgende Fragen interessant:

Völlige Elimination einzelner Arten von Schädlingen sollte vermieden werden. Wird dies durch eine der verwendeten Substanzen erreicht?
Ergeben sich Unterschiede in der generellen Wirksamkeit dieser Substanzen auf alle Arten? In diesen Vergleich sind die Kontrollfelder einzuschließen.
Schließlich interessiert die Populationsentwicklung im Kontrollgebiet.

1.4 Schwierigkeiten mit konventionellen Modellen und Verfahren

Obschon die Daten in der Form einer Kontingenztabelle vorliegen, haben wir zunächst keine log-lineare Analyse durchgeführt. In einer solchen Analyse würde jeder Arthropode zu einer

Beobachtungseinheit werden. Diese Einheiten sind jedoch sicherlich nicht unabhängig. Ein Gutachter unserer Arbeit schlug trotzdem vor, eine solche Analyse zu machen. Wir berechneten daraufhin ein log-lineares Modell der 14x3x2x2 Tabelle der aggregierten Anzahlen mit allen Wechselwirkungen von drei Variablen; sogar dieses komplizierte Modell war sehr schlecht an die Daten angepaßt (χ^2= 298 mit 26 Freiheitsgraden).

Oft wird angeommen, daß Insektenzahlen durch eine negative Binomialverteilung modelliert werden können: Der Mittelwert μ charakterisiert die Häufigkeit der Art und hängt von äußeren Faktoren ab, während der Exponent κ die Überdispersion der Verteilung beschreibt und von der Reproduktionsrate der Art abhängt (vgl. Anscombe (1949)). Sofern dieses Modell zutrifft, existiert eine Transformation, die von κ abhängt, $(y=\sinh^{-1}\sqrt{(x + c)/(\kappa - 2c)})$ und die nahezu normalverteilte Werte liefert (Anscombe (1949)). Wir haben für jeden der sieben Nützlinge und sieben Schädlinge die Maximum-Likelihood-Schätzer und ihre Vertrauensintervalle für beide Parameter aus den Daten vor Behandlung in allen Feldern (d.h. von 72 Stichproben) berechnet.

Inbezug auf Orius ergab sich das folgende Bild (zur Erinnerung: ben_2 - ben_4 bezeichnen Adulte, 1., und 2.-5. Larvenstadium). Die Schätzung von κ war für die Adulten höher als für das 2.-5. Larvenstadium, und das Vertrauensintervall für jedes dieser beiden Stadien enthielt nicht den Schätzwert des anderen Stadiums. Darüberhinaus ging für das erste Larvenstadum κ gegen unendlich, weil die Varianz nahe dem Mittelwert war.

Die mittlere Dauer der verschiedenen Stadien sollte sich umgekehrt verhalten wie die zugehörigen κ-Werte. Dies ist jedoch nicht der Fall: Nach Laborexperimenten von Tawfik und Ata (1973) dauert das erste Larvenstadium im Mittel 2,3 Tage, das 2. bis 5. zusammen 8,3 Tage und die Lebensdauer der adulten Wanzen betrug im Mittel 14 Tage. Feldstudien über die Lebensdauern von Insekten sind nicht bekannt.

Für ben_7 war die untere Vertrauensgrenze von κ negativ, was wiederum unvernünftig ist. Zusätzlich zeigt unsere Analyse, daß es absolut unmöglich ist, einen gemeinsamen κ-Wert für alle Arten anzunehmen. Deshalb wären unterschiedliche Transformationen nach Anscombe (1949) notwendig. Wir betrachten dies nicht als eine gangbare Methode.

Betrachtet man die univariate Verteilung der wichtigsten Spezies ben_2 und pest_3 (adulte Orius und Thrips) vor der Behandlung, dann zeigen sich zwischen verschiedenen Feldern bedeutsame Unterschiede in der mittleren Anzahl wie in der Dispersion (Abbildung 2). Dies bestätigt wiederum, daß kein einfaches Verteilungsmodell für diese Daten angenommen werden kann.

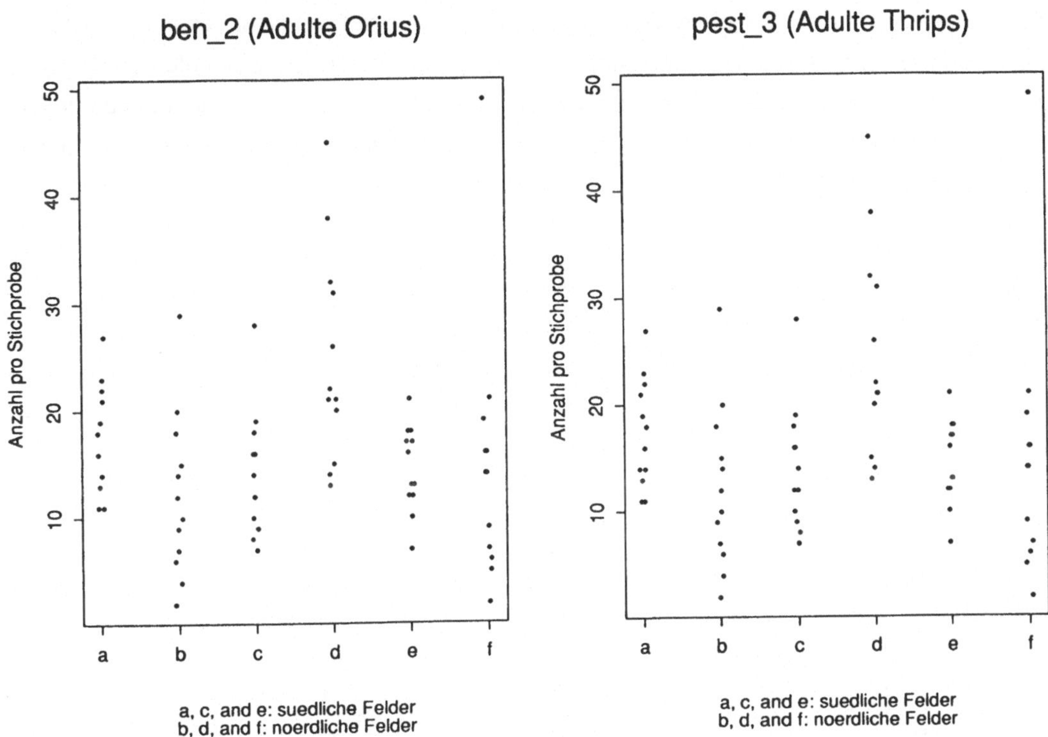

Abbildung 2: Univariate Punktediagramme der Anzahlen vor Behandlung für ben_2 und pest_3. Feldbezeichnungen auf der Abszisse wie in Tabelle 1.

Wir betrachten 14 Arthropoden-Arten unter 12 Bedingungen (6 Felder und 2 Sammeltage). Das ergibt einen hochdimensionalen Datenraum. 168 univariate und 1092 bivariate Verteilungen anzuschauen (Asimov's (1985) "grand tour") wäre höchst langweilig. Es ist zweifelhaft, ob dies ohne zwischenzeitlichen Verlust an Aufmerksamkeit machbar wäre.

Ein anderer Ansatz wäre, ein Lotka-Volterra-Modell für 2 Arten aufzustellen (Pielou (1977)). Da jedoch nur 6 Sammeltage vorliegen und selbst für das einfachste Modell 4 Parameter geschätzt werden müssen, besteht a priori wenig Hoffnung auf ein vernünftiges Ergebnis. Abbildung 3 zeigt einen simulierten Verlauf eines Lotka-Volterra-Modells, der die Wechselwirkung zwischen Räuber und Beute zeigt. Wir stellen unsere Daten routinemäßig in einer ähnlichen bivariaten Form dar, indem wir die (getrimmten) Mittelwerte der log-transformierten Räuber- und Beuteanzahlen pro Feld und Tag in der Reihenfolge der

Sammeltage verbinden. Dabei werden Dispersionen und Korrelationen der beiden Variablen durch Ellipsen dargestellt, da Punktediagramme mit unterschiedlichen Symbolen schwierig auseinanderzuhalten wären. Abbildung 4 zeigt, daß weder in den Kontrollfeldern noch in den behandelten Feldern ein der Schleife von Abbildung 3 ähnelndes Polygon entsteht. Wir haben deshalb Lotka-Volterra-Modelle nicht weiterverfolgt.

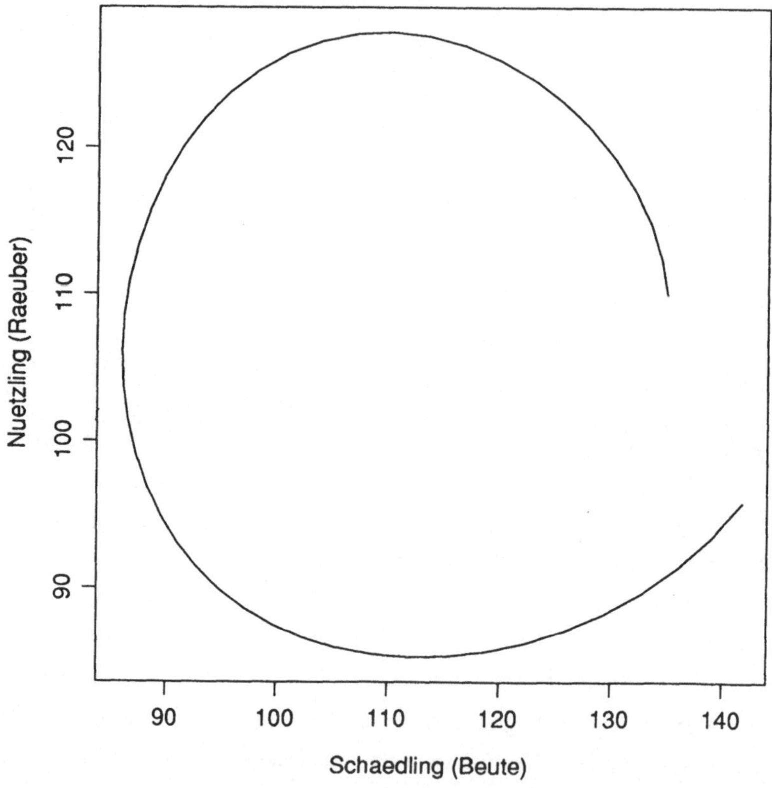

Abbildung 3: Simulation des Populationsverlaufs eines Schädlings und eines von ihm lebenden Nützlings in einem Lotka-Volterra-Modell. Die Trajektorie wird gegen den Uhrzeigersinn durchlaufen.

Da diese Feldversuche diskrete Daten mit vielen kleinen Werten ergeben, sollten keine Methoden verwendet werden, die auf der multivariaten Normalverteilung basieren. Multivariate Modelle für nominale Daten sind andererseits wenig effizient, da sie die ordinale Struktur der Daten vernachlässigen. Zusätzlich benötigen diese in der Regel größere Stichproben, als wir hier zur Verfügung haben. Zur Auswertung unseres Versuches brauchen wir Methoden, die für diskrete ordinale Daten adäquat sind.

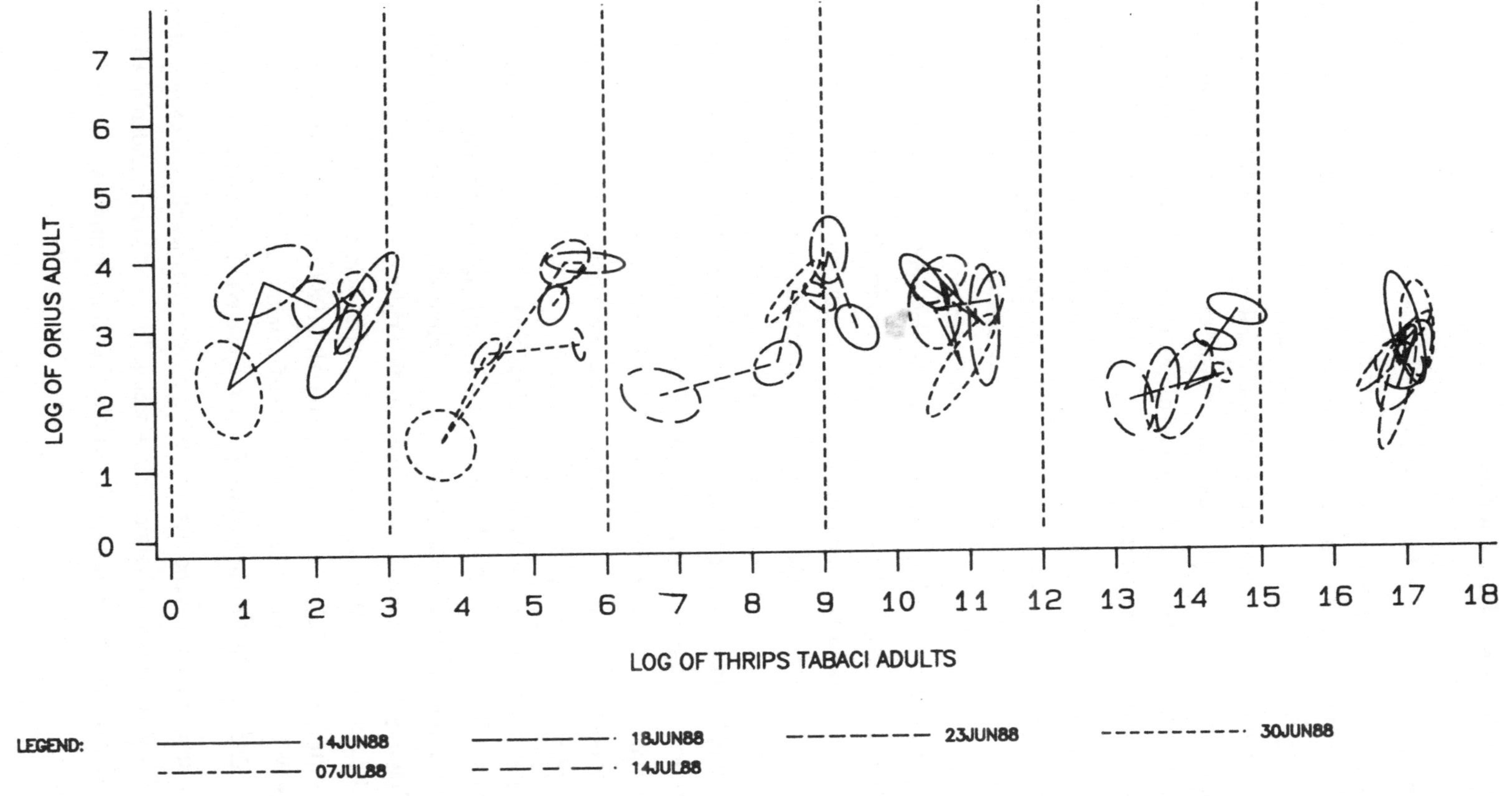

Abbildung 4: Graphische Darstellung der Ellipsen, die eine bivariate Mahalanobisdistanz von 1 der transformierten Anzahlen log(ben_2+1) (adulte Orius) und log(pest_3+1) (adulte Thrips) darstellen. Robustheit wird durch das Trimmen jeweils einer Beobachtung verbessert. Jedem Feld entspricht ein Teil der Graphik: (Kontrolle, Nord) beginnt bei X=0, (Kontrolle, Süd) bei X=3, (Wachstumshemmer, Nord) bei X=6, (Wachstumshemmer, Süd) bei X=9, (Carbamate, Nord) bei X=12, (Carbamate, Süd) bei X=15. Für jeden Sammeltag wird ein eigener Linientypen (vgl. Legend) verwendet. Im vorliegenden Artikel werden die Daten des 14. Juni und des 7.Juli 88 analysiert.

1.5 Methoden der explorativen Datenanalyse

Die Daten streuen sehr stark und sind kaum reproduzierbar, wenn Versuche in verschiedenen Jahren verglichen werden. Es bestehen starke Korrelationen zwischen den Anzahlen in verschiedenen Stadien desselben Insekts und in gewissen Fällen zwischen Räubern und Beutetieren (vgl. Abbildung 4). Es ist jedoch zu erwarten, daß einige oder sogar die meisten dieser Korrelationen nicht linear sind. Die Verteilung der Spezieszahlen ist sehr schief und müßte für parametrische Analysen in der Regel transformiert werden. Deshalb erscheint eine explorative Datenanalyse als der sachgerechte Zugang zu diesen Daten, und wir verzichten auf die Darstellung einer konfirmatorischen Analyse.

Digby und Kempton (1987) schlagen verschiedene lineare und nicht-lineare Methoden wie Hauptkomponenten- und Korrespondenzanalyse vor, um Häufigkeitsdaten für verschiedene Arten zu untersuchen. In der letzten Zeit wurden verschiedene neue Methoden zur Bestimmung optimaler Transformationen in der nicht-linearen Regression entwickelt. Der "alternating conditional expectations"-Algorithmus (ACE) von Breiman und Friedman (1985) berechnet Transformationen der Prädiktoren und der Antwortvariablen. Dabei wird für ordinale und kontinuierliche Variablen eine Glättung verwendet und jeder Wert einer kategorialen Variablen durch einen Score ersetzt; das Kriterium der kleinsten Quadrate definiert Optimalität. Diese Methode ist verwandt mit dem "alternating least squares"-Algorithmus (ALS) im Gifi-System für nicht-lineare multivariate Datenanalyse (Gifi (1990), de Leeuw (1984)). Die zugehörigen Programme sind für diskrete Daten entwickelt worden, daher müssen kontinuierliche Daten diskretisiert werden. Gifi-Programme bieten zusätzlich die Möglichkeit, nur monotone Transformationen zuzulassen. Regressions- und Diskriminanzanalysen werden als Spezialfall der kanonischen Korrelation behandelt. Nicht-lineare Hauptkomponentenanalyse und multiple Korrespondenzanalyse sind im Gifi-System ebenso verfügbar. Hastie und Tibshirani (1986) diskutieren ein Kriterium für optimale Transformationen im Regressionsproblem, das auf der Likelihood-Funktion basiert. Wiederum wird ein Glättungsmechanismus verwendet, um die Prädiktorvariablen zu transformieren, während die Antwortvariable nicht transformiert wird. Schließlich liefert der Algorithmus für "principal curves" von Hastie und Stuetzle (1989) eine erste nicht-lineare Hauptkomponente. Wir haben uns entschlossen, unsere Daten mit den Verfahren des Gifi-Systems zu analysieren. In Abschnitt 4 werden wir diese Wahl zur Diskussion stellen.

Das Gifi-System wurde in einer psychometrischen Umgebung entwickelt, und es gibt viele Anwendungen in den Sozialwissenschaften. Wir wissen jedoch von keiner anderen Anwendung dieser Methoden in der Auswertung landwirtschaftlicher Experimente, wie sie hier betrachtet werden.

Da das Gifi-System noch wenig bekannt ist, geben wir in Kapitel 2 eine kurze Einführung in die zugrunde liegenden Ideen der nicht-linearen Hauptkomponenten- und kanonischen Korrelationsanalyse. Die Algorithmen wurden kürzlich in das Paket "Categories" von SPSS-X und SPSS/PC+(1990) eingebaut. Ähnliche Algorithmen sind auch in einigen neuen SAS-Prozeduren (SAS (1989)) implementiert.

In Kapitel 3 werden wir sowohl nicht-lineare Hauptkomponentenanalyse als auch kanonische Korrelationsanalyse auf die vorgestellten Daten anwenden. Wir diskutieren die Transformationen der Spezieszahlen sowie die Anordnung der Beobachtungen in einem 3-dimensionalen Raum von Objekt-Scores zusammen mit den Ladungen der Variablen.

Kapitel 4 enthält die Schlußfolgerungen, die wir aus den Analysen ziehen.

2. Nicht-lineare multivariate Analyse im Gifi-System

Im Gifi-System wird kein probabilistisches Modell für die Daten betrachtet, vielmehr handelt es sich hier um explorative Methoden, um die in den Daten enthaltene Information darzustellen. Dabei ist es ein zentrales Anliegen, die Anzahl der Dimensionen des ursprünglichen Variablenraumes zu reduzieren.

2.1 Nicht-lineare Hauptkomponentenanalyses

In der klassischen Hauptkomponentenanalyse (HKA) betrachtet man deshalb meistens nur die ersten Hauptkomponenten. In der nicht-linearen HKA des Gifi-Systems werden die Variablen nicht-linear transformiert, so daß eine optimale Zerlegung in einem niedrig-dimensionalen Raum erreicht wird.

Betrachten wir dies formal: Sei X eine zentrierte $n \times k$ Datenmatrix mit n Objekten (Beobachtungen) und k Variablen und sei x_j die j-te Spalte von X. Dann ist die erste lineare Hauptkomponente eine Lösung des Minimierungsproblems

$$\sum_{j=1}^{k} \| t - a_j x_j \|^2 = \min!, \tag{1}$$

wobei t ein standardisierter (i.e. Mittelwert 0 und Varianz 1) n-Vektor von Objekt-Scores und a_j das Gewicht von Variable j ist. Die Variable x_j wird also linear transformiert zu $a_j x_j$. Die erste **nicht-lineare** Hauptkomponente ist dementsprechend durch das Optimalitätskriterium

$$\sum_{j=1}^{k} \| t - \phi_j(x_j) \|^2 = \min!, \tag{2}$$

charakterisiert, wobei Variable j durch eine nicht-lineare Funktion ϕ_j transformiert wird; **t** ist weiterhin standardisiert.

Wenn die Variablen stetig sind, gibt es fast sicher eine triviale Lösung $\mathbf{t} = \phi_j(\mathbf{x}_j)$ für $j = 1, 2,$ ..., k, solange alle reellen Funktionen ϕ_j zugelassen sind. Deshalb müssen in diesem Fall Beschränkungen eingeführt werden. Im Gifi-System werden typischerweise diskrete Variablen betrachtet, die nicht zu viele verschiedene Werte annehmen. Stetige Variablen werden deshalb oft in Klassen eingeteilt. Eine andere Art von Beschränkungen besteht darin, nur monotone Transformationen ϕ_j zuzulassen. Dann können stetige Variablen ohne Informationsverlust übernommen werden.

Wir bezeichnen mit $\mathbf{q}_j = \phi_j(\mathbf{x}_j)$ den n-Vektor der optimal transformierten Variable j. Schreiben wir (2) als

$$\sum_{j=1}^{k} \| \mathbf{t} - \mathbf{q}_j \|^{2} = \min!, \tag{3}$$

so läßt sich der Algorithmus sehr einfach beschreiben: Wir minimieren (3) alternierend, indem wir in einem Halbschritt die beste Tranformation $\mathbf{q}_j$ $(j=1,2,...,k)$ für die zuletzt bestimmten Scores **t** wählen und im anderen Halbschritt das beste **t** für die zuvor bestimmten $\mathbf{q}_j$ $(j=1,2,...,k)$ wählen. Dies ist ein alternierender Kleinste-Quadrate Algorithmus (Alternating Least Squares).

Es gibt mehrere Verallgemeinerungen des Kriteriums (3) für p Hauptkomponenten ($p>1$). Bezeichnen wir die $n \times p$ Matrix der zentrierten und orthogonalen HK Scores mit **T**. Dann minimieren Kruskal and Shepard (1974)

$$\sum_{j=1}^{k} \| \mathbf{T}\mathbf{a}_j - \mathbf{q}_j \|^{2}, \tag{4}$$

wobei $\| \cdot \|^{2}$ für die Summe aller quadrierten Elemente einer Matrix (Quadrat der euklidischen Norm) steht. Diese Verlustfunktion ist in PRINCIPALS (Young et al. (1978)) und in PROC PRINQUAL in SAS (SAS^{R} (1989)) implementiert. Gifi (1990) wählt ein Kriterium, bei dem die Homogenität der (transformierten) Variablen in (3) im Vordergrund steht. Das führt zu der Verlustfunktion des PRINCALS Algorithmus

$$\sum_{j=1}^{k} \| \mathbf{T} - \mathbf{q}_j\mathbf{a}_j' \|^{2}. \tag{5}$$

Glücklicherweise führen (4) and (5) zur gleichen Lösung, wenn keine Fehlwerte vorliegen.

Bis jetzt wurde für jede Variable j eine **einfache** Transformation q_j verwendet. Es kann aber auch für jede der p Dimensionen eine individuelle Transformation gewählt werden. Die Variable j wird dann durch eine Matrix Q_j mit p Spalten (und n Zeilen) repräsentiert. Die Verlustfunktion enthält die Terme $\| T - Q_j \|^2$. Wir sprechen in diesem Fall von **mehrfachen** Transformationen. Es werden also p verschiedene Versionen der Variablen in einer ähnlichen Weise verwendet, wie in der polynomialen Regression lineare, quadratische, ... Terme eines Prädiktors benutzt werden. Wenn alle Variablen mehrfach und ohne Beschränkung auf Monotonie transformiert werden, erhalten wir die selbe Verlustfunktion wie in der multiplen Korrespondenzanalyse. Deshalb wurde im Gifi-System die Verlustfunktion (5) für nicht-lineare HKA im PRINCALS Algorithmus (Gifi (1985)) gewählt.

Wir nennen Variablen **einfach** oder **mehrfach**, je nach Anzahl der Transformationen. In vielen Fällen wird man die Art der Transformation entsprechend dem Skalenniveau der Variablen festlegen: eine beliebige Transformation für nominale, eine monotone für ordinale und eine lineare für numerische (metrische) Variablen. In der Terminologie von Gifi (1990) legt der Typ der Transformation fest, ob wir von nominalen, ordinalen und numerischen Variablen sprechen.

In PRINCALS werden zunächst alle Variablen mehrfach nominal transformiert, dann werden für die einfachen Variablen die Zeilen von Q_j auf eine Gerade im p-dimensionalen Raum projiziert, und schließlich werden die Werte der ordinalen und numerischen Variablen so auf der Geraden verschoben, daß die Beschränkungen an die Transformationen erfüllt sind.

In der Terminologie von Gifi (1990) heissen die Transformationen auch **Quantifikationen**. In den meisten Programmen des Gifi-Systems sind vier Typen von Quantifikationen erlaubt: mehrfach nominal (der allgemeinste Typ), einfach nominal (eine nicht notwendig monotone Transformation), einfach ordinal (eine monotone Transformation), und einfach numerisch (eine lineare Transformation, wie in der klassischen Analyse). Diese Typen können in einer Analyse gemischt auftreten.

Die $n \times p$ Matrix T enthält die **Objekt-Scores**. Die Gewichte der j-ten Variable, a_j, sind gleich den **Ladungen**, d.h. den Korrelationen der Objekt-Scores mit der transformierten Variable q_j.

2.2 Nicht-lineare kanonische Korrelation

Ursprünglich wurde die kanonische Korrelationsanalyse für zwei Mengen von Variablen definiert. Eine kanonische Komponente ist eine Linearkombination der Variablen einer Menge. In einer p-dimensionalen linearen Lösung werden in jeder Variablenmenge p kanonische Komponenten bestimmt. Dabei wird die Korrelation zwischen entsprechenden Paaren von kanonischen Komponenten unter der Bedingung maximiert wird, daß jede dieser Komponenten orthogonal zu allen vorherigen der selben Menge ist.

Gifi (1990) behandelt nicht-lineare kanonische Korrelation indem lineare Beschränkungen auf den Variablen innerhalb jeder Menge definiert werden und die Homogenität zwischen den Mengen wie in der Korrespondenzanalyse betrachtet wird. Dieser Ansatz bietet eine natürliche Verallgemeinerung zur kanonischen Korrelation von M Mengen. Dies ist im Gifi-Programm OVERALS (van der Burg et al. (1988), Verdegaal (1986)) realisiert. Die Verlustfunktion lautet:

$$\sum_{m=1}^{M} \left\| \mathbf{T} - \sum_{j \in I_m} \mathbf{Q}_j \right\|^2, \tag{6}$$

wobei $I_m \subset \{1, 2, \ldots, k\}$ die Indexmenge für die Variablen in Menge m ist. (Wenn eine Variable einfach ist, wird die Matrix $\mathbf{Q}_j$ durch $\mathbf{q}_j \mathbf{a}_j'$ ersetzt.) Die Verlustfunktion wird unter der Bedingung minimiert, daß die Spalten von $\mathbf{T}$ standardisiert und orthogonal sind. Wie der Name andeutet benutzt auch OVERALS die ALS-Technik. Die vier Typen von Quantifikationen können wieder innerhalb einer Analyse gemischt werden.

Gewöhnlich werden in der kanonischen Korrelationsanalyse Objekt-Scores für jede Variablenmenge berechnet. Die Matrix $\mathbf{T}$ in (6) enthält für jedes Objekt die Durchschnitte dieser Scores. Die **Gewichte** der einfachen Variablen stehen im Vektor $\mathbf{a}_j$; in der kanonischen Korrelation unterscheiden sie sich von den Ladungen, i.e. den Korrelationen der Variablen mit den Scores.

3. Analyse der Daten aus den Baumwollfeldern

Wir behandeln die Speziesanzahlen als ordinale Variablen und kodieren die Einflußvariablen "Sammeltag" und "Behandlung" wie folgt: Alle Beobachtungen vor der Spritzung werden zu einer Kategorie zusammengefaßt; nach der Spritzung werden drei Kategorien für die Behandlungen gebildet. Diese **interaktive** Variable modelliert homogene Bedingungen vor der Spritzung und läßt Behandlungsunterschiede nach der Spritzung zu. Sie wird als mehrfach nominal deklariert, d.h. wir legen die Reihenfolge ihrer Stufen nicht a priori fest und lassen ausdrücklich unterschiedliche Transformationen dieser Einflußvariablen für verschiedene Dimensionen des Lösungsraums zu. Damit können mehrere Kontraste dargestellt werden.

("Region" wurde auch als mehrfach nominal deklariert, obwohl für binäre Variablen alle Transformationstypen äquivalent sind.) Wir verwenden also in einer Hauptkomponentenanalyse unterschiedliche Skalen-Typen für die verschiedenen Variablen.

3.1 Hauptkomponentenanalyse mit PRINCALS

Wir beginnen unsere Analyse mit PRINCALS und zeigen eine 3-dimensionale Lösung der Daten. Die Eigenwerte für diese drei Dimensionen betragen 0.272, 0.215, und 0.169, so daß nur 65.6% der Variabilität in den transformierten Variablen durch diese Lösung beschrieben wird. Das bedeutet, daß wir nur wenig Evidenz über die Korrelationen zwischen den Variablen erhalten. (Höhere Speziesanzahlen in bestimmten Feldern kommen in Korrelation mit transformierten Einflußvariablen zum Ausdruck!)

Abbildung 5 zeigt die Quantifikationen (Transformationen) der Insektenzahlen. Dabei zeigen horizontale Abschnitte in diesen Graphen, daß die Quantifikation eventuell abgenommen hätte, wenn die Variable als nominal anstatt ordinal deklariert worden wäre. Dies muß insbesondere bei Anzahlen unter 6 für ben_4 und über 3 für pest_4 oder über 4 für pest_7 vermutet werden. Weitere horizontale Abschnitte finden sich bei ben_2, ben_5, ben_7 und pest_1. Pest_5 verhält sich grob gesagt wie eine zweistufige Variable mit einem Sprung bei 10. In der nicht-linearen multivariaten Analyse bedeutet es deshalb dasselbe, ob eine Stichprobe 1 oder 6 Exemplare von pest_5 enthält. Dagegen haben 9 Exemplare dieser Art einen deutlich anderen Einfluß auf das Ergebnis als 11 Exemplare. Die transformierten Variablen sind in Gifi-Programmen automatisch auf Mittelwert 0 und Varianz 1 standardisiert; man kann deshalb aus der Transformation von ben_3 schließen, daß die meisten Stichproben höchstens ein Exemplar dieses Arthropoden enthielten. Lineare Transformationen sehen wir bei den Anzahlen von ben_1 (außer einer Stufe bei Anzahl 12), ben_6 und pest_2, logarithmische Transformationen bei pest_3 und pest_6.

Abbildung 6 zeigt einen Biplot (Gabriel (1981)) der Scores und Ladungen der ersten beiden Hauptkomponenten (für multiple Variablen zeigt die Graphik Zentroide der Kategorien, d.h. Mittelwerte der Scores von Objekten, die zu dieser Kategorie gehören). Die Ladungen der einfach ordinalen Variablen sind proportional zu den Quantifikationen, welche - wie wir wissen - auf einer Geraden liegen. Scores und Zentroide wurden durch ihren gemeinsamen Maximalwert dividiert, damit sie in das Intervall [-1,1] passen. Die Ladungen (Korrelationen) werden in ihrer originalen Größe dargestellt.

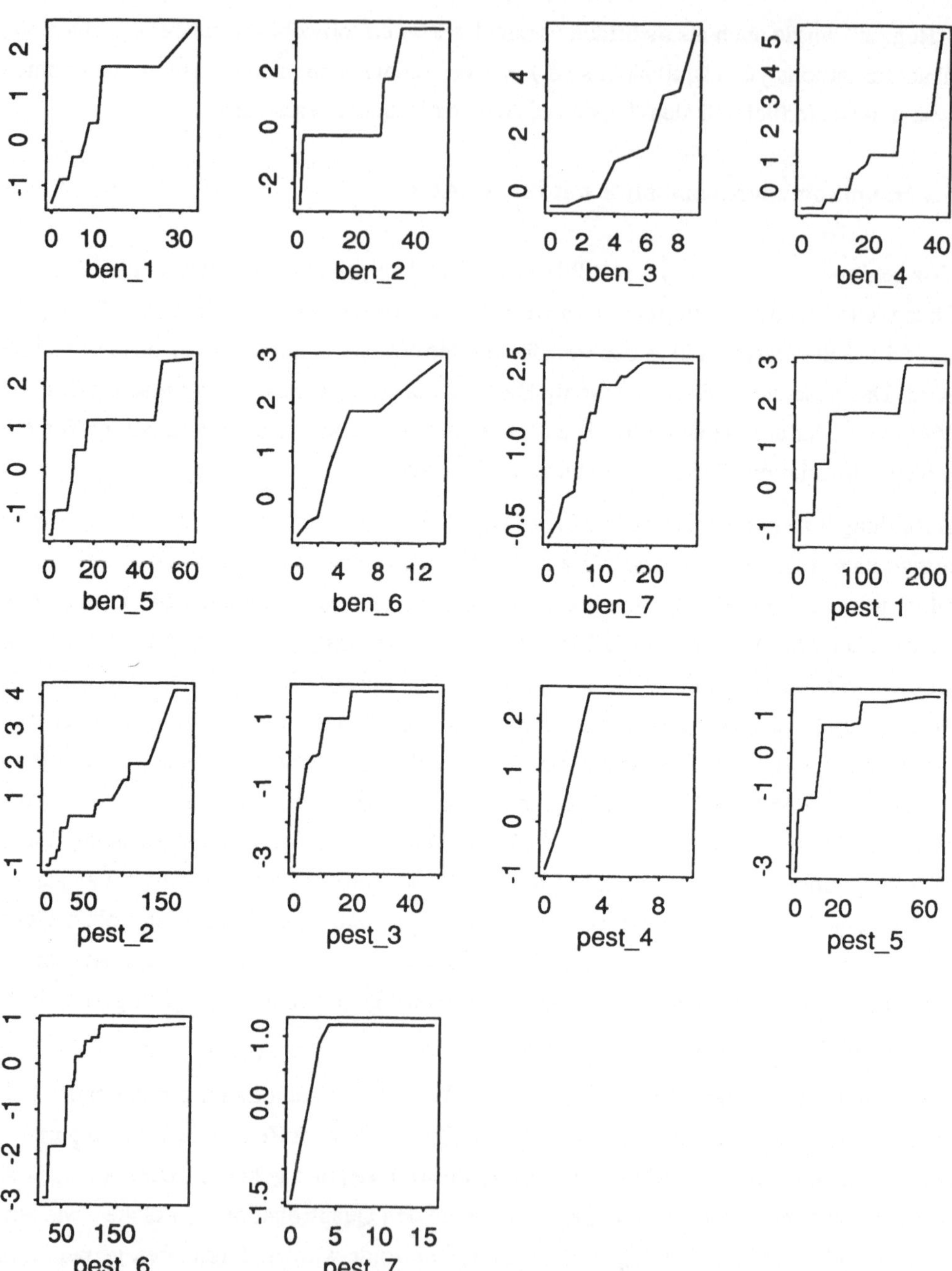

Abbildung 5: Quantifikationen (Transformationen) der Speziesanzahlen in der 3-dimensionalen PRINCALS-Berechnung mit nominalen Einflußvariablen.

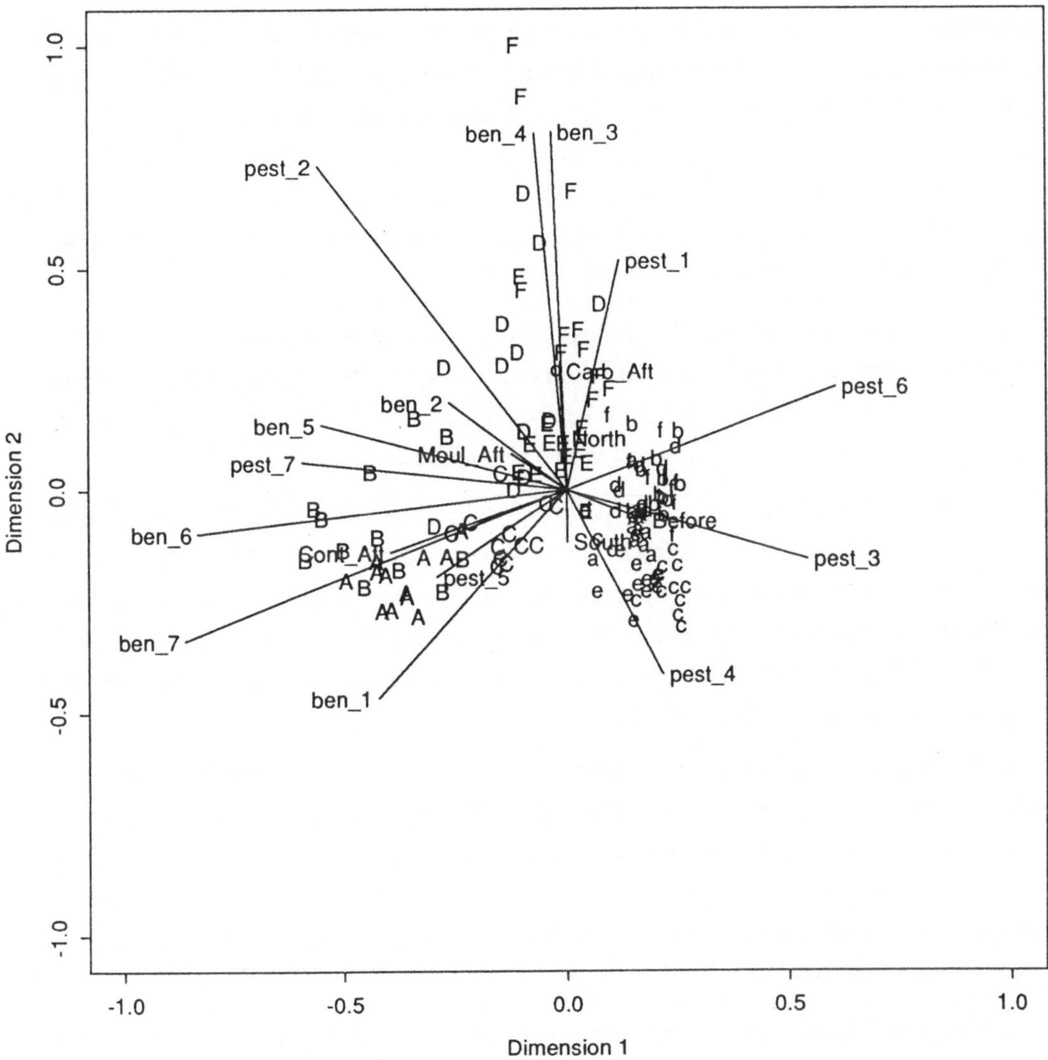

Abbildung 6: Biplot der 1. und 2. Dimension der PRINCALS-Lösung. Bezeichnung der Objekt-Scores gemäß Tabelle 1. Ladungen der Nützlings- und Schädlingsarten und Zentroide der Kategorien für die Einflußvariablen als Linien. Alle Scores und Zentroide sind reskaliert, damit sie in das Intervall [-1,1] passen.

Die erste Dimension hat eine negative Korrelation mit ben_6, ben_7 und, schwächer ausgeprägt, mit ben_5 und pest_7. Pest_3 und pest_6 zeigen mäßig große positive Korrelationen mit dieser Dimension. Die zweite Dimension korreliert mit ben_3, ben_4 und pest_2. Die Anzahlen von ben_3 und ben_4 sowie ben_6 und ben_7 sind hochkorreliert.

Stichproben vor und nach der Behandlung lassen sich fast perfekt durch eine Gerade trennen. Stichproben von den Kontrollfeldern drei Wochen später finden sich hauptsächlich in einer Traube, aber einige Stichproben, die mit dem Wachstumshemmer behandelt wurden, liegen auch dort. Felder, die mit den beiden Pflanzenschutzmitteln behandelt wurden, können nicht voneinander getrennt werden. Die vor der Behandlung erhobenen Stichproben liegen sehr viel näher beieinander, als die später erhobenen. Regionale Unterschiede zeigen sich deutlicher in den Stichproben vor der Spritzung.

Die meisten Arten sind nach der Behandlung häufiger, pest_2 ist dafür ein gutes Beispiel, dagegen scheinen pest_3 und pest_4 Ausnahmen zu sein. Drei Wochen nach der Spritzung finden sich vermutlich größere Anzahlen von ben_6 und ben_7 in den Kontrollgebieten und größere Anzahlen von ben_3 und ben_4 in den behandelten Feldern.

Man könnte vermuten, daß die Diskrimination zwischen Untergruppen der Stichproben nur möglich ist, weil die Einflußvariablen in die Analyse eingeschlossen wurden. Wir haben eine weitere Analyse mit PRINCALS gerechnet, ohne die Variablen für Sammeltag, Behandlung und Region einzuschließen. Zu unserer Überrachung ergab sich ein fast identisches Bild von Objekten und Variablen im Raum der Hauptkomponenten, die Trennung zwischen den Untergruppen wurde nur geringfügig schlechter.

Viele Befunde der dreidimensionalen PRINCALS-Analyse unseres 18-dimensionalen Datensatzes, (14 ordinale Variablen und 4 Freiheitsgrade für mehrfache Variablen) können verifiziert und biologisch interpretiert werden. So sind Korrelationen zwischen ben_3 und ben_4 nicht überraschend, denn dies sind die Larvenstadien der Wanze Orius. Ebenso sind ben_6 und ben_7 zwei nahe miteinander verwandte Käfer. Einige der Fragen aus 1.3 können mit dieser Analyse beantwortet werden:

> Die Schädlinge werden durch die Behandlung nicht vollständig ausgerottet. Es zeigen sich keine deutlichen Unterschiede zwischen Wachstumshemmer und Carbamat. Jedoch zeigen sich 3 Wochen nach der Behandlung Verschiebungen in den Artenhäufigkeiten: Wir beobachten mehr Exemplare der nahe verwandten Käfer ben_6 und ben_7 in den Kontrollfeldern und mehr Oriuslarven ben_3 und ben_4 in den behandelten Feldern. Die meisten Spezies sind 3 Wochen nach der Behandlung häufiger als vor der Behandlung. Dies liegt daran, daß die Arthropodenpopulationen während der Wachstumsphase der Baumwollpflanzen sehr stark zunehmen. Diese Verbesserung der Umweltbedingungen wiegt im Endeffekt mehr als der Einsatz von Pflanzenschutzmitteln. Das gilt jedoch nicht für alle Arten von Schädlingen: Adulte und Jugendstadien von Thrips (pest_3 und pest_4) zeigen abnehmende Anzahlen während des Versuchs. Niedrige Ladungen können auch zu falscher Interpretation führen: so sollte man z.B. nicht schließen, daß ben_2 (adulte Orius) während des Versuchs stark zunimmt; dies

stimmt nämlich nur in einem Kontrollfeld (vgl. Abbildung 4 für Details über ben_2 und pest_3).

Die Hauptfrage nach der Selektivität des Wachstumshemmers verglichen mit derjenigen des Carbamats kann man bis jetzt nicht beantworten.

3.2 Verallgemeinerte kanonische Analyse mit OVERALS

Als nächsten Schritt in der Analyse könnte man eine multivariate Varianzanalyse ins Auge fassen. Diese Methodik ist nahe verwandt mit der kanonischen Diskriminanzanalyse, welche Untermengen der Daten zu trennen versucht, statt, wie die Varianzanalyse, signifikante Unterschiede zwischen Mittelwerten zu entdecken. Kanonische Diskriminanzanalyse kann als eine kanonische Korrelationsanalyse zwischen den numerischen Variablen und den Indikatoren der Einflußvariablen betrachtet werden. Diese letzteren Variablentypen sind im Gifi-System standardmäßig eingebaut.

Es ergeben sich verschiedene Möglichkeiten um eine nicht-lineare kanonische Korrelationsanalyse mit diesen Daten durchzuführen. Wir haben drei davon ausgewählt.

In der ersten Analyse werden drei Variablenmengen verwendet, die natürlicherweise gegeben sind: Erstens die Einflußvariablen, zweitens die Anzahlen der Nützlinge und drittens die Anzahlen der Schädlinge. Diese Analyse ist auf die sekundäre Frage gerichtet, welche Beziehungen zwischen den Anzahlen von Nützlingen und Schädlingen bestehen. Die ersten 3 kanonischen Korrelationen ergaben sich zu 0.905, 0.820 und 0.720 . Wir fassen hier nur die wichtigsten Ergebnisse dieser Analyse zusammen, ohne in Einzelheiten zu gehen. Die Quantifikationen fast aller Speziesanzahlen waren denjenigen der PRINCALS-Analyse sehr ähnlich. Die Beziehungen zwischen Nützlingen und ihren Beutetieren, die vom Biologen angegeben werden, können in den Graphiken der Ladungen weder im Raum der Nützlinge noch in demjenigen der Schädlinge entdeckt werden. Objekt-Scores und Ladungen ergaben ein ähnliches Bild wie in der PRINCALS-Analyse.

In einer zweiten Analyse wird ein erneuter Versuch unternommen, Räuber-Beute-Beziehungen sichtbar zu machen, diesmal durch das Auspartialisieren der nominalen Einflußvariablen. Dies wird in einer Analyse mit 2 Variablenmengen realisiert, bei der in der ersten Variablenmenge die Nützlinge, in der zweiten die Schädlinge und in jeder Variablenmenge zusätzlich die Einflußvariablen enthalten sind (Verdegaal (1986)). Das numerische Ergebnis wird durch zwei Ausreißer aus dem nördlichen Feld nach der Behandlung mit Carbamat stark beeinflußt; die Resultate ändern sich erheblich, wenn diese Ausreißer weggelassen werden.

Trotz recht hoher kanonischer Korrelationen (0.889, 0.835 und 0.817 für die dreidimensinoale Lösung) zeigt die Analyse keine der postulierten Relationen zwischen Nützlings- und Schädlingsanzahlen.

In der letzten Analyse werden die nominalen Einflußvariablen mit allen Speziesanzahlen korreliert. Die kanonischen Korrelationen zwischen diesen Variablenmengen betragen 0.978, 0.964 und 0.938 in der 1., 2. und 3. Dimension.

Die Quantifikationen sind für die meisten Arten ähnlich denen von PRINCALS (Abbildung 5), jedoch wird bei den niedrigen Anzahlen von ben_2 und ben_4 besser differenziert, ben_5 hat eine konstante Quantifikation bis zu Anzahl 16, und für pest_7 verändern sich die Quantifikationen für Anzahlen über 4.

Die durchschnittlichen Objekt-Scores, die von OVERALS berechnet werden, sollten in unserer Analyse aus folgenden Gründen nicht verwendet werden: Die Scores der ersten Variablenmenge (geplante Einflußvariablen) sind innerhalb der selben Kodierung für Sammeltag, Behandlung und Region konstant, es ergeben sich so also nur 8 verschiedene Objekt-Scores, und die Diskrimination zwischen den experimentellen Bedingungen ist perfekt. Der Durchschnitt dieser Scores und derjenigen der zweiten Variablenmenge würde die Trennung zwischen Untergruppen der Stichproben zu optimistischen erscheinen lassen. Aus diesem Grunde haben wir die Scores des zweiten Datensatzes neu aus den transformierten Variablen q_j mit den Gewichten a_j berechnet.

In den ersten zwei Dimensionen des Biplots fallen die Stichproben in drei Trauben (Abbildung 7): Die Stichproben vor der Spritzung, die Stichproben der Kontrollfelder nach drei Wochen und die Stichproben der behandelten Felder, wobei eine der letzteren nahe der Traube der Kontrollstichproben liegt. Außerdem lassen sich die zwei Pflanzenschutzmittel so trennen, daß nur zwei oder drei Stichproben falsch plaziert werden. Wieder beobachten wir, daß die Anzahlen von pest_3 und pest_4 während des Versuchs abgenommen haben. Andererseits haben die Anzahlen von vier Nützlingen und einem Schädling zugenommen: ben_6 und ben_7 kommen nach 3 Wochen sehr häufig in den Kontrollfeldern vor, ben_3 und ben_5 sind nach Behandlung mit Pflanzenschutzmitteln häufiger und pest_2 hat einen großen Zuwachs in allen Feldern erlebt. Nach 3 Wochen finden sich mehr Exemplare von pest_6 in den behandelten Feldern als in den Kontrollfeldern.

In der dritten Dimension der OVERALS-Lösung (Abbildung 8) zeigen sich regionale Unterschiede. Stichproben aus der südlichen Region finden sich (mit zwei Ausnahmen) in der oberen Hälfte, diejenigen vom Norden im unteren Teil. Die höchsten Korrelationen mit der dritten Dimension ergeben sich für pest_5 und ben_4: pest_5 ist im Süden häufiger und ben_4 ist im Norden häufiger.

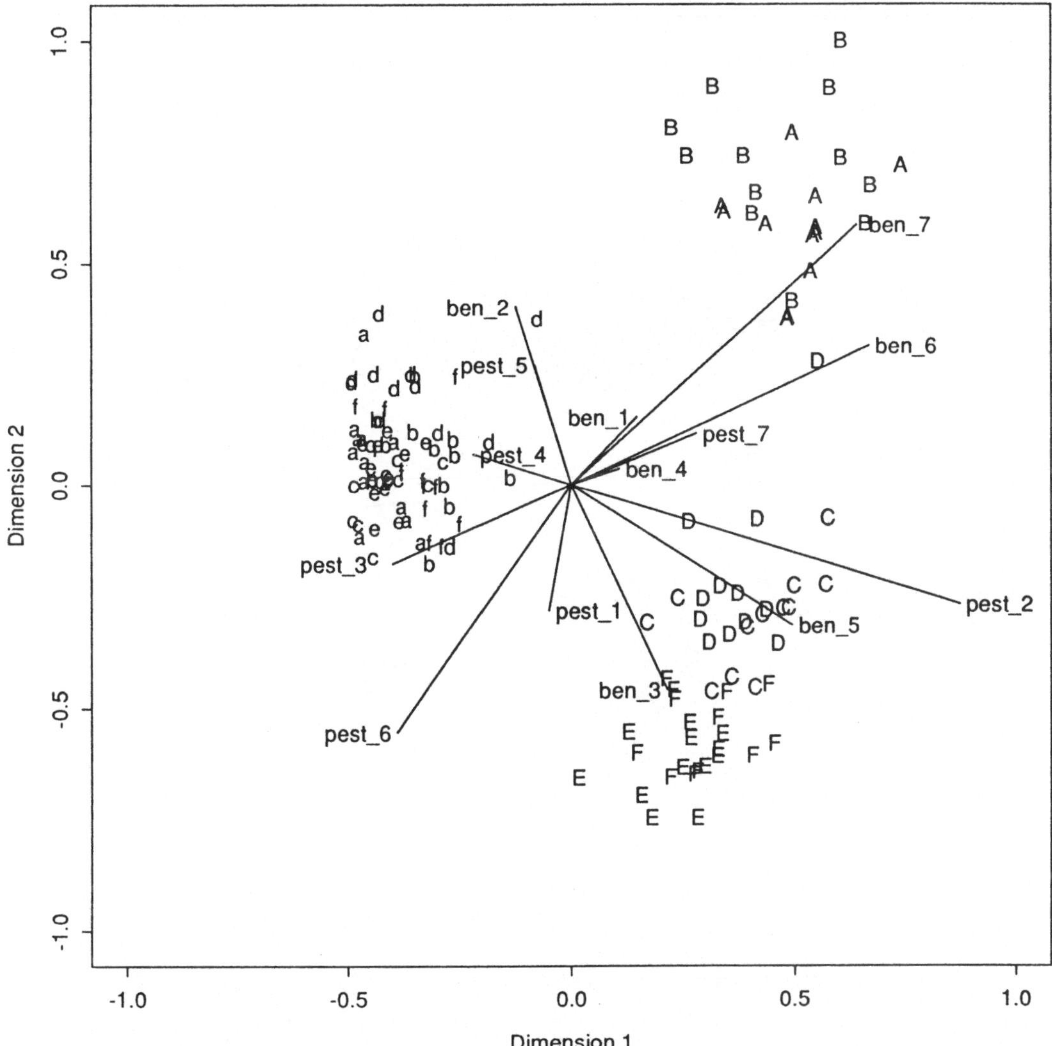

Abbildung 7: Biplot der 1. und 2. Dimension der OVERALS-Lösung in der Variablenmenge der Speziesanzahlen. Bezeichnung der Objekt-Scores gemäß Tabelle 1. Ladungen der Nützlinge und Schädlinge als Linien. Die Scores sind reskaliert, damit sie in das Intervall [-1,1] passen.

Jede der drei Dimensionen, die sich aus dieser Analyse ergeben, hat eine substantielle Interpretation. Die erste Dimension beschreibt Unterschiede zwischen den Stichproben vor und nach der Behandlung, die zweite beschreibt die Behandlungseffekte und die dritte erklärt die regionalen, das heißt umgebungsbedingten, Unterschiede.

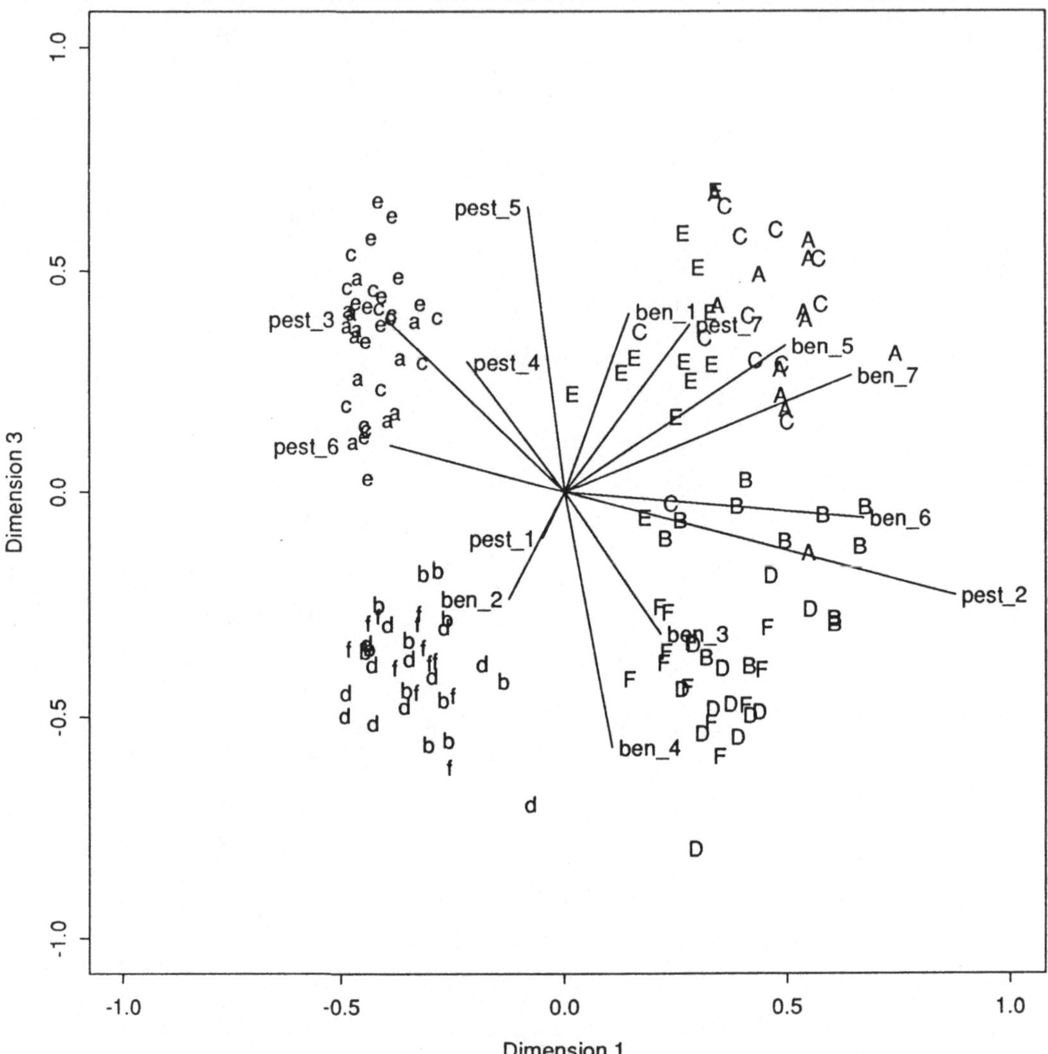

Abbildung 8: Biplot der 1. und 3. Dimension der OVERALS-Lösung in der Variablenmenge der Speziesanzahlen. Bezeichnung der Objekt-Scores gemäß Tabelle 1. Ladungen der Nützlinge und Schädlinge als Linien. Die Scores sind reskaliert, damit sie in das Intervall [-1,1] passen.

Die Objekt-Scores des Wachstumshemmers finden sich zwischen denen von Kontrolle und Carbamatbehandlung, jedoch viel näher bei den letzteren. Was die Selektivität

dieser zwei Behandlungen angeht, so finden sich unter der Behandlung mit Wachstumshemmer mehr Käfer (ben_6 und ben_7), mehr Paederus (ben_1) und mehr adulte Orius-
wanzen (ben_2), jedoch etwas weniger Oriuslarven im 1. Stadium (ben_3) als bei der
Carbamatbehandlung. Diese Befunde werden durch die entsprechenden univariaten
Verteilungen bestätigt: Die neue Substanz ist etwas selektiver als das Carbamat.

Keine Schädlingsart wird vollständig unterdrückt, jedoch finden sich 3 Wochen nach
der Behandlung weniger Thrips (pest_3 und pest_4) in allen Feldern.

Die globale Wirkung scheint für beide Substanzen recht ähnlich zu sein. In den Kontrollfeldern findet man nach 3 Wochen mehr Käfer (ben_6 und ben_7) als in den behandelten Feldern. Dort nehmen auch die meisten Arten während des Versuchs zu, jedoch
nehmen Jugendstadien von Empoasca (pest_6) (im Gegensatz zu ihren Adulten
(pest_5)!), Spodoptera (pest_1) und adulte Thrips (pest_3) ab.

Obschon es nicht Ziel dieser Untersuchung war, haben wir bedeutende regionale Unterschiede entdeckt. Die meisten Spezies sind im Süden häufiger als im Norden, wie man
wegen der besseren Umweltbedingungen (vergl. 1.2) erwarten kann. Jedoch finden sich
alle Stadien von Orius (ben_2, ben_3 und ben_4) und weißen Fliegen im Norden häufiger.

4. Schlußfolgerungen

Wir haben einen Nützlingsversuch analysiert, der in zwei Blöcken auf entgegengesetzten
Seiten der landwirtschaftlichen Versuchsstation durchgeführt wurde. Zwischen den Blöcken
lagen drei ähnliche große Blöcke, die nicht im Versuch verwendet wurden. Innerhalb der
Behandlungsfelder können die Daten nicht festen Plots zugeschrieben werden, da die Stichproben an jedem Sammeltag an anderen Stellen entnommen wurden, und die genauen Loka-
tion nicht notiert wurden. Aus diesem Grunde ist es unmöglich, dem Vorschlag eines
Gutachters zu folgen und eine "Nächste-Nachbar-Analyse" (Besag (1974), Wilkinson et al.
(1983)) durchzuführen oder einen geglätteten Trend zu modellieren (Green et al) (1985)).

Wir haben hier einen Datensatz vor uns, der mit konventionellen statistischen Ansätzen nur
schlecht analysiert werden kann, wobei die Probleme in der Hauptsache durch große und irre-
guläre Variabilität der Daten verursacht werden. Aus diesem Grunde führten wir mit Hilfe des
Gifi-Systems (Gifi (1990)) eine nicht-lineare multivariate Analyse durch, in der wir die
Möglichkeit zur Einschränkung auf monotone Transformationen intensiv benutzt haben. In
diesem System werden Hauptkomponenten-Analysen und kanonische Analysen in einem ein-
heitlichen Rahmen behandelt.

Läßt man nicht-monotone Transformationen zu, so wird die Struktur solcher hochdimensionaler Daten für das menschliche Auge leicht zu komplex. Aus diesem Grunde bezweifeln wir, daß verallgemeinerte additive Modelle (Hastie and Tibshirani (1986)) oder ACE (Breiman und Friedman (1985)) für die vorliegenden Daten besser geeignet gewesen wären. Darüber hinaus zeigen einige Beispiele in der Literatur, daß ACE Probleme mit nicht-monotonen Transformationen hat (Pregibon und Varda (1985), Buja und Kass (1985), und Buja (1990)). "Principal curves " (Hastie und Stuetzle (1989)) könnten geeignet sein, um Untermengen unserer Daten zu analysieren. Für getrennte Trauben von Punkten erscheinen sie jedoch weniger geeignet.

Der vorliegende Nützlingsversuch zeigt einige interessante Ergebnisse in einer Hauptkomponentenanalyse, die geplante Einflußvariablen und Speziesanzahlen umfaßt. Die Hauptkomponenten werden in erster Linie durch die Speziesvariablen bestimmt; dennoch trennen sie die Stichproben vor Behandlung von denen nach 3 Wochen und, innerhalb der letzteren, die behandelten von den unbehandelten. In dieser Analyse zeigten sich aber keine unterschiedlichen Effekte der beiden Pflanzenschutzmittel. Kanonische Korrelationsanalysen wurden verwendet, um die Beziehungen zwischen Nützlingen, Schädlingen und geplanten Einflußvariablen zu erhellen. Diese Untersuchungen konnten das biologische Wissen über Räuber-Beute-Beziehungen nicht bestätigen. Da solche Beziehungen im Labor nur für je einen Nützling und einen Schädling etabliert werden konnten, überrascht es wenig, daß ein Feldversuch mit einer großen Anzahl verschiedener Spezies, die bei wechselnden Umweltbedingungen immigrieren und emigrieren, diese Beziehungen nicht klar reflektiert.
In einer kanonischen Korrelationsanalyse der geplanten Einflußvariablen mit allen Speziesanzahlen ist es jedoch möglich, die Stichproben mittels einer 3-dimensionalen Lösung in sinnvolle Gruppen zu zerlegen. Die erste Dimension trennt die Stichproben vor Behandlung von den 3 Wochen später gesammelten, die zweite trennt die verschiedenen Behandlungen nach 3 Wochen (Kontrolle, Carbamat und Wachstumshemmer; 3 oder 4 Stichproben fanden sich nicht im korrekten Ort) und die dritte trennt die Regionen (Nord und Süd). Alle experimentellen Bedingungen werden also in dieser 3-dimensionalen Darstellung reflektiert. Aus dem Biplot der Ladungen mit den Objekt-Scores können viele Details über die Häufigkeit einzelner Spezies in verschiedenen Feldern und zu unterschiedlichen Zeiten abgelesen werden. Die meisten dieser Befunde werden durch die entsprechenden univariaten Verteilungen der Speziesanzahlen bestätigt.

Danksagung

Der Autor dankt Herrn Dr. Burkhard Sechser für wertvolle Diskussionen über die biologischen Aspekte dieses Problems, Frau Professor Jacqueline Meulman und Herrn Professor

Adrian F. M. Smith sowie einem unbekannten Gutachter für ihre kontruktiven Kommentare und schließlich Herrn Privat-Dozent Dr. Christoph E. Minder und Frau Bietenholz für ihre technische Unterstützung.

Literatur

Anscombe, F. J. (1949) The statistical analysis of insect counts based on the negative binomial distribution, *Biometrics, 5*, 165-173.

Asimov, D. (1985) The grand tour: A tool for viewing multidimensional data, *SIAM J. Sci. Statist. Comp., 6*, 128-143.

Besag, J. (1974) Spatial interaction and the statistical analysis of lattice systems, *J. R. Statist. Soc. B, 36*, 192-225.

Breiman, L. and Friedman, J. H. (1985) Estimating optimal transformations for multiple regression and correlation, *J. Amer. Statist. Ass., 80*, 580-598.

Buja, A. (1990) Remarks on functional canonical variates, alternating least squares methods and ACE, *Ann. Statist., 18*, 1032-1069.

Buja, A. and Kass, R. E. (1985) Some observations on ACE methodology [discussion of Breiman and Friedman (1985)], *J. Amer. Statist. Ass., 80*, 602-607.

De Leeuw , J. (1984) The Gifi-system of non-linear multivariate analysis. In *Data Analysis and Informatics*. (eds. E. Diday, M. Jambu, L. Lebart, J. Pages and R. Tomassone), vol. III, pp. 415-424. Amsterdam: North-Holland.

Digby, P.G.N. and Kempton, R.A. (1987) *Multivariate Analysis of Ecological Communities*. London: Chapman and Hall.

Gabriel, K. R. (1971) The biplot-graphic display of matrices with application to principal component analysis, *Biometrika, 58*, 453-467.

Gifi, A. (1985) *PRINCALS User's Guide*. University of Leiden, Dept. of Data Theory, Leiden.

Gifi, A. (1990) *Nonlinear Multivariate Analysis*. New York: Wiley.

Green, P., Jennison, Ch. and Seheult, A. (1985) Analysis of field experiments by least squares smoothing, *J. R. Statist. Soc. B, 47*, 299-315.

Hastie, T. and Tibshirani, R. (1986) Generalized additive models, *Statist. Sci., 1*, 297-310.

Hastie, T. and Stuetzle, W. (1989) Principal curves, *J. Amer. Statist. Ass., 84*, 502-516.

Kruskal, J. B. and Shepard, R. N. (1974) A nonmetric variety of linear factor analysis, *Psychometrika, 39*, 123-157.

Pielou, E. C. (1977) *Mathematical Ecology*. New York: Wiley.

Pregibon and Varda, (1985) Comment [discussion of Breiman and Friedman (1985)], *J. Amer. Statist. Ass., 80*, 598-601.

SAS Institute Inc. (1989) *SAS/STAT^R User's Guide, Version 6*, Fourth Edition, Volume 2. Cary, NC: SAS Institute Inc..

SPSS Categories (1990) Chicago: SPSS Inc..

Tawfik, M.F.S. and Ata, A.M. (1973) The life history of orius albidipennis (REUT.), *Bull. Soc. Ent. Egypte, LVII*, 117-126.

Van der Burg, E., De Leeuw, J. and Verdegaal, R. (1988) Homogeneity analysis with k sets of variables: An alternating least squares method with optimal scaling features, *Psychometrika, 53*, 177-197.

Verdegaal, R. (1986) *OVERALS User's Guide*. University of Leiden, Dept. of Data Theory, Leiden.

Wilkinson, G. N., Eckert, S. R., Hancock, T. W. and Mayo, O. (1983) Nearest neighbour (NN) analysis of field experiments, *J. R. Statist. Soc. B, 45*, 151-178.

Young, F. W., Takane, Y. and De Leeuw, J. (1978) The principal components of mixed measurement level multivariate data: An alternating least squares method with optimal scaling features, *Psychometrika, 43*, 279-281.

Quasi-Likelihood Methoden zur Analyse von unabhängigen und abhängigen Beobachtungen

Reinhold Hatzinger
Institut für Statistik, Wirtschaftsuniversität Wien
Augasse 2 – 6, A-1090 Wien

Zusammenfassung

Ausgehend vom klassischen linearen Modell werden Regressionsmethoden für Datenstrukturen dargestellt, bei denen die Standardannahmen (Unabhängigkeit, normalverteilte Fehler und konstante Varianz) nicht erfüllt sind. Läßt man die Responsevariable aus einer Exponentialfamilie zu, so erhält man die Klasse generalisierter linearer Modelle (GLM). Dies erlaubt, den Erwartungswert von verschiedensten stetigen und diskreten Responsevariablen (z.B. Anteile, Häufigkeiten, etc.) über eine fixe Kovariatenstruktur zu modellieren. Hebt man zusätzlich die Notwendigkeit auf, eine Verteilung aus Exponentialfamilien spezifizieren zu müssen, erhält man Quasi-Likelihood Modelle, bei denen nur mehr eine Beziehung zwischen Erwartungswert und Varianz festgelegt werden muß. Die Berücksichtigung einer Korrelationsstruktur führt zu verallgemeinerten Schätzgleichungen, d.h. es können auch Longitudinaldaten ohne besondere Verteilungsannahmen analysiert werden. Ziel der Arbeit ist es, diese Methoden und ihre statistischen Eigenschaften vorzustellen und anhand eines Beispiels (Überdispersion bei wiederholt gemessenen binomialen Anteilen) ihre Bedeutung in der biometrischen Praxis zu illustrieren.

Schlüsselworte: Regressionsmethoden; Generalisierte lineare Modelle; Quasi Likelihood; Überdispersion; Verallgemeinerte Schätzgleichungen; Longitudinaldaten

1 Einleitung

Ausgangspunkt für die in diesem Beitrag vorgestellten Methoden ist das klassische lineare Modell für einen Responsevariable Y

$$y = X\beta + \varepsilon \tag{1}$$

mit einer $n \times p$ Matrix erklärender Variablen X, einem $p \times 1$ Vektor unbekannter Parameter β sowie Störgrößen ε. NELDER und WEDDERBURN führten 1972 die generalisierten linearen

Modelle (GLM) als eine Erweiterung dieses klassischen linearen Modells ein, wobei eine Vielzahl von Regressionsmethoden für unterschiedliche Datentypen vereinheitlicht wurde. Die Anwendbarkeit von (1) wird hierbei durch Aufheben der Annahme additiver Fehler wesentlich erweitert. Kann im linearen Fall die Dichte von Y

$$f_Y(y) = f_\varepsilon(y - x'\beta)$$

geschrieben werden, so ist die verallgemeinerte Form gegeben durch

$$f_Y(y) = f(y; x'\beta), \tag{2}$$

wobei x' und β den linearen Prädiktor $\eta = x'\beta$ konstituieren. Existiert der Erwartungswert $E(Y) = \mu$, dann wird μ bestimmt durch η, d.h. $g(\mu) = \eta$ und $g(\mu)$ wird Linkfunktion genannt. Die Dichte in (2) kann jede geeignete Dichte oder Wahrscheinlichkeitsfunktion sein, allerdings ist es aus verschiedenen noch zu erläuternden Gründen vorteilhaft Exponentialfamilien zu verwenden, die hier die gleiche Rolle spielen wie die Normalverteilung im klassischen linearen Modell. Verwendet man Likelihood-Methoden zur Schätzung der Parameter für eine geeignete lineare Exponentialfamilie, so haben diese Eigenschaften analog zu Kleinst-Quadrate Schätzern im linearen Modell. (Die in dieser Arbeit gebene Darstellung folgt im wesentlich FIRTH (1991), McCULLAGH und NELDER (1989), sowie LIANG und ZEGER (1986).)

2 Generalisierte lineare Modelle

Im Unterschied zum klassischen linearen Modell, in dem $\mu = \eta$, d.h. daß die Funktion $E(\mu) = \mu(\beta) = \eta$ linear in den Parametern β ist, hat ein GLM die Form

$$\mu = g^{-1}\left(\sum_{j=1}^{p} x_j\beta_j\right) \quad .$$

$\beta_1, \ldots, \beta_p$ sind unbekannte Parameter, $x_1, \ldots, x_p$ sind bekannte Konstanten, die in Beziehung zur Responsevariable Y stehen. Die x_j können quantitative Variablen, wie etwa Blutdruck, oder Indikatorvariablen sein, die die Stufen einer qualitativen Variable repräsentieren. Verallgemeinerte lineare Modelle sind also selbst nicht linear, allerdings bestimmt die Linkfunktion $g(\cdot)$, die streng monoton sein muß, die Skala auf der Linearität angenommen wird. Überdies ist die Wahl von $g(\cdot)$ durch den Wertebereich von μ eingeengt. Sind $\beta_1, \ldots, \beta_p$ nicht beschränkt, kann $g(\cdot)$ jeden Wert im Intervall $(-\infty, \infty)$ annehmen. Sind z.B. Häufigkeiten als Response Y festgelegt, dann wird $g(\cdot)$ das Intervall $[0, \infty)$ auf die gesamte reelle Achse abbilden. Obwohl die Linkfunktion unter diesen milden Annahmen frei wählbar ist, ist es dennoch sinnvoll diese Klasse noch weiter einzuschränken. Darauf wird in Kap. 2.2 eingegangen.

2.1 Exponentialfamilien

Einige der wichtigsten Familien statistischer Verteilungen haben eine Likelihoodfunktion für eine einzelne Beobachtung y_i

$$f(y_i; \theta_i,) = \exp\{(\theta_i y_i - b(\theta_i))/\phi + c(y_i, \phi)\}, \tag{3}$$

wobei die Funktionen $b(\cdot)$ und $c(\cdot)$ bekannt sind. Ist überdies ϕ, der sogenannte Dispersionsparameter, bekannt, so ist (3) eine lineare Exponentialfamilie, die durch den natürlichen oder kanonischen Parameter θ gesteuert wird. 'Linear' wird verwendet um anzudeuten, daß die minimal suffizienten Statistiken aus einer Stichprobe linear in Y sind. (Ist ϕ unbekannt, so spricht man von 'exponential dispersion models'.)

Lineare Exponentialfamilien beinhalten unter anderem folgende Verteilungen für Y:

Verteilung	Erwartungswert	Varianz	Bemerkung
Normal	θ	ϕ	—
Poisson	e^θ	e^θ	$\phi = 1$
Gamma	$-1/\theta$	ϕ/θ	ϕ ist Kehrwert des Gammaindex
Binomial	$\dfrac{e^\theta}{1 + e^\theta}$	$\phi\dfrac{e^\theta}{(1 + e^\theta)^2}$	$\phi \ldots$ Anzahl der Versuche $y \ldots$ Anzahl der Erfolge

Einige elementare Eigenschaften von linearen Exponentialfamilien folgen aus den Identitäten:

$$E\left(\frac{\partial l}{\partial \theta}\right) = 0 \tag{4}$$

$$-E\left(\frac{\partial^2 l}{\partial \theta^2}\right) = Var\left(\frac{\partial l}{\partial \theta}\right) \tag{5}$$

mit l als der logarithmierten Likelihood. Angewandt auf (3) ergibt sich

$$E(Y) = b'(\theta) = \mu(\beta) \quad ,$$

sowie

$$\mathrm{Var}(Y) = \phi b''(\theta) = V(\mu)$$

Durch $V(\mu)$, die sogenannte Varianzfunktion, werden lineare Exponentialfamilien charakterisiert und haben eine wesentliche Funktion bei der Schätzung der Parameter β. Einige Beispiele sind:

Verteilung	Varianzfunktion
Normal	$V(\mu) = 1$
Poisson	$V(\mu) = \mu$
Gamma	$V(\mu) = \mu^2$
Binomial	$V(\mu) = \mu(1 - \mu)$

2.2 Suffizienz und die kanonische Linkfunktion

Seien $y_1, \ldots, y_n$ n unabhängige Realisationen von Zufallsvariablen $Y_1, \ldots, Y_n$ mit jedem Y_i aus einer Exponentialfamilie mit Parameter θ_i und ϕ_i, dann ist die logarithmierte Likelihood für die Stichprobe

$$l = \sum_{i=1}^{n} \{(\theta_i y_i - b(\theta_i))/\phi_i + c(y_i, \phi_i)\} \quad . \tag{6}$$

Spezifiziert man in (6) ein GLM durch

$$g(\mu_i) = g(b'(\theta_i)) = \sum_{j=1}^{p} x_{ij}\beta_j \qquad i = 1, \ldots, n,$$

dann kann die Likelihood für die Regressionsparameter $\beta_1, \ldots, \beta_p$ algebraisch relativ kompliziert werden. Eine wesentliche Vereinfachung ergibt sich aber im Spezialfall $g(\cdot) = 1/b'(\cdot)$, sodaß $g(\mu_i) = \theta_i$. Dann wird die logarithmierte Likelihood zu

$$l = \sum_{j=1}^{p} \beta_j \sum_{i=1}^{n} \frac{y_i x_{ij}}{\phi_i} - \sum_{i=1}^{n} \left\{ \frac{b(\theta_i)}{\phi_i} - c(y_i, \phi_i) \right\}.$$

Sind überdies die ϕ_i bekannt, leiten sich die minimal suffizienten Statistiken aus $\sum_{i=1}^{n} y_i x_{ij}/\phi_i$ für $j = 1, \ldots, n$ ab. Die spezielle Linkfunktion $g(\cdot) = 1/b'(\cdot)$, die diese Vereinfachung erlaubt, wird kanonische Linkfunktion genannt, wobei die kanonische Linkfunktion und die Varianzfunktion durch $V(\mu) = 1/g'(\mu)$ in Beziehung stehen. Einige Beispiele hierfür sind:

Verteilung	Linkfunktion
Normal	$g(\mu) = \mu$
Poisson	$g(\mu) = \ln \mu$
Gamma	$g(\mu) = -\mu^{-1}$
Binomial	$g(\mu) = \ln(\mu/(1 - \mu))$

2.3 Schätzen in GLMs

Die interessierenden Parameter werden mittels Maximum Likelihood Methode (ML–Methode) geschätzt. Differenzieren der logarithmierten Likelihood nach β_j liefert die Likelihood Schätzgleichungen

$$\sum_{i=1}^{n} \frac{y_i - \mu_i}{\phi_i V(\mu)} \cdot \frac{\partial \mu_i}{\partial \beta_j} = 0, \quad j = 1, \ldots, p \tag{7}$$

die im Falle eines GLMs zu

$$\sum_{i=1}^{n} \frac{y_i - \mu_i}{\phi_i V(\mu)} \cdot \frac{x_{ij}}{g'(\mu_i)} = 0, \quad j = 1, \ldots, p \tag{8}$$

werden. Die Gleichungen (8) hängen von den unter Umständen unbekannten $\phi_1, \ldots, \phi_n$ ab. In vielen wichtigen Anwendungen ist aber $\phi_i = a_i \phi$, mit bekannten Konstanten a_i und einem einzelnen Dispersionsparameter ϕ. Dann werden die Schätzgleichungen zu

$$\sum_{i=1}^{n} \frac{y_i - \mu_i}{a_i V(\mu)} \cdot \frac{x_{ij}}{g'(\mu_i)} = 0, \quad j = 1, \ldots, p,$$

und sind nicht mehr vom (möglicherweise) unbekannten Dispersionsparameter ϕ abhängig.

Beispiel. Seien die Zufallsvariablen $Y_1, \ldots, Y_n$ binomialverteilt, $Y_i \sim B(m_i, \pi_i)$, sodaß $\mu_i = m_i \pi_i$ und $V(\mu_i) = m_i \pi_i (1 - \pi_i)$, dann ist die logarithmierte Likelihood

$$l(\pi_i; y_i) = \sum_{i=1}^{n} \left(y_i \ln \left(\frac{\pi_i}{1 - \pi_i} \right) + m_i \ln(1 - \pi_i) \right).$$

Die Schätzgleichungen erhält man aus

$$\frac{\partial l}{\partial \beta_j} = \frac{\partial l}{\partial \pi_i} \cdot \frac{d\pi_i}{d\eta} \cdot \frac{\partial \eta}{\partial \beta_j}.$$

Im konkreten Fall ist dies:

$$\frac{\partial l}{\partial \pi_i} = y_i \frac{1}{\pi_i} + \frac{y_i}{1 - \pi_i} - m_i \frac{1}{1 - \pi_i} = \frac{y_i - m_i \pi_i}{\pi_i(1 - \pi_i)}, \tag{9}$$

$$g(\pi_i) = \eta_i = \ln \frac{\pi_i}{1 - \pi_i} = \sum_{j=1}^{p} x_{ij} \beta_j, \tag{10}$$

$$\frac{d\eta_i}{d\pi_i} = \frac{d}{d\pi}\ln\frac{\pi_i}{1-\pi_i} = \frac{1}{\pi_i(1-\pi_i)}, \tag{11}$$

und

$$\frac{\partial\pi_i}{\partial\beta_j} = \frac{d\pi_i}{d\eta_i}\cdot\frac{\partial\eta_i}{\partial\beta_j} = \left(\frac{d\eta_i}{d\pi_i}\right)^{-1}x_{ij} = \pi_i(1-\pi_i)x_{ij}. \tag{12}$$

Setzt man (9) – (12) zusammen, erhält man

$$\sum_{i=1}^{n}(y_i - m_i\pi_i)x_{ij} = 0.$$

In diesem Beispiel sind also die $a_i = 1/m_i$ und $\phi = 1$.

Allgemein vereinfachen sich für die kanonische Linkfunktion $g(\cdot)$ die Schätzgleichungen zu

$$\sum_{i=1}^{n}\frac{y_i x_{ij}}{a_i} = \sum_{i=1}^{n}\frac{\mu_i x_{ij}}{a_i} \quad j = 1,\ldots,p,$$

d.h. die gemeinsam suffizienten Statistiken werden ihren Erwartungswerten gleichgesetzt.

Mit Ausnahme des linearen Modells mit konstanter Varianz, $V(\mu) = 1$ und $g(\mu) = \mu$, wo ML für die Normalverteilungsfamilie der gewichteten Kleinst-Quadrate Schätzung entspricht, gibt es keine expliziten Lösungen für (8). Im Spezialfall des linearen Modells erhält man den Lösungsvektor durch

$$\hat{\beta} = (X'WX)^{-1}X'Wy,$$

mit X als Matrix erklärender Variablen und $W = diag\{1/a_i\}$ als Diagonalmatrix mit bekannten Gewichten. Die Existenz einer expliziten Lösung in diesem Spezialfall legt eine Lösungsmethode für den allgemeinen Fall nahe. Betrachtet man

$$z_i = \eta_i + (y_i - \mu_i)g'(\mu_i),$$

dann ist $E(Z_i) = \eta_i = \sum_{j=1}^{p}x_{ij}\beta_j$. Wären also die z_i bekannt, könnten die $\beta_1,\ldots,\beta_p$ mittels gewichteter Kleinst-Quadrate Methoden geschätzt werden, mit Gewichten als Kehrwert von

$$\mathrm{Var}(Z_i) = \{g'(\mu_i)\}^2 a_i V(\mu_i) \quad .$$

In der Praxis sind die $z_1,\ldots,z_n$ unbekannt, da die η_i bzw. die μ_i unbekannt sind. Es bietet sich aber folgende iterative Prozedur an.

1. Man beginne mit Startwerten $\hat{\mu}_i^{(0)} = y_i$ und $\hat{\eta}_i^{(0)} = g(\hat{\mu}_i^{(0)})$ für Erwartungswert und linearen Prädiktor. (Bei gewissen Linkfunktionen, z.B. $g(\mu) = \ln\mu$ muß darauf geachtet werden, daß $y_i > 0$. Dies erreicht man etwa durch die Adjustierung $\hat{\mu}_i^{(0)} = \max\{y_i, \varepsilon\}$, mit kleinem positiven ε.)

2. Gegeben $\hat{\mu}_i^{(t)}$ und $\hat{\eta}_i^{(t)}$, berechnet man die adjustierte abhängige Variable

$$\hat{z}_i^{(t)} = \hat{\eta}_i^{(t)} + (y_i - \hat{\mu}_i^{(t)})g'(\hat{\mu}_i^{(t)})$$

mit iterativem Gewicht

$$\hat{w}_i^{(t)} = \frac{1}{a_i V(\hat{\mu}_i^{(t)})\{g'(\hat{\mu}_i^{(t)})\}^2}, \quad i = 1, \ldots, n.$$

3. Im $t+1$-tem Schritt erhält man $\beta^{(t+1)}$ mittels gewichteter Kleinst–Quadrate Schätzung

$$\hat{\beta}^{(t+1)} = (X'W^{(t)}X)^{-1}X'W^{(t)}z^{(t)},$$

mit $W^{(t)} = diag\{w_i^{(t)}\}$. Danach definiert man $\hat{\eta}_i^{(t+1)} = X\hat{\beta}^{(t+1)}$ und $\hat{\mu}_i^{(t+1)} = g^{-1}(\hat{\mu}_i^{(t+1)})$.

4. Schritte 2) und 3) werden solange wiederholt, bis ein angemessenes Konvergenzkriterium erfüllt ist.

Diese Prozedur wird iterierte gewichtete Kleinst-Quadrate Schätzung (*iterative weighted least squares* - IWLS) genannt. Dieses Verfahren entspricht im Falle kanonischer Linkfunktion der Newton-Raphson Methode, allgemeiner ist es die Fisher Scoring Methode. Existenz und Eindeutigkeit der Lösungen des Gleichungssystems (7) diskutiert WEDDERBURN (1976). Für die Praxis empfiehlt sich das Programmpaket GLIM (PAYNE, 1986) das speziell zur Berechnung von GLMs konzipiert wurde.

Hat man einen Lösungsvektor gefunden, dann sind die Schätzer für β konsistent, asymptotisch normal und asymptotisch effizient mit einer approximativen Normalverteilung $N_p(\beta, i^{-1})$. $i = i_\beta$ ist die Informationsmatrix mit Elementen

$$\{i_\beta\}_{jk} = \sum_{i=1}^n \frac{x_{ij}x_{ik}}{\phi a_i V(\mu_i)\{g'(\mu)\}^2},$$

d.h. $i_\beta = \phi^{-1}X'WX$ mit $W = diag\{w_i\}$ und

$$w_i = \frac{1}{a_i V(\mu_i)\{g'(\mu)\}^2}.$$

Die geschätzten Standardfehler für $\hat{\beta}$ ergeben sich aus der Wurzel der Diagonalelemente von

$$\text{Cov}(\hat{\beta}) = \phi(X'WX)^{-1},$$

wobei $(X'WX)^{-1}$ ein Nebenprodukt der letzten IWLS-Iteration ist.

Ist ϕ unbekannt, wird ein Schätzer $\hat{\phi}$ zu Berechnung der Standardfehler der $\hat{\beta}$ benötigt. Prinzipiell ist es möglich ϕ mittels ML zu schätzen. In der Praxis ist es aber meist einfacher, einen Momenten-Schätzer zu verwenden. Falls $\beta_1, \ldots, \beta_p$ bekannt sind, ist eine erwartungstreue Schätzfunktion für ϕ durch

$$\hat{\phi} = \frac{\mathrm{Var}(Y_i)}{a_i V(\mu)} = \frac{1}{n} \sum_{i=1}^{n} \frac{(y_i - \mu_i)^2}{a_i V(\mu)}$$

gegeben. Da $\beta_1, \ldots, \beta_p$ geschätzt werden, verwendet man in Analogie zum klassischen linearen Modell einen um die Freiheitsgrade korrigierten erwartungstreuen und konsistenten Schätzer

$$\tilde{\phi} = \frac{1}{n - p} \sum_{i=1}^{n} \frac{(y_i - \hat{\mu}_i)^2}{a_i V(\hat{\mu})}.$$

(Eine andere Methode basiert auf 'modified profile likelihoods', JØRGENSEN,1987).

2.4 Testen von Hypothesen

Eine spezielle Wahl der Matrix der erklärenden Variablen X, die meist aus einer größeren Menge von interessierenden Kovariaten getroffen wird, definiert die zu prüfenden Hypothesen, d.h. durch die Aufnahme gewisser Variablen in X wird ein bestimmtes Modell festgelegt. Hierbei geht es um die Balance zwischen Sparsamkeit und möglichst guter Modellanpassung. Zur Lösung dieses Problems werden üblicherweise Likelihood-Ratio Tests herangezogen.

Seien X_A und X_B zwei verschiedene Auswahlen von X, wobei diese zwei hierarchisch geordnete Modelle spezifizieren, $X_A < X_B$. Anders ausgedrückt: alle Spaltenvektoren von X_A sind im linearen Raum, der von X_B aufgespannt wird, enthalten. Dann muß Modell B mindestens so gut zu den Daten passen wie Modell A. Die Verbesserung der Anpassung kann relativ zur hinzugekommenen Komplexität von Modell B durch den Test der Nullhypothese: Modell A gegen die Alternativhypothese: Modell B geprüft werden. Sei der Rang $rg(X_B) = p_B$ und der Rang $rg(X_A) = p_A$, dann ist die verallgemeinerte LR–Statistik

$$\Lambda = 2\{l(y; \hat{\mu}^{(B)}, \phi) - l(y; \hat{\mu}^{(A)}, \phi)\} \tag{13}$$

unter Modell A approximativ χ^2–verteilt mit $df = p_B - p_A$. Ist diese Statistik signifikant, dann wird der zusätzliche Beitrag von Modell B als relevant erachtet.

Verallgemeinert spielt die Quantität

$$2\phi\{l(y; y, \phi) - l(y; \hat{\mu}, \phi)\} = D(y; \hat{\mu})$$

die gleiche Rolle, die im klassischen Modell von der Fehlerquadratsumme (RSS) gespielt wird. Im speziellen kann Λ in (13) als

$$\{D(y;\hat{\mu}^{(B)}) - D(y;\hat{\mu}^{(A)})\}/\phi$$

geschrieben werden. Die sogenannte Devianz $D(y;\hat{\mu})$ ist im Fall von linearen Exponentialfamilien durch

$$D(y;\hat{\mu}) = \sum_{i=1}^{n} d_i(y_i;\hat{\mu}) \quad ,$$

mit

$$d_i(y_i;\hat{\mu}) = -2\int_{y_i}^{\hat{\mu}} \frac{y_i - u}{a_i V(u)} du = 2\Big[y_i\{\theta(y_i) - \theta(\hat{\mu}_i)\} + b\{\theta(\hat{\mu}_i)\} - b\{\theta(\hat{y}_i)\}\Big]/a_i \quad ,$$

gegeben. Wie die RSS hängt $D(y;\hat{\mu})$ nur von den Daten, nicht aber von irgendwelchen Parametern ab.

Vorher wurde angenommen ϕ sei bekannt. Die Differenz der Devianzen muß aber mit $1/\phi$ skaliert werden, bevor sie auf eine χ^2-Verteilung mit $df = p_B - p_A$ bezogen werden kann. Im Falle der Poisson-, Binomial- und Exponentialverteilung ist ϕ bekannt und gleich 1, andernfalls muß ein Schätzer verwendet werden. In der Normalverteilungstheorie, speziell bei varianzanalytischen Modellen, wird ϕ durch $\tilde{\phi}$ aus der RSS des komplexesten Modells einer Reihe hierarchischer Modelle geschätzt. Das Verhältnis $(RSS_A - RSS_B)/\tilde{\phi}(p_B - p_A)$ kann dann mittels der F–Verteilung geprüft werden. Diese Vorgangsweise basierend auf der Differenz der Devianzen kann analog in einem allgemeineren Rahmen verwendet werden. Voraussetzung hiefür ist $i)$ $\tilde{\phi}$ ist konsistent für ϕ und hat approximativ eine entsprechend skalierte χ^2-Verteilung, $ii)$ $\tilde{\phi}$ und $\{D(y;\hat{\mu}^{(B)}) - D(y;\hat{\mu}^{(A)})\}$ sind approximativ unabhängig.

2.5 Goodness of fit

Die Devianzfunktion hat einige einfache Eigeschaften, die ihre Nützlichkeit zur Einschätzung der Güte der Anpassung anzeigen. Paßt ein Modell perfekt, $y = \hat{\mu}$, dann nimmt sie den Wert 0 an, sonst ist sie positiv. Da Maximieren der Likelihood für irgendein Modell dem Minimieren der Devianz entspricht, liefert die ML–Methode den besten Fit auch nach dem Devianzkriterium. Die Devianz kann selbst als Differenz $\{D(y;\hat{\mu}) - D(y;y)\}$ aufgefaßt werden, d.h. als Differenz der Devianzen des aktuell gefitteten Modells und dem saturierten Modell in dem $y = \hat{\mu}$. Trivialerweise sind diese beide Modelle in einer hierarchischen Ordnung und man ist versucht aufgrund der Ergebnisse des vorherigen Abschnitts zu schließen, daß die Devianz selbst auch approximativ $\phi\chi^2_{n-p}$-verteilt ist, wenn das gefittete Modell gültig ist. Standardtheorie, die zur $\chi^2_{p_B-p_A}$ Approximation für die Nullverteilung der LR–Statistik führt, basiert auf dem Grenzwert $n \to \infty$, mit fixierten p_A und p_B. Wenn B das saturierte Modell ist, dann ist $p_B = n$

und die Standardtheorie gilt nicht mehr. Daraus folgt, daß die Devianz nicht unter allgemeinen Bedingungen asymptotisch χ^2-verteilt ist, wenn die Anzahl der Beobachtungen wächst, d.h. die Devianz kann weit von einer χ^2-Verteilung entfernt sein, auch dann wenn n groß ist. Eine weitere Konsequenz besteht darin, daß die $\chi^2_{p_B-p_A}$ Approximation dann schlecht sein kann, wenn p_B im Verhältnis zu n groß ist. Allerdings ist die χ^2 Approximation der Verteilung der Devianz ohnehin meistens gut, besonders wenn der Informationsgehalt für jede Beobachtung einzeln betrachtet groß ist. Dies ist vor allem bei Poissonmodellen mit großen μ_i, Binomialmodellen mit großen m_i und Gammamodellen mit kleinem ϕ der Fall. Man sollte sich aber davor hüten, exakte Wahrscheinlichkeitsaussagen zu treffen.

3 Quasi–Likelihood Modelle

Die Schätzung der interessierenden Parameter in verallgemeinerten Modellen beruht auf der ML Theorie. Um eine Likelihood Funktion konstruieren zu können ist es üblicherweise notwendig, einen probabilistischen Mechanismus anzugeben, der für einen Bereich von Parameterwerten, die Wahrscheinlichkeit für alle relevanten Stichproben spezifiziert, die möglicherweise hätten beobachtet werden können. Diese Spezifikation erfordert entweder Kenntnisse über den Mechanismus, durch den Daten generiert wurden oder substantielle Erfahrung mit ähnlichen Daten aus früheren Experimenten.

Oft gibt es keine Theorie über diesen Zufallsmechanismus, man kann aber eventuell den Wertebereich möglicher Responsewerte (diskret, kontinuierlich, positiv, ...) angeben, oder aufgrund früherer Erfahrung einige zusätzliche Charakteristika spezifizieren, etwa i) wie der Mittelwert oder Median von externen Stimuli oder Treatments beeinflußt wird, ii) wie die Variabilität der Response sich mit dem Erwartungswert der Response ändert, iii) ob die Beobachtungen statistisch unabhängig sind, iv) welche Schiefe die Responseverteilung unter fixen Treatment-Bedingungen hat.

Gibt es Vorinformationen, dann üblicherweise über die Art der Beziehung, wie die mittlere Reponse von Kovariaten beeinflußt wird, aber kaum über das Muster höherer Momente der Responsevariable. Die hier gegebene Darstellung soll Methoden vorstellen, wie man Inferenz betreiben kann, wenn zuwenig Information zur Konstruktion einer Likelihoodfunktion vorhanden ist.

Ausgangspunkt dieser Überlegungen sind die Scoregleichungen (7) , die unter der Voraussetzung, daß die Regressionsgleichung $E(Y_i) = \mu_i(\beta)$ korrekt ist, erwartungstreue Schätzgleichungen sind. Unter milden Bedingungen kann das Gleichungssystem gelöst werden und ergibt allgemein eine konsistente Schätzfunktion für β, auch wenn die Y_i nicht aus einer linearen Exponentialfamilie stammen. Setzt man Exponentialfamilien voraus, dann geht aufgrund dieser Annahme in (7) nur die Spezifikation der Varianzfunktion $V(\mu)$ ein, da in jeder dieser Familien gilt, daß

$$\frac{\partial l}{\partial \mu_i} = \frac{y_i - \mu_i}{\phi V(\mu_i)}.$$

Daher erscheint es interessant, das Verhalten der Schätzer, die sich aus (7) ergeben, nur unter Annahmen über die ersten beiden Momente,

$$E(Y_i) = \mu_i(\beta) \quad , \qquad \text{Var}(Y_i) = \phi_i V(\mu_i) \tag{14}$$

zu untersuchen, anstatt die strengeren Annahmen einer Exponentialfamilie vorauszusetzen. Das wesentlichste hierbei ist, daß die Score- bzw. Informationsidentitäten

$$E\left(\frac{\partial l}{\partial \mu_i}\right) = E\left(\frac{Y_i - \mu_i}{\phi V(\mu_i)}\right) = 0$$

$$E\left(-\frac{\partial^2 l}{\partial \mu_i^2}\right) = E\left(\frac{V(\mu_i) + (Y_i - \mu_i)V(\mu_i)}{\phi\{V(\mu_i)\}^2}\right) = \frac{1}{\phi V(\mu_i)} = Var\left(\frac{\partial l}{\partial \mu_i}\right)$$

auch unter (14) gelten. Da diese Identitäten die Basis für die asymptotische Theorie der ML–Schätzung bilden, gelten deren Resultate auch hier. Im speziellen sind die $\hat{\beta}$ ebenso asymptotisch normalverteilt wie im Abschnitt 2.3 beschrieben. Man verwendet also Ergebnisse der Theorie über Inferenz in linearen Exponentialfamilien. Trifft man dabei nur Annahmen nur über die ersten beiden Momente wird dies Quasi–Likelihood (QL) Schätzung genannt (WEDDERBURN, 1974). Ein Modell der Form (14) heißt QL–Modell und soll sinnvolle Inferenz auch dann ermöglichen, wenn eine auf der Likelihood basierende Analyse unter gegebenen Annahmen nur sehr schwierig oder gar nicht erfolgen kann. Die Eigenschaft, die eine QL von direkter Anwendung in Schätzgleichungen unterscheidet, ist die Existenz (in vielen Fällen) einer Quasilikelihood, d.h. einer skalaren Funktion, deren Gradientenvektor die Schätzgleichungen gibt. Existiert eine solche Funktion, kann sie zur Konstruktion von Konfidenzbereichen für Parameter verwendet werden, so wie bei üblichen Likelihoods in voller parametrischer Inferenz, und ist daher besser als Methoden, die direkt auf Schätzgleichungen bzw. auf Schätzern beruhen.

Die eben gegebene Formulierung ist sehr allgemein, von primärer praktischer Bedeutung sind folgende Anwendungsfälle, auf die im weiteren (abgesehen vom ersten Punkt, der den Fall konstanter Varianz behandelt) detaillierter eingegangen werden soll.

1. *Konstante Varianz*: In diesem Fall ist QL–Schätzung mit dem Kleinst–Quadrate Verfahren (wobei unter Umständen noch die bekannten Konstanten $1/a_i$ als Gewichte dienen) ident.

2. *Konstanter Variationskoeffizient*: $V(\mu) = \mu^2$. Diese Annahme ist dann nützlich, wenn eine multiplikative Fehlerstruktur vermutet wird, $Y_i = \mu_i(\beta)\varepsilon_i$, aber die Verteilung der ε_i unbekannt ist. Der QL–Ansatz ist in diesem Fall äquivalent zum ML–Ansatz mit der Annahme, daß die ε_i einer Gammaverteilung folgen.

3. *Überdispersion*: Dies betrifft besonders die Poisson-, Binomial- und Exponentialverteilung. Bei diesen drei Verteilungen, die die Standardannahmen bei Häufigkeitsdaten, Anteilswerten und Wartezeiten sind, ist $\phi = 1$ bekannt. In der Praxis tritt aber öfters der Fall ein, daß die Streuung der Daten gegenüber den Standardannahmen zu groß ist., d.h. $\phi > 1$. Die Formulierung eines QL–Modells ist eine mögliche Lösung dieses Problems.

Verteilung (mit Überdispersion)	Varianzfunktion
Poisson	$V(\mu) = \phi\mu$
Binomial	$V(\mu) = \phi\mu(1 - \mu)$
Exponential	$V(\mu) = \phi\mu^2$

Da die Schätzgleichungen für $\beta_1, \ldots, \beta_p$ nicht von ϕ abhängen, ergeben sich die gleichen $\hat{\beta}$, wie im Fall $\phi = 1$. Allerdings ist die $\text{Cov}(\hat{\beta})$ proportional zu ϕ, und daher werden alle Standardfehler mit $\phi^{1/2}$ oder einem Schätzer davon multipliziert. Das Problem der Unterdispersion tritt in der Praxis weniger häufig auf, kann aber in gleicher Weise behandelt werden.

4. *Abhängige Beobachtungen*: Eine Erweiterung von Quasi-Likelihoodmodellen, in denen man auch Korrelationen zwischen Beobachtungen zuläßt, führt zu verallgemeinerten Schätzgleichungen für die β. Die Kovarianzmatrix $V(\mu)$ ist dann nicht mehr diagonal sondern üblicherweise blockdiagonal. Es können hiebei verschiedene Arten von Korrelationsstrukturen festgelegt werden, die zu unterschiedlichen Modellklassen führen.

3.1 Unabhängige Beobachtungen

3.1.1 Konstruktion der QL Funktion

Das erste Kapitel beschäftigte sich unter anderem damit, die statistischen Eigenschaften der Lösung der Gleichung $U(\hat{\beta}; y) = 0$ zu besprechen. Hier interessiert nun die Frage, unter welchen Bedingungen eine Funktion $Q(\beta; y)$ mit Gradientenvektor $U(\beta; y)$ existiert. Existiert $Q(\beta; y)$ und erfüllt sie die Bedingungen einer logarithmierten Likelihood, dann nennt man $Q(\beta; y)$ eine Quasi-Likelihood Funktion. (Die Bedingungen für ihre Existenz diskutieren McCullagh und Nelder (1989), Kap. 9.)

Ausgegangen wird wieder von einem Responsevektor Y mit voneinander unabhängigen Komponenten. Dieser hat den Erwartungswert μ, und eine Kovarianzstruktur $\phi V(\mu)$. $V(\mu)$ ist eine Matrix bekannter Funktionen, ϕ kann unbekannt sein. Wieder ist das Ziel die Parameter β zu schätzen, die die Art des Zusammenhangs zwischen μ und den erklärenden Variablen x festlegen, d.h. $\mu = \mu(\beta)$. Wichtig ist, daß ϕ konstant ist und nicht von β abhängt.

Da die Komponenten von Y unabhängig sind, ist $V(\mu)$ eine Diagonalmatrix, deren Elemente nur von der i-ten Komponente von μ abhängen,

$$V(\mu) = diag\{V_1(\mu_1), \ldots, V_n(\mu_n)\}$$

In den meisten Anwendungen werden die Funktionen $V_1(\mu_1), \ldots, V_n(\mu_n)$ identisch sein, obwohl die Werte, die sie annehmen, unterschiedlich sind, da sie ja von den μ_i abhängen. Diese Annahme ist aber nicht notwendig. Es haben unter diesen Bedingungen die Größen

$$U(\beta; y) = \sum_i \frac{y_i - \mu_i}{V_i(\mu_i)} \frac{\partial \mu_i}{\partial \beta}$$

die gleichen Eigenschaften, wie wenn sie die ersten Ableitungen einer logarithmierten Likelihood wären, nämlich

$$E(U) = 0$$

$$\mathrm{Var}(U_i) = \frac{1}{\phi V(\mu_i)}$$

Da ein Großteil der asymptotischen Theorie bezüglich Likelihoodfunktion auf diesen Eigenschaften beruht, ist es nicht überraschend, daß sich

$$Q(\beta; y) = \sum_i \int_{y_i}^{\mu_i} \frac{y_i - t}{\phi V_i(t)} dt$$

wie eine logarithmierte Likelihoodfunktion verhält, deren Gradientenvektor bezüglich β $U(\beta; y)$ ist.

Die folgenden beiden Beispiele sollen diese Idee illustrieren.

1.*Normalverteilung:* $V(t) = 1$ und $\phi = \sigma^2$

$$
\begin{aligned}
Q(\mu; y) &= \int_y^\mu \frac{y - t}{\phi V(t)} dt = \frac{1}{\phi} \int_y^\mu (y - t) dt \\
&= \frac{1}{\phi}(yt \,|_y^\mu - \frac{t^2}{2} \,|_y^\mu) = \frac{1}{\phi}(y\mu - y^2 - 1/2(\mu^2 - y^2)) \\
&= -1/2(\frac{y - \mu}{\sigma})^2
\end{aligned}
$$

Bis auf Konstanten, die beim Differenzieren wegfallen, bleibt also ein Term über, der der logarithmierten Likelihood der Normalverteilung

$$l = \ln\{\frac{1}{\sqrt{2\pi}\sigma} \exp(-1/2(\frac{y - \mu}{\sigma})^2)\}$$

entspricht.

2. *Bernoulliverteilung* $V(t) = \mu(1 - \mu)$ und $\phi = 1$

$$\begin{aligned}
Q(\mu; y) &= \int_y^\mu \frac{y-t}{t(1-t)}\,dt = y\int_y^\mu \frac{1}{t(1-t)}\,dt - \int_y^\mu \frac{1}{1-t}\,dt \\
&= y\left[\int_y^\mu \frac{1}{t}\,dt + \int_y^\mu \frac{1}{1-t}\,dt\right] - \int_y^\mu \frac{1}{1-t}\,dt \\
&= y\ln\frac{t}{1-t}\Big|_y^\mu + \ln(1-t)\Big|_y^\mu = \\
&= y\ln\frac{\mu}{1-\mu} + \ln(1-\mu) + c
\end{aligned}$$

Wieder entspricht dies bis auf Konstanten einer logarithmierten Likelihood, in diesem Beispiel der der Bernoulliverteilung:

$$l = y\ln\left(\frac{\mu}{1-\mu}\right) + \ln(1-\mu).$$

Weitere Beispiele sind in der folgenden Tabelle dargestellt, wobei viele aber nicht alle Quasi-Likelihoods wirklichen logarithmierten Likelihoods bekannter Verteilungen entsprechen.

Verteilung	Varianzfunktion $V(\mu)$	Quasi-Likelihood $Q(\mu; y)$	Kanonischer Parameter θ
Normal	1	$-(y-\mu)^2/2$	μ
Poisson	μ	$y\ln\mu - \mu$	$\ln\mu$
Gamma	μ^2	$-y/\mu - \ln\mu$	$-1/\mu$
Inverse Gauss	μ^3	$-y/(2\mu^2) + 1/\mu$	$-1/(2\mu^2)$
—	μ^ζ	$\mu^{-\zeta}\left(\frac{\mu y}{1-\zeta} - \frac{\mu^2}{2-\zeta}\right)$	$\frac{1}{(1-\zeta)\mu^{\zeta-1}}$
Binomial	$\mu(1-\mu)$	$y\ln\left(\frac{\mu}{1-\mu}\right) + \ln(1-\mu)$	$\ln\left(\frac{\mu}{1-\mu}\right)$
—	$\mu^2(1-\mu)^2$	$(2y-1)\ln\left(\frac{\mu}{1-\mu}\right) - \frac{y}{\mu} - \frac{1-y}{1-\mu}$	—
Negative Binomial	$\mu + \mu^2/k$	$y\ln\left(\frac{\mu}{k+\mu}\right) + k\ln\left(\frac{k}{k+\mu}\right)$	$\ln\left(\frac{\mu}{k+\mu}\right)$

3.1.2 Inferenz in QL–Modellen

Die Quasi-Likelihood Schätzgleichung für β erhält man durch Differenzieren von $Q(\mu; y)$. Dies liefert das Gleichungssystem

$$U(\beta) = D'V^{-1}\frac{(Y - \mu)}{\phi}$$

$U(\hat{\beta}) = 0$ wird auch Quasi-Score Funktion genannt. Dabei ist D eine $n \times p$–Matrix mit Elementen $D_{ir} = \partial\mu_i/\partial\beta_r$, d.h. den Ableitung von $\mu(\beta)$ nach den Parametern β. Sowohl D als auch V hängen von β ab.

Die Kovaranzmatrix von $U(\beta)$ als negativer Erwartungswert von $\partial V(\beta)/\partial\beta$ ist

$$i_\beta = D'V^{-1}D\phi^{-1}.$$

Sie entspricht der Fisher–Information bei gewöhnlichen Likelihood Funktionen. Unter gewissen Voraussetzungen über die Eigenwerte von of i_β ist die asymptotische Kovarianzmatrix von $\hat{\beta}$ durch

$$\text{Cov}(\hat{\beta}) \simeq i_\beta^{-1} = \phi(D'V^{-1}D)^{-1}$$

gegeben. Die statistische Eigenschaften der Lösungen $\hat{\beta}$ können aus den Eigenschaften der Quasi–Scorefunktion in der Nähe des wahren Parameterwertes deduziert werden. Der große Vorteil dieser indirekten Technik ist es, daß $U(\beta; y)$ eine lineare Funktion des Responsevektors ist, während $\hat{\beta}$ in y nichtlinear ist. Die exakten Momente sind leicht berechenbar und der zentrale Grenzwertsatz garantiert approximative Normalität der Quasi–Scorefunktion unter recht allgemeinen Bedingungen. Die Newton Approximation erster Ordnung für die Lösung $\hat{\beta}$ beginnt beim wahren aber unbekannten Parameter β und ist

$$\beta^{(1)} = \beta + (D'V^{-1}D)^{-1}U(\beta; y)$$

Vorausgesetzt, daß weitere Schritte vernachlässigbar sind, folgt daraus

$$E(\hat{\beta}) = \beta$$

und

$$\begin{aligned}
\text{Cov}(\hat{\beta}) &= E\left\{(D'V^{-1}D)^{-1}U(\beta; y)((D'V^{-1}D)^{-1}U(\beta; y))'\right\} = \\
&= (D'V^{-1}D)^{-1}\text{Cov}(U(\beta; y))(D'V^{-1}D)^{-1} = \\
&= (D'V^{-1}D)^{-1} = i_\beta^{-1}
\end{aligned} \tag{15}$$

Die Quasi-score Funktion ist also eine optimale, erwartungstreue Schätzgleichung für β.

Besteht β nur aus einem einzigen Parameter und wenn $U(\beta; y)$ monoton fallend in β ist, dann kann die exakte Verteilung von $\hat\beta$ aus der Äquivalenz der Ereignisse $\hat\beta \leq \beta^*$ und $U(\beta^*; y) \leq 0$ direkt gewonnen werden.

Ist z.B. $U(\beta^*; y)$ normal verteilt, dann hat letzteres Ereignis die Wahrscheinlichkeit $\Phi(z)$ mit

$$Z = D'^* V^{*-1}(\mu^* - \mu)/(D^* V^{*-1} V V^{*-1} D^*)^{1/2}.$$

(D^*, V^* und μ^* sind D, V und μ berechnet an der Stelle β^*.) Unter all diesen Aspekten verhält sich eine Quasi-Likelihood wie eine gewöhnliche Likelihood.

Zur Schätzung von ϕ verhält sich $Q(\mu; y)$ allerdings nicht wie eine logarithmierte Likelihood. Üblicherweise verwendet man einen Momenten–Schätzer für $\hat\phi$. Dieser beruht auf dem Residuenvektor $y - \mu$, nämlich

$$\hat\phi = \frac{1}{n - p} \sum_i \frac{(Y_i - \mu_i)^2}{V_i(\mu_i)} = \frac{X^2}{n - p}$$

mit X^2 als der verallgemeinerte Pearson Statistik.

Die numerische Berechnung der $\hat\beta$ erfolgt wie bei generalisierten linearen Modellen mittels der IWLS Methode

$$\hat\beta^{(t+1)} = \{D' V^{-1} D\}^{-1} D' V^{-1} Z$$

mit $Z = D\hat\beta^{(t)} - S$. Der aktuelle Schätzer $\hat\beta^{(t)}$ geht hierbei sowohl in D, V als auch in $S = (y - \hat\mu)$ ein. Anzumerken ist noch, daß die Schätzung unabhängig von ϕ erfolgt.

Ebenso in Analogie zu den generalisierten linearen Modellen wird die Quasi-Devianz

$$D(y; \mu) = -2\phi Q(\beta; y) = \sum_i \int_{y_i}^{\mu_i} \frac{y_i - t}{\phi V_i(t)} dt$$

zum Testen von Hypothesen herangezogen.

BEISPIEL 1. Konstanter Variationskoeffizient

Seien die Zufallsvariablen $Y_i, \ldots, Y_n$ unabhängig mit existierenden Erwartungswerten $E(Y_i) = \mu_i$ und $\mathrm{Var}(Y_i) = \phi\mu_i^2$. Dann ist nicht die Varianz, sondern der Variationskoeffizient $\phi^{1/2}$ konstant für alle Beobachtungen i. Sei ferner ein Regressionsmodell

$$\ln \mu_i = \alpha + \beta(x_i - \bar x), \qquad i = 1, \ldots, n.$$

mit bekannten Konstanten $x_1, \ldots, x_n$, wobei α und β geschätzt werden sollen. Dann ist i) die Beziehung zwischen $\mu = E(Y)$ und $\beta = (\alpha, \beta)$ nicht linear in β, ii) die Kovarianzmatrix der Y gleich $\mathrm{Cov}(Y) = \phi V(\mu)$ mit den bekannten Funktionen $V(\cdot)$ und $iii)$ das Modell völlig durch die Beziehung zwischen den ersten beiden Momenten von Y spezifiziert. Die Quasi-Likelihoodfunktion ist $-\sum_i (y_i/\mu_i) + \ln \mu_i$ und die Schätzgleichungen werden zu

$$\sum_{i=1}^{n} \frac{y_i - \hat{\mu}_i}{\hat{\mu}_i} = 0$$

und

$$\sum_{i=1}^{n} \frac{(x_i - \bar{x})(y_i - \hat{\mu}_i)}{\hat{\mu}_i} = 0.$$

BEISPIEL 2. *Überdispersion*

Im Rahmen einer klinischen Studie sollte die Wirksamkeit eines bestimmten Medikamentes M zur Behandlung einer Zahnfleischerkrankung mit einer Placebotherapie verglichen werden. Das Ausmaß der Erkrankung wurde folgendermaßen operationalisiert: Nach Stimulation am Zahnfleisch eines Zahnes wird geprüft, ob eine Blutung eingetreten ist. Dies weist daraufhin, daß das Zahnfleisch an dieser Stelle krank ist. (Man könnte also vermuten, daß Y_i binomialverteilt ist, $Y_i \sim B(1, \pi_i)$, mit π_i als der Wahrscheinlichkeit für an dieser Stelle erkranktes Zahnfleisch.) Durch Messung an mehreren Zähnen m_i, erhält man als Responsevariable y_i die Anzahl der Stellen, an denen Blutungen aufgetreten sind., d.h. der Grad der Erkrankung könnte unter der Nullhypothese keiner Wirksamkeit von M gegenüber Placebo, durch $Y_i \sim B(m_i, \pi_i)$ repräsentiert sein. Nach Zufallsaufteilung erhielten 18 Probanden das Medikament M und 17 Placebo, wobei jeweils 9 Messungen in regelmäßigen Abständen $t_0, \ldots, t_8$ durchgeführt wurden. t_0 indiziert hierbei die Messung vor Beginn der Therapie. Die Rohdaten sind im Anhang dargestellt.

Unter der Annahme, daß die Messungen voneinander unabhängig sind, läßt sich die folgende (logistische) Regressionsstruktur erstellen, wenn die qualitative Variable M und die Zeit T $(t_0, \ldots, t_8)$ als quantitative Variable im Modell berücksichtigt werden:

Modell	linearer Prädiktor (η)	Interpretation
1	π_0	Y hängt weder von M noch T ab
M	$\pi_0 + \pi_M$	Y hängt von M ab, unabhängig von T
T	$\pi_0 + \pi_T$	Y hängt von T ab, unabhängig von M
M+T	$\pi_0 + \pi_M + \pi_T$	Y hängt von M und T ab, ohne Wechselwirkung zwischen M und T
M*T	$\pi_0 + \pi_M + \pi_T + \pi_{MT}$	Y hängt von M und T ab, mit Wechselwirkung zwischen M und T

Mittels GLIM wurde die folgende Modellsequenz errechnet:

Modell	Devianz	df	Differenz der Devianz zu Modell 1
1	1727.3	314	—
M	1722.9	313	4.4
T	852.5	313	874.8
M+T	819.1	312	908.2
M*T	810.6	311	916.7

Betrachtet man diese Werte, so fällt auf, daß das Medikament alleine nur relativ wenig zur Erklärung beiträgt, während die Zeit T alleine einen sehr starken Beitrag liefert. Nimmt man zu T aber das Medikament additiv in das Modell auf, so ist die Differenz zu Modell T mit $\chi^2 = 33.4$ bei $df = 1$ beträchtlich. Fügt man gegenüber diesem Modell (M + T) noch die Wechselwirkung hinzu, ergibt sich eine weitere Verbesserung um $\chi^2 = 8.5$ bei $df = 1$. Es ist also auch die Berücksichtigung dieses Terms im Modell notwendig. Die Parameterschätzer für Modell (M*T) sind:

Parameterschätzer	Standardfehler	Parameter
1.915	0.133	π_0
−0.637	0.0340	π_T
−0.222	0.188	π_M
0.134	0.0460	π_{MT}

Die Interpretation ist also, daß sich die Anzahl erkrankter Zähne während der Behandlungsperiode verringert, dieser Effekt ist aber in der mit M behandelten Gruppe signifikant stärker. Leider kann dieses Modell aber nicht als adäquat akzeptiert werden, da die Devianz mit 810.6 mehr als doppelt so groß wie ihr Erwartungswert 311 ist. Da weitere Kovariaten, die die mangelnde Modellanpassung erklären könnten, nicht zur Verfügung stehen und auch aufgrund des Versuchsplans keine Rolle spielen sollten, bietet sich folgende Möglichkeit zur Lösung des Problems an: Seien die Π_i nicht konstant sondern folgen einer stetigen Verteilung im Intervall $(0,1)$ mit $E(\Pi_i) = \pi_i$ und $\mathrm{Var}(\Pi_i) = \phi\pi_i(1 - \pi_i)$. (Ein Beispiel mit diesen Eigenschaften ist die Beta-Verteilung, s. WILLIAMS, 1982.) Dann ist der bedingte Erwartungswert $E(Y_i \mid \Pi_i) = m_i\pi_i$ und die bedingte Varianz $\mathrm{Var}(Y_i \mid \Pi_i) = m_i\pi_i(1 - \pi_i)$. Unter Verwendung von

$$E(Y) = E(E(Y \mid X))$$

und

$$\mathrm{Var}(Y \mid X) = \mathrm{Var}(E(Y \mid X)) + E(\mathrm{Var}(Y \mid X))$$

erhält man den unbedingten Erwartungswert

$$E(Y_i) = m_i\pi_i$$

und die unbedingte Varianz

$$\mathrm{Var}(Y_i) = m_i\pi_i(1 - \pi_i)(1 + \phi(m_i - 1)) = v_i$$

und somit eine Quasi-Likelihood Struktur, in der nur eine Beziehung zwischen den ersten beiden Momenten festgelegt ist. Die Schätzung der interessierenden Parameter β erfolgt wieder mittels IWLS

$$\hat{\beta}^{(t+1)} = (X'V^{(t)}X)^{-1}X'V^{(t)}z^{(t)},$$

mit $V = diag\{v_i\}$ und $z_i = (\eta_i + (y_i - m_i\pi_i)/(m_i\pi_i(1 - \pi_i)))$. In der Praxis kann auch in diesem Nicht–Standardfall GLIM zur Schätzung der β verwendet werden. (Eine Beschreibung der Methode gibt WILLIAMS, 1982). In hier vorgestellten Beispiel sinkt die Devianz für das Wechselwirkungsmodell auf $\chi^2 = 310.4$ bei $df = 311$ und deutet auf eine gute Modellanpassung hin. Die Parameterschätzer und die Standardfehler sind:

Parameterschätzer	Standardfehler	Parameter
1.833	0.231	π_0
-0.665	0.062	π_T
-0.236	0.319	π_M
0.177	0.081	π_{MT}

Ein Vergleich der Parameterwerte aus dem Quasi-Likelihoodmodell mit jenen aus dem logistischen Modell zeigt nur geringfügige Unterschiede. Die Interpretation bleibt gleich: Es erfolgt generell eine Verbesserung über die Zeit, die aber in der mit dem Medikament behandelten Gruppe stärker ist.

3.2 Abhängige Beobachtungen

Bisher wurden Methoden behandelt, die eine Erweiterung der GLM insoferne erlauben, als die Schätzgleichungen nicht unbedingt aufgrund bestimmter Verteilungsannahmen abgeleitet werden, sondern nur über die Beziehung der ersten beiden Momente definiert sind. Eine zusätzliche Verallgemeinerung besteht nun darin, die Kovarianzmatrix der Y nicht als Diagonalmatrix d.h. $V(\mu) = diag\{V_1(\mu_1), \ldots, V_n(\mu_n)\}$ aufzufassen, sondern zuzulassen, daß $\mathrm{Cov}(Y) = \phi V(\mu)$ ist, mit $V(\mu)$ als einer symmetrischen, positiv definiten $n \times n$ Matrix bekannter Funktionen $V_{ij}(\mu)$. Diese Verallgemeinerung ist speziell in Modellen für Longitudinaldaten sinnvoll. In solchen Fällen hat $V(\mu)$ eine Blockdiagonalstruktur unter der Voraussetzung, daß die Beobachtungseinheiten, $i = 1, \ldots, n$, voneinander unabhängig sind, aber (positive) Korrelationen zwischen wiederholten Messungen innerhalb einer Beobachtungseinheit zu vermuten sind. Seien also Y_i die Responses bei einer Beobachtungen i zu Zeitpunkten $t = 1, \ldots, T_i$ $Y_i = (y_{i1}, \ldots, y_{iT_i})'$ und $X_i = (x_{i1}, \ldots, x_{iT_i})'$ eine $T_i \times p$ Matrix der Kovariatenwerte, wobei die Randverteilung der Y_{it} aus einer linearen Exponentialfamile

$$f(y_{it}; \theta_{it}) = \exp\{((\theta_{it}y_{it} - b(\theta_{it}))/\phi + c(y_{it}, \phi)\}, \tag{16}$$

stammt. Der Unterschied zu (3) ist nur die zusätzliche Indizierung für die Wiederholungen t. Erwartungwert und Varianz sind nun $E(y_{it}) = b'\theta_{it}$ und $\mathrm{Var}(y_{it}) = \phi b''(\theta_{it})$. Zur Vereinfachung der Notation wird im folgenden $T_i = T$ für alle i geschrieben, wodurch aber die allgemeinere Formulierung nicht eingeschränkt wird.

Um die hier vorgestellten Methoden zu illustrieren und den Zusammenhang zum vorherigen Abschnitt herzustellen sei einmal die Annahme getroffen, daß wiederholte Beobachtungen voneinander unabhängig sind: Dann haben die Scoregleichungen die Form

$$U(\beta_U) = \sum_{i=1}^{n} X_i' \Delta_i S_i = 0 \tag{17}$$

mit der $T \times T$ Matrix $\Delta_i = diag(d\theta_{it}/d\eta_{it})$ und der $T \times 1$ Vektor $S_i = Y_i - \mu_i$. Die Lösung von (17) liefert unter der Unabhängigkeitannahme den Schätzer $\hat{\beta}_U$ für β.

Dann kann man zeigen (LIANG und ZEGER (1986)), daß $\hat{\beta}_U$ konsistent und asymptotisch normalverteilt ist, mit einer asymptotischen Kovarianzmatrix

$$V_U = \lim_{n \to \infty} n\{H_1^{(U)}(\beta)\}^{-1}\{H_2^{(U)}(\beta)\}\{H_1^{(U)}(\beta)\}^{-1}, \tag{18}$$

wobei

$$H_1^{(U)}(\beta) = \sum_{i=1}^{n} X_i'\Delta_i A_i \Delta_i X_i,$$

$$H_2^{(U)}(\beta) = \sum_{i=1}^{n} X_i'\Delta_i \text{Cov}(Y_i)\Delta_i X_i.$$

A_i ist eine $n \times n$ Matrix, $A_i = diag\{b''(\theta_i)\}$. Die Varianz der $\hat{\beta}_U$ läßt sich konsistent schätzen, wenn in (18) $\hat{\beta}_U$ und $\text{Cov}(Y_i) = S_iS_i'$ eingesetzt wird. Der Schätzer $\hat{\beta}_U$ ist leicht zu berechnen, z.B. mittels GLIM. Sowohl $\hat{\beta}_U$ als auch die zugehörigen geschätzten Standardfehler sind konsistent, wenn das spezifizierte Modell gilt. Der Hauptnachteil von $\hat{\beta}_U$ ist die geringe Effizienz, wenn die Korrelation unter den y_{it} hoch ist. Allerdings läßt sich (17) so verallgemeinern, daß solche Korrelationen berücksichtigt werden können.

3.2.1 Verallgemeinerte Schätzgleichungen

Sei $R(\alpha)$ eine symmetrische $T \times T$ Matrix, die als Korrelationsmatrix aufgefaßt werden kann, und α sei eine Menge von s Korrelationsparametern, die $R(\alpha)$ völlig charakterisieren. Dann ist

$$V_i = \phi A^{1/2}R(\alpha)A^{1/2} \tag{19}$$

gleich der Kovarianzmatrix der Y_i, wenn $R(\alpha)$ wirklich die Korrelationsmatrix der Y_i ist. Die verallgemeinerten Schätzgleichungen sind

$$U(\beta_G) = \sum_{i=1}^{n} D_i'V_i^{-1}S_i = 0 \tag{20}$$

wobei $D_i = \{\partial b'(\theta)/\partial \beta\} = A_i\Delta_i X_i$. Ist $R(\alpha)$ die Einheitsmatrix, reduziert sich (20) auf den Fall der Unabhängigkeit. Das Gleichungssystem (20) ist eine Erweiterung des QL-Ansatzes in dem Sinn, als die Matrix V_i nicht nur von β, sondern auch von den α abhängt. Außer bei spezieller Wahl von R und α ist der Dispersionsparameter ϕ in (20) enthalten. Sei $\hat{\beta}_G$ die Lösung von

(20), dann gelten die gleichen Ergebnisse bezüglich Konsistenz und Normalität wie im vorigen Abschnitt für $\hat{\beta}_U$. Die Kovarianzmatrix der β_G hat die Form

$$V_G = \lim_{n \to \infty} n\{H_1^{(G)}(\beta)\}^{-1}\{H_2^{(G)}(\beta)\}\{H_1^{(G)}(\beta)\}^{-1}, \tag{21}$$

mit

$$H_1^{(G)} = \sum_{i=1}^{n} D_i' V_i^{-1} D_i,$$

$$H_2^{(G)} = \sum_{i=1}^{n} D' V^{-1} \text{Cov}(Y_i) V_i^{-1} D_i.$$

3.2.2 Inferenz

Die Schätzung der Standardfehler von $\hat{\beta}_G$ erfolgt ebenso durch Einsetzen von $S_i S_i'$ für $\text{Cov}(Y_i)$ in (21) und durch Ersetzen von β, ϕ, α durch ihre Schätzer in V_G. Wie im Falle der Unabhängigkeit hängt die Konsistenz von $\hat{\beta}_G$ und $\hat{V}_G$ nur davon ab, ob das Modell korrekt spezifiziert ist, nicht aber von der korrekten Wahl von R. Wie im QL-Ansatz hängt die asymptotische Varianz des $\hat{\beta}_G$ nicht von ϕ ab. Die Resultate erhält man im hier behandelten Fall, in dem die Likelihood nicht zur Gänze spezifiziert ist, aus der Wahl von Schätzgleichungen für β in (20), wo der individuelle Beitrag einer Beobachtungseinheit aus dem Produkt von Termen besteht, d.h. daß V_i von α aber nicht von den Daten abhängig ist und S_i unabhängig von α ist, mit $E(S_i) = 0$.

Zur Schätzung von β_G wird wieder die IWLS-Methode verwendet.

$$\hat{\beta}_G^{(t+1)} = \{D_i' V_i^{-1} D_i\}^{-1} D_i' V_i^{-1} Z_i$$

mit $Z_i = D_i \hat{\beta}_G^{(t)} - S_i$.

Nach einer gegebenen Iteration können die α und ϕ aus den Pearson Residuen

$$\hat{r}^{it} = \frac{\{y_{it} - b'(\hat{\theta}_{it})\}}{\{b''(\hat{\theta}_{it})\}^{1/2}}$$

berechnet werden, $\hat{\theta}_{it}$ hängt von den $\hat{\beta}_G^{(t+1)}$ ab. In Analogie zu Kapitel 2 erhält man einen Schätzer für ϕ aus

$$\tilde{\phi} = \sum_{i=1}^{n} \sum_{i=1}^{T} \frac{\hat{r}_{it}^2}{(N - p)}$$

mit $N = \sum T_i$.

Durch die Wahl einer bestimmten Korrelationsstruktur lassen sich unterschiedliche Modelle spezifizieren, wobei die α unterschiedlich geschätzt werden. Hiezu einige Beispiele:

1. Sei $R(\alpha) = R_0$ irgendeine Korrelationsmatrix. Ist R_0 die Einheitsmatrix, dann erhält man die Schätzgleichungen im Fall der Unabhängigkeit. Allerdings können für jede R_0 die Parameter $\hat{\beta}_G$ und $\hat{V}_G$ konsistent geschätzt werden. Je enger R_0 die wahre Korrelationsstruktur widerspiegelt, um so höher wird die Effizienz sein. Zur Schätzung β und $\mathrm{Var}(\hat{\beta}_G)$ ist keine Kenntnis von ϕ nötig, wenn irgendein R_0 spezifiziert ist.

2. Sei $\alpha = (\alpha_1, \ldots, \alpha_{T-1})'$, mit $\alpha_t = \mathrm{Corr}(Y_{it}, Y_{i,t+1})$ für $t = 1, \ldots, T - 1$. Dann ist ein natürlicher Schätzer für α_t, gegeben β und ϕ

$$\hat{\alpha}_t = \phi^{-1} \sum_{i=1}^{n} \frac{\hat{r}_{it}\hat{r}_{i,t+1}}{(n - p)}. \tag{22}$$

Wenn nun $R(\alpha)$ eine Bandmatrix mit Nebendiagonalelementen $\{R\}_{t,t+1} = \alpha_t$ ist, dann erhält man ein Modell, in dem jeweils 2 benachbarte Beobachtungen abhängig sind. Wieder ist es nicht notwendig ϕ zu schätzen, um $\hat{\beta}_G$ und $\hat{V}_G$ zu berechnen, da das ϕ in (22) sich bei der Berechnung von V_i wegkürzt. Als Spezialfall kann man ein gemeinsames $\alpha = \alpha_t$, $t = 1, \ldots, T - 1$ festlegen. Die Schätzfunktion hierfür ist

$$\hat{\alpha} = \sum_{t=1}^{T-1} \frac{\hat{\alpha}_t}{(T - 1)}$$

Ebenso lassen sich Abhängigkeiten höherer Ordnung berechnen.

3. Spezifiziert man nur einen Parameter α für alle Beobachtungen, d.h. $\mathrm{Corr}(y_{it}, y_{it'}) = \alpha$, für $t \neq t'$, dann entspricht dies einer 'austauschbaren' Korrelationsstruktur, wie man sie auch bei random–effect Modellen erhält, wo 'random–effect' Parameter über Beobachtungseinheiten hinweg variieren können (siehe z.B. LAIRD und WARE, 1982). Bei gegebenem ϕ wird α durch

$$\hat{\alpha} = \phi^{-1} \frac{\sum_{i=1}^{n} \sum_{t>t'} \hat{r}_{it}\hat{r}_{it'}}{\sum_{i=1}^{n} T_i(T_i - 1)/2 - p}$$

geschätzt werden. Wieder ist es nicht notwendig ϕ zur Bestimmung von $\hat{\beta}_G$ und $\mathrm{Var}(\hat{\beta}_G)$ zu schätzen.

4. Bei Festlegung einer Korrelationsstruktur auf $\mathrm{Corr}(y_{it}, y_{it'}) = \alpha^{|t-t'|}$ entspricht dies im Falle der Normalverteilung einem autoregressiven Prozeß erster Ordnung, AR–1.Da unter diesem Modell $E(\hat{r}_{it}\hat{r}_{it'}) \simeq \alpha^{|t-t'|}$, kann α mittels des Regressionsansatzes $\ln(\hat{r}_{it}\hat{r}_{it'}) = \alpha(\ln \mid t - t' \mid)$ geschätzt werden. Hier ist es allerdings notwendig $\hat{\phi}$ zu bestimmen, damit β_G und $\mathrm{Var}(\hat{\beta}_G)$ geschätzt werden können.

5. Will man nicht a priori eine bestimmte Korrelationsstruktur voraussetzen, kann man $R(\alpha)$ unspezifiziert lassen, muß aber dann $s = T(T - 1)/2$ Korrelationsparameter schätzen. $\hat{R}$ erhält man mittels

$$\phi^{-1} n^{-1} \sum_{i=1}^{n} A_i^{-1/2} S_i S_i' A_i^{-1/2}$$

In diesem Fall reduziert sich die asymptotische Kovarianz V_G zu

$$\lim_{n\to\infty} \left\{ \frac{1}{n} \sum_{i=1}^{n} D_i' \mathrm{Cov}(Y_i)^{-1} D_i \right\},$$

da R die tatsächliche Korrelationsmatrix ist. Aufgrund der möglicherweise hohen Zahl zu schätzender Parameter wird dieses Modell nur bei moderaten T sinnvoll sein.

Wendet man diese Methode auf das in Beispiel 2. (Kap. 3.1.2) dargestellte Problem an, erhält man folgende Parameterschätzer und Standardfehler:

Parameterschätzer	Standardfehler	Parameter
1.915	0.050	π_0
-0.639	0.013	π_T
-0.223	0.071	π_M
0.136	0.017	π_{MT}

Ein Vergleich mit den Werten aus dem logistischen Modell zeigt, daß die $\hat{\beta}$ nahezu ident sind, allerdings ist die Größe der Standardfehler wesentlich reduziert. Die geschätzen Korrelationen liegen zwischen -0.08 und 0.048.

Zitierte Literatur

FIRTH, D. (1991): Genealized linear models. In: HINKLEY, D.V., REID, N., SNELL, E.J.: *Statistical theory and modelling*. London: Chapman and Hall.

JØRGENSEN, B. (1987): Exponential dispersion models (with discussion). *J. R. Statist. Soc.* B **49**, 127 – 162.

LAIRD, N.M. UND WARE, J.H. (1982): Random–effects models for longitudinal data . *Biometrics* **38**, 963 – 974 .

LIANG, K.Y. UND ZEGER, S.L. (1986): Longitudinal data analysis using generalized linear models. *Biometrika* **73**, 13 – 22 .

McCULLAGH, P. UND NELDER, J.A. (1989): *Generalized linear models. Second Edition*. London: Chapman and Hall.

PAYNE, C.D. (1986): *The GLIM Manual, Release 3.77* Oxford: NAG.

WEDDERBURN, R.W.M. (1974): Quasi–likelihood functions, generalized linear models, and the Gauss–Newton method. *Biometrika* **61**, 439 – 447.

WEDDERBURN, R.W.M. (1976): On the existence and uniqueness of the maximum likelihood estimates for certain generalized linear models. *Biometrika* **63**, 27 – 32.

WILLIAMS, D.A. (1982): Extra–binomial variation in logistic linear models. *Appl. Statist.* **31**, 144 – 148.

Anhang

Die folgende Tabelle enthält die Rohdaten zu Beispiel 2 in Kapitel 3.1.2 bzw. 3.2.2 mit m_i als Zahl der untersuchten Zähne y_0 bis y_8 als die zu den einzelnen Untersuchungszeitpunkten festgestellten Zahllen kranker Zähne.

Prob.Nr.	Behandlung	m_i	y_0	y_1	y_2	y_3	y_4	y_5	y_6	y_7	y_8
1	M	6	6	5	4	2	1	0	0	0	0
2	M	12	12	12	10	8	4	1	3	1	2
3	M	15	14	11	4	0	2	0	0	0	0
4	M	8	8	8	5	3	1	0	0	0	1
5	M	18	18	17	12	4	4	3	6	4	4
6	M	10	9	10	9	7	3	3	2	1	1
7	M	7	7	6	3	0	2	0	1	0	3
8	M	19	17	19	18	14	4	4	4	7	4
9	M	4	0	3	3	1	1	1	0	0	0
10	M	15	15	13	14	12	5	3	0	4	5
11	M	3	3	2	0	0	1	1	1	0	1
12	M	7	5	6	6	3	0	1	1	0	0
13	M	4	4	4	1	0	0	0	0	0	0
14	M	6	6	4	3	1	0	0	0	0	0
15	M	6	5	6	5	1	0	1	0	2	0
16	M	2	2	2	1	0	0	0	0	0	0
17	M	5	2	5	4	2	2	0	1	1	0
18	M	4	4	3	4	0	0	1	0	0	0
19	P	2	2	2	0	2	1	0	2	2	2
20	P	6	5	4	6	2	0	0	2	0	0
21	P	6	5	3	2	0	1	0	0	0	0
22	P	11	9	9	5	2	0	0	0	0	0
23	P	4	4	2	0	1	0	0	0	1	0
24	P	9	8	5	2	1	0	0	0	0	0
25	P	9	9	9	7	3	4	2	2	1	1
26	P	10	10	10	10	6	8	5	2	5	5
27	P	3	2	3	3	0	1	0	0	1	1
28	P	11	11	11	9	6	5	2	0	0	1
29	P	12	11	11	11	7	4	3	2	1	5
30	P	5	2	5	3	2	1	2	0	2	0
31	P	2	2	2	1	0	1	0	0	1	0
32	P	12	10	12	12	9	9	8	8	4	2
33	P	11	9	11	6	5	4	6	2	1	1
34	P	4	4	4	4	4	3	1	0	1	1
35	P	14	6	14	11	8	3	6	1	2	4

Glättung mit diskreten Daten : Kernfunktionen in Dichteschätzproblemen, nonparametrischer Regression und Diskriminanzanalyse

Gerhard Tutz

Lehrstuhl für Statistik, Universität Regensburg

Universitätsstraße 31, D-8400 Regensburg

Zusammenfassung

Diskrete Kernfunktionen werden als Instrument der Dichteschätzung für kategoriale Variablen entwickelt. Die Darstellung als lineare Transformationen der relativen Häufigkeit zeigt die Ähnlichkeit zu alternativen Glättungsverfahren. Da Dichteschätzung allein meist nicht Endzweck einer Datenanalyse ist, wird der Einsatz der Verfahren in den komplexeren Problemstellungen der Regressions- und Diskriminanzanalyse betrachtet. Dichteschätzer sind ein entscheidender Baustein für den Kernregressionsschätzer. Die Güte dieses Verfahrens der nonparametrischen kategorialen Regression wird entscheidend von der Wahl der Glättungsparameter beeinflußt - dieser Einfluß und alternative Auswahlverfahren werden untersucht. Ein kurzer Abschnitt zeigt die Anwendbarkeit im Bereich der Verweildaueranalyse. Als Baustein der Diskriminanzanalyse läßt sich Kerndichteschätzung auf zweifache Art einsetzen: als direktes Verfahren zur Schätzung der a posteriori-Wahrscheinlichkeit und als indirektes Verfahren zur Schätzung der Merkmalsverteilung in den zu prognostizierenden Klassen. Für beide Möglichkeiten werden Wahlmöglichkeiten für den Glättungsparameter entwickelt.

Schlüsselworte: Diskrete Kerndichteschätzer, nonparametrische Regression, Diskriminanzanalyse, Kernregressionsschätzer, Glättungsparameterwahl, zuordungsspezifische Schadensfunktion

1. Einleitung

Der entscheidende Vorteil von Glättungsverfahren ist die Schwäche der a priori zu treffenden Annahmen. Während parametrische Modellierungsansätze immer von strukturierenden Annahmen wie Verteilungsform oder Linearität des Einflußgrößenterms ausgehen, wird bei Glättungsverfahren nur eine gewisse Glattheit der zugrundelegenden Struktur gefordert. Ausgangspunkt der Analyse sind nicht Modelle sondern die Daten. Dadurch, daß die schätzbaren Wirkungszusammenhänge nicht durch die Grenzen des Modells bestimmt sind, ergibt sich eine Flexibilität der Schätzverfahren, die Schätzungen zwischen absoluter Datentreue und maximaler Glättung zulassen.

Im folgenden wird von kategorialen - nominalen sowie ordinalen - Daten ausgegangen. Das zugrundegelegte Instrument zur Glättung sind diskrete Kerne, die gesteuert durch uni- oder multivariate Glättungsparameter den Grad der Datentreue bestimmen. Grundlage für alle weiteren Verfahren ist die *Dichteschätzung* für diskrete Merkmale, die in *Abschnitt 1* behandelt wird unter Betonung der engen Verwandtschaft zu anderen Verfahren wie Bayes - Schätzung und Glättung mit Straffunktionen.

Als Anwendung dieses Basisinstruments in komplexeren Problemstellungen wird die *nonparametrische kategoriale Regression* und die *Diskriminanzanalyse* in den *Abschnitten 2* und *3* behandelt. Die Flexibilität des Ansatzes erweist sich in Regressionsanalysen als besonders hilfreich unter exploratorischem Gesichtspunkt im Hinblick auf mögliche parametrische Spezifikationen. In der Diskriminanzanalyse steht das Prognose- bzw. Klassifikationsproblem im Vordergrund. Die ursprüngliche Einführung diskreter Kerne durch Aitchison & Aitken (1976) zielte auf eben diese Anwendung ab. Das bei kategorialen Daten notwendige hochdimensionale Schätzproblem parametrischer Ansätze mit der Konsequenz instabiler Verfahren läßt sich durch Kerndichteschätzer entschärfen. Beabsichtigt ist eine Darstellung grundlegender Konzepte und deren Veranschaulichung an konkreten Daten und Simulationsergebnissen.

2. Kerndichteschätzung für kategoriale Variablen

2.1. Diskrete Kerne als lineare Schätzer

Sei x ein kategoriales Merkmal mit diskreten Ausprägungen in $Z = \{z_1, \ldots, z_m\}$. Die zugrundeliegende Verteilung sei eine Multinomialverteilung, $x \sim M(1; \pi)$, wobei $\pi' = (\pi_1, \ldots, \pi_m), \sum_i \pi_i = 1$, den Vektor der Auftretenswahrscheinlichkeiten der einzelnen Kategorien darstellt. S sei eine Stichprobe unabhängiger Wiederholungen des Merkmals x vom Umfang n. Der von Aitchison & Aitken (1976) eingeführte Kerndichteschätzer hat analog zu stetigen Dichteschätzern die Form

$$\hat{p}(x|S, \lambda) = \frac{1}{n} \sum_{\tilde{x} \in S} K(x|\tilde{x}, \lambda) \, , \tag{2.1}$$

wobei $K(.|\tilde{x}, \lambda)$ eine Kernfunktion bzw. diskrete Dichte ist und λ einen Glättungsparameter darstellt. Der einfachste Kern ist der nominale Aitchison & Aitken Kern, der bestimmt ist durch

$$K(x|\tilde{x}, \lambda) = \begin{cases} \lambda & x = \tilde{x} \\ \frac{1-\lambda}{m-1} & x \neq \tilde{x} \end{cases} \, .$$

Die nominale Struktur des Kerns ist unmittelbar einsichtig. Es wird die Masse λ an der Stelle der Beobachtung $\tilde{x}$ vergeben und die Restmasse $1 - \lambda$ auf die übrigen Kategorien $x \neq \tilde{x}$ vergeben. Die Nachbarschaft zwischen Ausprägungen spielt damit keine Rolle. Die wesentliche Anforderung an die Kernfunktion ist die Dichteeigenschaft, d.h. daß $K(.|\tilde{x}, \lambda) \geq 0$ und $\sum_x K(x|\tilde{x}, \lambda)$ für alle $\tilde{x} \in Z$ und alle λ aus einem Zulässigkeitsbereich M gilt. Für den Aitchison & Aitken Kern ist der Zulässigkeitsbereich $M = [\frac{1}{m}, 1]$.

Die lineare Struktur des Schätzers wird deutlich in der Darstellung durch Kernschätzmatrizen. Sei $\hat{p}'_\lambda = (\hat{p}(z_1|S, \lambda), \ldots, \hat{p}(z_m|S, \lambda))$ der Vektor aller geschätzten Wahrscheinlichkeiten und $r(z)' = (r(z_1), \ldots, r(z_m))$ der Vektor der relativen Häufigkeiten von $z_1, \ldots, z_m$. Dann läßt sich (2.1) äquivalent darstellen durch

$$\hat{p}_\lambda = K(\lambda)r, \tag{2.2}$$

wobei die Kernschätzmatrix $K(\lambda)$ des Aitchison & Aitken - Kerns gegeben ist durch

$$K_{AA}(\lambda) = \begin{pmatrix} \lambda & \frac{1-\lambda}{m-1} & \cdots & \frac{1-\lambda}{m-1} \\ \frac{1-\lambda}{m-1} & \lambda & & \vdots \\ \vdots & & & \\ \frac{1-\lambda}{m-1} & \cdots & & \lambda \end{pmatrix}$$

Eine Kernschätzmatrix $K = (k_{ij})$ ist zulässig, wenn $k_{ij} \geq 0$ für alle i, j und $1\!\!1'_m K = 1\!\!1'_m$ gilt, wobei $1\!\!1'_m = (1, \dots, 1)$ ein Vektor der Länge m ist. Allgemein sind die Elemente k_{ij} der Kernschätzmatrix durch $k_{ij} = K(z_i | z_j, \lambda)$ bestimmt.

Die Kernschätzmatrix $K_{AA}(\lambda)$ läßt sich partitionieren in

$$K_{AA}(\lambda) = \frac{(\lambda m - 1)}{(m - 1)} I_{m,n} + \frac{(1 - \lambda)}{(m - 1)} 1\!\!1'_{m,m},$$

wobei $I_{m,m}$ die $(m \times m)$ - Einheitsmatrix und $1\!\!1_{m,m}$ eine $(m \times m)$ Matrix mit Einsen in sämtlichen Komponenten darstellt. Damit erhält man mit $w = \frac{(\lambda m - 1)}{(m - 1)}$ für (2.2) die Form

$$\hat{p}_\lambda = wr + (1 - w) \frac{1}{m} 1\!\!1_m \tag{2.3}$$

d.h. eine gewichtete Summe aus dem Vektor der relativen Häufigkeiten r und dem Gleichverteilungsvektor $\frac{1}{m} 1\!\!1_m$. Die Kerndichteschätzung (2.2) entspricht damit einer Verschiebung der relativen Häufigkeit in Richtung des Gleichverteilungsvektors, der das Zentrum des Simplex $\{(\pi_1, \dots, \pi_m) | \sum \pi_i = 1, \pi_i \geq 0\}$ darstellt.

Im letzten Jahrzehnt wurden diverse Kerne vorgeschlagen, die die Nachbarschaftsverhältnisse berücksichtigen, und damit für ordinale Variablen geeignet sind (Habbema et al. 1978, Wang & Van Ryzin 1981, Aitken 1983, Titterington & Bowman 1985). Ein einfacher Kern ist der *gleichmäßige Kern k-ter Ordnung* mit

$$\tilde{K}(x | \tilde{x}, \lambda) = \begin{cases} (1 - \lambda)/|T(\tilde{x})| & y \in T(\tilde{x}) \\ \lambda & x = \tilde{x} \\ 0 & \text{sonst} \end{cases},$$

wobei $T(\tilde{x}) = \{z | \ |z - \tilde{x}| \leq k, z \neq \tilde{x}\}$ alle Nachbarn bis zur k-ten Ordnung enthält und $M = [0.5, 1]$ ist. Die entsprechende Kernschätzmatrix ist für $k = 1$ bestimmt durch

$$
K(\lambda) = \begin{pmatrix}
\lambda & \frac{1-\lambda}{2} & 0 & \cdots & & 0 \\
1-\lambda & \lambda & \frac{1-\lambda}{2} & & & 0 \\
0 & \frac{1-\lambda}{2} & \lambda & \cdots & & 0 \\
\vdots & & & & & \vdots \\
& & & & & 1-\lambda \\
0 & \cdots & & \frac{1-\lambda}{2} & & \lambda
\end{pmatrix}
$$

Der Kern k-ter Ordnung verteilt die gesamte Masse auf diejenigen Werte, deren Abstand von der Beobachtung x höchstens k beträgt. Man erhält wiederum einen linearen Schätzer der Form (2.2), der sich aber i.a. nicht in der Form (2.3) als gewichtete Summe aus relativer Häufigkeit und fixem (von den Daten unabhängigen) Vektor darstellen läßt. Dies gilt für die meisten ordinalen Kerne wie z.B. dem im folgenden verwendeten Habbema - Kern mit $K(x|\tilde{x}, \lambda) \sim (1 - \lambda)^{|x-\tilde{x}|^2}$. Im Bereich stetiger Kerndichteschätzung hat sich die Form des Kerns als relativ unerheblich erwiesen. Für kategoriale Kerne allerdings ist zumindest die Unterscheidung von nominalen und ordinalen Kernen von Bedeutung wie das folgende Beispiel zeigt.

Beispiel 1.1: Erinnerungsvermögen

In einem Experiment zum Erinnerungsvermögen datierten Versuchspersonen, die in den letzten 18 Monaten ein bestimmtes belastendes Erlebnis hatten, dieses Erlebnis. Das Ergebnis ist eine Häufigkeitstabelle mit 18 Kategorien (siehe Haberman 1978, S.2-23). *Abbildung 2.1a* zeigt die relativen Häufigkeiten (kompakte Quadrate) und die Schätzungen mit dem nominalen Aitchison & Aitken-Kern (leere Quadrate) für den nach Kreuzvalidierung gewählten Glättungsparameter. In *Abbildung 2.1b* sind dieselben Daten mit dem Habbema - Kern und entsprechendem Glättungsparameter wiedergegeben. Die Verwendung des ordinalen Kerns erbringt hier einen wesentlich glatteren Verlauf mit anfangs hohen, dann langsam absinkenden Erinnerungsvermögen. Wobei die Wahrscheinlichkeit der Datierung zwischen viertem und dreizehntem Monat allerdings nahezu stagniert. Haberman (1978) betrachtet für diese Daten das loglineare Trendmodell $log(\pi_t) = \alpha + \beta_t$, wobei π_t der Wahrscheinlichkeit der Datierung im Monat t entspricht. Damit ist ein exponentieller Abfall der Wahrscheinlichkeit durch das parametrische Modell fixiert. Der Effekt nahezu unveränderte Wahrscheinlichkeit über bestimmte Kategorien hinweg ist nicht mehr erkennbar. In der Analyse von Haberman (1978) wird das loglineare Trendmodell akzeptiert, da sowohl die Pearson als auch die Likelihood Ratio - Statistik ($\chi^2 = 22.7, LR = 24.6$) nicht übermäßig groß ausfallen. Read & Cressie (1988, S.14) zeigen allerdings, daß alternative Anpassungsstatistiken wie die Neyman - Statistik ($\chi^2_N = 40.6$) stark gegen dieses Modell sprechen.

Multivariate Kerne

Multivariate diskrete Merkmale $x = (x_1, \ldots, x_s)'$ mit $x_i \in Z_i = \{1, \ldots, m_i\}$ lassen sich im Prinzip zwar auf den Fall von $m = m_1 \cdot \ldots \cdot m_s$ diskreten Merkmalsausprägungen zurückführen, die Ordnung innerhalb der Komponenten geht damit jedoch verloren. Ein adäquateres Verfahren stellen multivariate Kernschätzer von der Form (2.1) dar, die auf Produktkernen basieren. Mit multivariatem Glättungsparameter $\lambda = (\lambda_1, \ldots, \lambda_s)'$ ist ein Produktkern von der Form

$$K(x|\tilde{x}, \lambda) = \prod_{i=1}^{s} K_i(x_i|\tilde{x}_i, \lambda_i),$$

wobei $\tilde{x} = (\tilde{x}_1, \ldots, \tilde{x}_s)'$ für die Beobachtung steht und K_i ein Kern zur iten Komponente ist, der entsprechend den Eigenschaften dieser Komponente gewählt ist. Für kategoriale Komponenten kann ein nominaler oder ordinaler Kern gewählt werden. Da in dieser Form ebenso metrische Merkmale möglich sind, kann zu metrischer Komponente x_i auch ein stetiger Kern gewählt werden.

2.2. Alternative Ansätze zur Glättung

Bayes - Schätzung

Frühe Versuche, die relative Häufigkeit durch bessere Schätzer zu ersetzen, basieren auf dem Bayes-Prinzip. Wählt man als a priori-Verteilung eine Dirichlet-Verteilung $D(hq)$ mit der Dichte

$$f(\pi|q, h) = \Gamma(h) \prod_{i=1}^{m} \pi_i^{hq_i - 1} / \prod_{i=1}^{m} \Gamma(hq_i),$$

wobei $h > 0$ der Sicherheit des Vorwissens und $q = (q_1, \ldots, q_m)' > 0$ dem Erwartungswert mit $\sum q_i = 1$ entspricht, erhält man als a posteriori-Verteilung die Dirichlet-Verteilung $D(hq + nr)$ mit dem a posteriori-Erwartungswert

$$\hat{p}_{q,h} = wr + (1 - w)q, \tag{2.4}$$

Abb. 2.1. Datierung belastender Ereignisse mit relativen Häufigkeiten als kompakte Quadrate, Kerndichteschätzer als leere Quadrate.

(a) Aitchison & Aitken- Kern

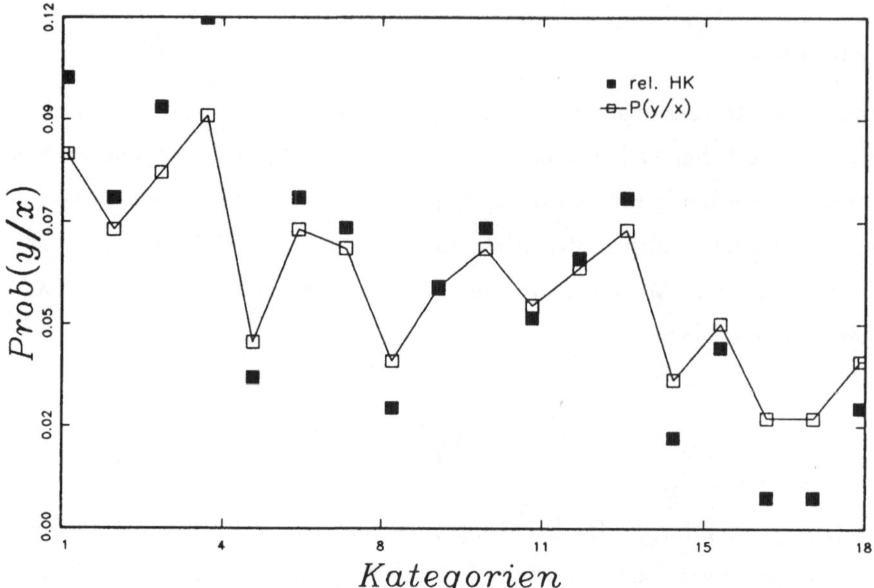

(b) Habbema-Kern

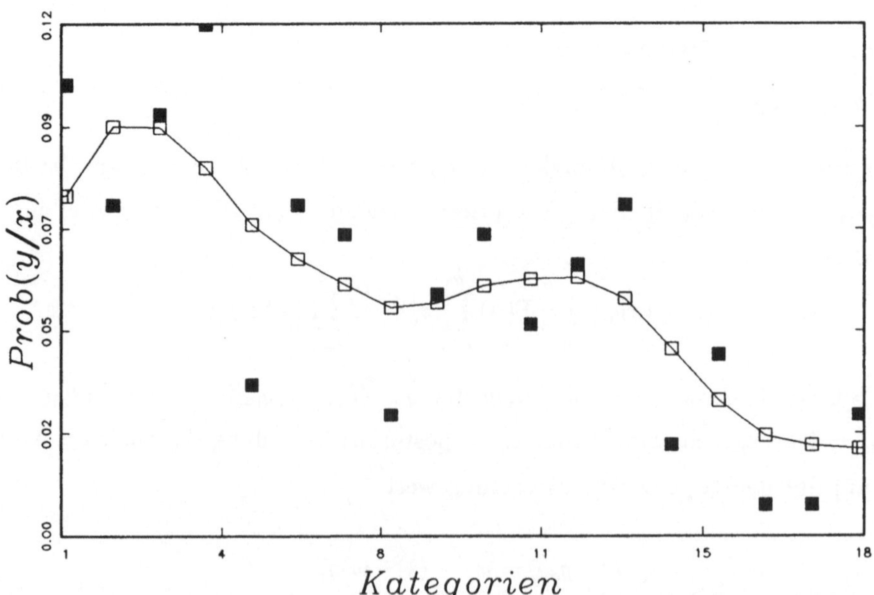

wobei $w = n/(n + h)$ gilt. Der Schätzer $\hat{p}_{q,h}$ hängt von den Parametern h und q ab. Analog zu (2.3) läßt er sich interpretieren als gewichtete Summe von relativer Häufigkeit r und a priori-Wahrscheinlichkeitsvektor q. In (2.3) liegt der Spezialfall $q = (1/m)\,\mathbb{1}_m$ zugrunde. Schätzer der Form (2.4) wurden von Fienberg & Holland (1973) und Leonard (1977) betrachtet.

Die gesamte Klasse der linearen Schätzer von der Form (2.4) läßt sich als Spezialfall der Kernschätzer $\hat{p}_\lambda = K(\lambda)r$ darstellen. Die entsprechende Kernschätzmatrix $K(\lambda)$ ist bestimmt durch

$$K(\lambda) = \lambda\, I_{m \times m} + (1 - \lambda)\, q\, \mathbb{1}_{1,m},$$

wobei $\lambda \in [0,1]$ dem Gewicht w entspricht. Als zugehörige Kernfunktion erhält man

$$K(x|\tilde{x}, \lambda) = \begin{cases} \lambda + (1 - \lambda)q_i & x = \tilde{x} = z_i \\ (1 - \lambda)q_i & x = z_i, \tilde{x} = z_j \end{cases}.$$

Im Gegensatz zu den in *Abschnitt 2.1* betrachteten Kernen ist hier neben dem Glättungsparameter λ noch ein Vektor q zu spezifizieren. Diese Spezifikation geht aber weit über die Berücksichtigung der Nachbarschaftsverhältnisse der Kategorien hinaus, die z.B. vom gleichmäßigen Kern benutzt wird. Abgesehen vom Spezialfall $q = (1/m)\,\mathbb{1}_m$, der dem Aitchison & Aitken Kern entspricht, wird hier zur Festlegung der Kernfunktion viel spezifischeres Vorwissen vorausgesetzt.

Glättung mit Straffunktionen

Ein Kompromiß zwischen relativer Häufigkeit und Glattheit der geschätzten Wahrscheinlichkeitsfunktion läßt sich erreichen durch ein Kriterium der Form

$$\Delta(r, \hat{p}) + h\Phi(\hat{p}), \tag{2.5}$$

wobei Δ ein Distanzmaß darstellt, $h \geq 0$ ein Strafparameter ist und Φ eine Straffunktion. Ein Schätzer $\hat{p} = (\hat{p}_1, \ldots, \hat{p}_m)'$, der (2.5) minimiert, heißt Minimum-Distanz-Schätzer unter Strafrestriktionen. Wählt man als Distanzmaß die quadratische Funktion

$$\Delta(r, \hat{p}) = \sum_i (r_i - \hat{p}_i)^2,$$

und als Straffunktion die für nominales Merkmal geeignete Funktion

$$\Phi(\hat{p}) = \sum_{i,j} (\hat{p}_i - \hat{p}_j)^2,$$

ergibt sich als Minimum-Distanz-Schätzer wiederum der Kernschätzer (2.1) mit dem nominalen Aitchison & Aitken Kern, wobei $\lambda = (1 + h)/(1 + hm)$. Für $h = 0$ erhält man somit die relative Häufigkeit, für $h \to \infty$ den ultraglatten Schätzer $\hat{p} = \frac{1}{m}\mathbb{1}_m$.

Für ordinale Merkmale geeigneter sind Straffunktionen der Art

$$\Phi(\hat{p}) = \sum_i (p_{i+1} - p_i)^2 \quad \text{bzw.} \quad \Phi(\hat{p}) = \sum_i \log(\frac{p_i}{p_{i+1}})^2$$

(vgl. Titterington & Bowman 1985, Simonoff 1983). Die Nähe derartiger Minimum--Distanz-Schätzer zu ordinalen Kernen betrachten Titterington (1985) und Titterington & Bowman (1985). Für den Spezialfall der Kullback-Leibler Distanz

$$\Delta(r,\hat{p}) = \sum_i r_i \log(\frac{r_i}{p_i})$$

ist die Minimierung von (2.5) äquivalent zur Maximierung der Likelihood mit Straffunktion Δ, die von Simonoff (1983) ausführlich betrachtet wird.

2.3. Wahl des Glättungsparameters

Von zentraler Bedeutung für die Güte des Kerndichteschätzverfahrens ist die Bestimmung des Glättungsparameters. Asymptotisch bester Schätzer für $n \to \infty$ bei fester Kategorienzahl n ist die relative Häufigkeit r mit $\sqrt{n}(r - \pi) \to N(0, diag(\pi) - \pi\pi')$. Für den Aitchison & Aitken-Kern erhält man dieselbe Asymptotik $\sqrt{n}(p_\lambda - \pi) \to N(0, diag(\pi) - \pi\pi')$, wenn $1 - \lambda = o(n^{-1/2})$. Asymptotische Aussagen mit wachsender Kategorienzahl (sparse multinomials) finden sich bei Fienberg & Holland (1973).

Eine deterministische Wahl des Glättungsparameters stellt der Minimax-Schätzer mit konstantem zu erwartendem quadratischen Schaden dar, der sich für $\lambda = (\sqrt{n} + nm)/m(n + \sqrt{n})$ aus dem nominalen Kern ergibt. Sinnvoller ist es jedoch, den Glättungsparameter durch *datengesteuerte* Wahl an der aktuellen zugrundeliegenden Verteilung auszurichten. Dabei geht man aus von einer Schadensfunktion $L(p,\hat{p})$ für die zugrundeliegende Verteilung p und die Schätzung $\hat{p}$. Das Kriterium des minimalen zu erwartenden Schadens

$$E_S(L(p,\hat{p})) \rightarrow min \tag{2.6}$$

liefert einen Glättungsparamter $\lambda = \lambda(p)$, der allerdings von der (unbekannten) Wahrscheinlichkeit p abhängt. Ein Ausweg besteht darin, p durch die relativen Häufigkeiten r zu ersetzen (Wang & Van Ryzin 1981, Hall 1981). Eine der am häufigsten betrachteten Schadensfunktionen ist die quadratische Schadensfunktion

$$L_Q(p,\hat{p}) = \sum_{x \in T} (p(x) - \hat{p}(x))^2,$$

für die die Approximation $\lambda(r) = \lambda(p) + o_p(n^{-1})$ gilt (Hall 1981). Alternativ dazu betrachten Brown & Rundell (1985) eine Glättungsparameterwahl, die die Minimierung eines unverzerrten Schätzers für $E_S(L_Q(p,\hat{p}))$ zugrundelegt.

Das *Kriterium des zukünftig zu erwartenden* Schadens basiert auf der Minimierung von

$$L^{\star}(p,\hat{p}) = E_x(L(\delta_x,\hat{p})), \tag{2.7}$$

wobei E_x den Erwartungswert bzgl. einer künftigen Beobachtung bezeichnet und δ_x die entartete Verteilung ($\delta_x(\tilde{x}) = 1$ wenn $\tilde{x} = x$) darstellt. Die Schätzung p wird hier als Prognose für zukünftige Beobachtungen verstanden. An diesem Kriterium orientiert ist das Kreuzvalidierungsprinzip, nach dem λ so gewählt wird, daß

$$L^{+}(\lambda,S) = \frac{1}{n} \sum_{x \in S} L(\delta_x, \hat{p}(.|S_x,\lambda)) \tag{2.8}$$

minimal ist, wobei $S_x = S \backslash \{x\}$ die um die Beobachtung x reduzierte Stichprobe bezeichnet. Konsistenz des resultierenden Schätzers sowie asymptotische Optimalität werden von Bowman et al (1984), Bowman (1980) und Titterington (1985) untersucht.

Beispiel 1.2: Erinnerungsvermögen (siehe Abschnitt 2.1)

Eine Veranschaulichung des endlichen kreuzvalidierten quadratischen Schadens für verschiedene Kerne liefert *Abb. 2.2*. Gezeigt wird der Schaden des Datensatzes für verschiedene Kerne. Der Schaden ist relativ groß für den überglatten Schätzer $\lambda = 0$ ebenso wie für die relative Häufigkeit $\lambda = 1$. Durchwegs schlechtere Schadenwerte liefert der

nominale Aitchison & Aitken - Kern während sich die beiden ordinalen Kerne vergleichs-
weise ähnlich verhalten. Die Inadäquatheit des nominalen Kerns, die schon in *Abbildung
2.1* deutlich ist, wird hier an der (geschätzten) Schadensfunktion deutlich. Anstatt des
üblichen Glättungsparameters aus dem Zulässigkeitsbereich $[\lambda_1, \lambda_2]$ wird der transfor-
mierte Glättungsparameter $\lambda = \frac{\tilde{\lambda} - \lambda_1}{\lambda_2 - \lambda_1}$ dargestellt, für den $\lambda \in [0, 1]$ gilt wenn $\tilde{\lambda} \in [\lambda_1, \lambda_2]$
erfüllt ist.

Abb. 2.2. Kreuzvalidierungs - Schaden bei quadratischer Schadensfunktion für verschiedene Kern-Funktionen.

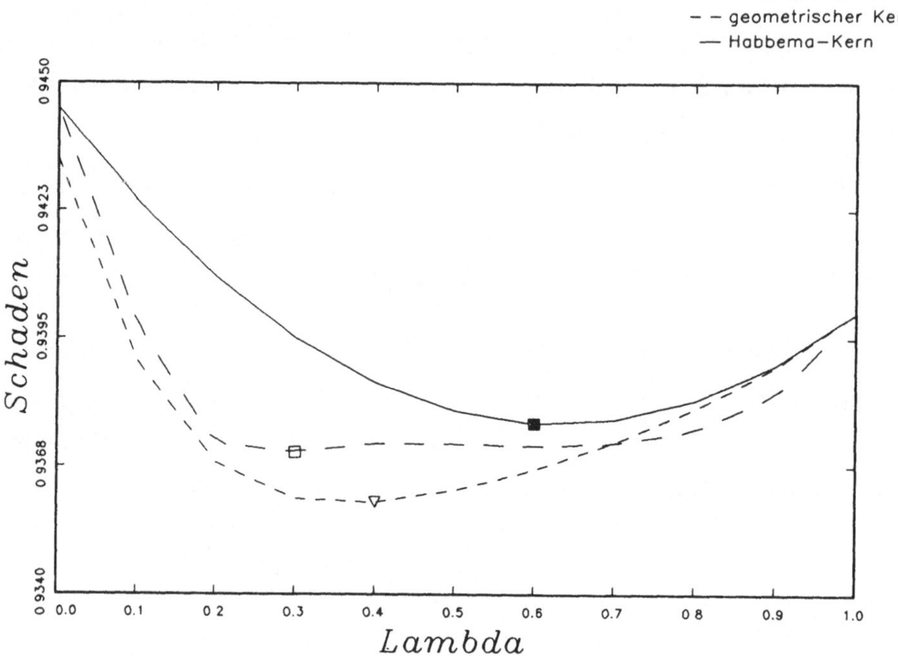

3. Nonparametrische kategoriale Regression

Das Repertoire regressionsanalytischer Verfahren wurde in den letzten Jahren erheblich
erweitert durch die extensive Beschäftigung mit nonparametrischen Regressionsschätzern
für metrische Zielvariable. Einen guten Überblick über diese Alternativen zu dem oft zu
engen parametrischen Regressionskonzept gibt Härdle (1990). Für kategoriale Zielvaria-
blen wurden zwar einige parametrische Verfahren entwickelt (vgl. McCullagh & Nelder
1989), die Entwicklung nonparametrischer Methoden beschränkt sich jedoch meist auf

65

den Fall dichotomer abhängiger Größen. Im folgenden wird einführend kurz der Fall eines
metrischen Regressanden behandelt.

Für metrische abhängige Variable y_i und metrischen Regressor x_i wird als zugrunde-
liegendes Modell meist $y = g(x) + \epsilon$ mit $E(\epsilon) = 0$ angenommen, wobei die Form des
Einflußterms abgesehen von bestimmten Glattheitsvoraussetzungen an die Funktion g,
als unbekannt vorausgesetzt wird. Ein nonparametrischer Regressionsschätzer aus der
Stichprobe $S = \{(y_i, x_i)|i = 1, \dots, n\}$ ist von der Form

$$g_w(x) = \sum_{(\tilde{y}, \tilde{x}) \in S} \tilde{y} w(\tilde{x}, x), \tag{3.1}$$

wobei $w(\tilde{x}, x)$ eine Gewichtsfunktion ist, für die meist gefordert wird, daß für alle x die
Eigenschaft

$$\sum_{\tilde{x}:(\tilde{y}, \tilde{x}) \in S} w(\tilde{x}, x) = 1 \tag{3.2}$$

erfüllt ist. Der Schätzer g_w ist eine gewichtete Summe über die Beobachtungen der
abhängigen Größe, wobei die Gewichte davon abhängen, wie groß die Distanz ist zwischen
dem aktuellen Regressorwert x und dem Wert $\tilde{x}$, an dem die abhängige Variable y
beobachtet wird. Gleitende Durchschnitte, Splines und k-Nächste-Nabarn-Regel liefern
Glätter, die eng mit der Glättung durch Kernfunktionen verwandt sind (Silverman 1984,
Härdle 1990).

Die Grundidee des Glättens durch Kerne beruht darauf, die Gewichtsfunktion an
Kernfunktionen festzumachen. Für stetige Einflußgröße x erhält man den Nadaraya -
Watson Schätzer (Nadaraya 1964, Watson 1964) mit der Gewichtsfunktion

$$w(\tilde{x}, x) = \frac{K_s\{(x - \tilde{x})/h\}}{\displaystyle\sum_{\tilde{x}:(\tilde{y}, \tilde{x}) \in S} K_s\{(x - \tilde{x})/h\}}, \tag{3.3}$$

wobei der Kern K_s eine stetige und symmetrische Funktion ist, die $\int K_s(u)du = 1$ erfüllt,
und $h > 0$ den Glättungsparameter bezeichnet.

Eine in ihren Eigenschaften gut untersuchte Gewichtsfunktion schlugen Gasser &
Müller (1979) vor. Seien $0 = x_1 < \dots < x_n = 1$ die geordneten Einflußgrößen und

$s_0 = 0, s_n = 1, s_i \epsilon [x_i, x_{i+1}], i = 1, ..., n$ Zwischenwerte. Die Gasser-Müller-Gewichte mit Glättungsparameter h sind dann von der Form

$$W(x_i, x) = \frac{1}{h} \int\limits_{s_{i-1}}^{s_i} K_s((x - u)/h)\, du \qquad (3.4)$$

Die Eigenschaften dieser Gewichtsfunktion werden u.a. von Müller (1984), Gasser und Müller (1979,1984), Müller & Stadtmüller (1987) untersucht. Verwandte Kerne wurden bereits von Priestly & Chao (1972) und Benedetti (1977) betrachtet.

3.1. Kategoriale abhängige Variablen: der direkte Kernregressionsschätzer

Im folgenden wird vom allgemeinen Fall einer (multivariaten) diskreten abhängigen Variablen $y = (y_1, ..., y_m)'$ ausgegangen. Der Träger der iten Komponente y_i sei durch $Z_i = \{1, ..., k_i\}$ bestimmt. Die Einflußgrößen $x' = (x_1, ..., x_p)$ sind p-dimensionale Vektoren, die sowohl metrische als auch kategoriale Komponenten enthalten. Die zugrundeliegende Stichprobe ist durch $S = \{(y^{(i)}, x^{(i)}) | i = 1, ..., n\}$ gegeben. Der direkte *Kernregressionsschätzer* für die bedingte Wahrscheinlichkeit von y gegeben x ist bestimmt durch

$$\hat{p}(y|x, S, \lambda, \mu) = \sum_{(\tilde{y}, \tilde{x}) \in S} D(y|\tilde{y}, \lambda)\, w_\mu(\tilde{x}, x), \qquad (3.5)$$

wobei D eine (multivariate) diskrete Kernfunktion ist und w_μ eine Gewichtsfunktion, die der Normierungsbedingung (3.2) genügt. Der Schätzer (3.5) läßt sich als multivariate Verallgemeinerung des von Lauder (1983) eingeführten direkten Kernschätzers verstehen. Er stellt eine Kombination aus Dichteschätzer (für $y|x$) und Einflußgewichtung dar. Während die Glattheit der Dichte über λ gesteuert wird (mit der datentreuen Schätzung bei $\lambda = 1$), wird die Glattheit der Funktion $p(y|\cdot)$ für festes y über w_μ gesteuert. Der wesentliche Unterschied zu (3.1) besteht darin, daß dort nicht die gesamte Dichte sondern nur der Erwartungswert von $y|x$ geschätzt wird. Die Bezeichnung direkter Kernschätzer bezieht sich darauf, daß die Kernfunktion D unmittelbar zur Schätzung der Dichte der abhängigen Variablen y verwendet wird. Für stetigen eindimensionalen Regressor lassen sich die Gewichtsfunktionen (3.3) und (3.4) unmittelbar anwenden. Sind die Einflußgrößen hingegen kategorial wie in der Kontingenztafelanalyse sind alternative Gewichte notwendig.

Verallgemeinerte Nadaraya - Watson-Gewichte

Eine allgemeine Gewichtsfunktion, die auch für Variablen verschiedenen Skalenniveaus geeignet ist, ist die Funktion

$$w_\mu(\tilde{x}, x) = \frac{K(\tilde{x}|x, \mu)}{\displaystyle\sum_{\tilde{x}:(\tilde{y}, \tilde{x}) \in S} K(\tilde{x}|x, \mu)}, \tag{3.6}$$

wobei K einen multivariaten Produktkern mit vektorieller Glättung $\mu' = (\mu_1, \ldots, \mu_p)$ darstellt, der bestimmt ist durch

$$K(\tilde{x}|x, \mu) = \prod_{i=1}^{p} K_i(\tilde{x}_i|x_i, \mu_i),$$

wobei $x = (x_1, \ldots, x_p)'$, $\tilde{x} = (\tilde{x}_1, \ldots, \tilde{x}_p)'$ und K_i der zur iten Komponente gehörige stetige oder kategoriale Kern ist. Um die Verwendung von Kernfunktionen bei der Konstruktion von Gewichtsfunktionen zu unterscheiden vom direkten Kern D, der die abhängige Variable glättet, ist es sinnvoll erstere als *Gewichtskerne* zu bezeichnen. Zur Vereinheitlichung sei der Glättungsparameter μ immer aus [0,1], wobei $\mu = 1$ die datennahe Schätzung ohne Berücksichtigung benachbarter Beobachtungen ist und $\mu = 0$ der extrem glatten Schätzung entspricht. Für kategoriale Kerne wie den Aitchison & Aitken-Kern wird das Intervall der zulässigen Glättung (λ_1, λ_2) linear transformiert durch $\mu = (\tilde{\mu} - \lambda_1)/(\lambda_2 - \lambda_1)$ wobei $\tilde{\mu} \in (\lambda_1, \lambda_2)$. Für metrische Kerne wie den Epanechnikov - Kern

$$K_s(u) = 0.75(1 - u^2)I(|u| \leq 1)$$

läßt sich

$$K(\tilde{x}|x, \mu) = K_s(u/h(\mu))$$

wählen, wobei die übliche Glättungswahl $h \in (0, \infty)$ durch die Funktion $h(\mu) = -ln(\mu), \mu \in (0, 1)$, transformiert ist. Die stetige Nadaraya - Watson - Gewichtsfunktion (3.3) ergibt sich damit unmittelbar als Spezialfall von (3.6).

Distanz - Gewichte

Eine alternative Form der Distanzfunktion mit Kernen beruht auf Distanzfunktionen. Sei $d(\tilde{x}, x) = \sum_i d_i(x_i, \tilde{x}_i)$ eine globale Distanzfunktion, wobei für jede Komponente $d_i(x_i, \tilde{x}_i)$ eine je nach Skalenniveau geeignete Distanz darstellt. Dann läßt sich eine auf dem stetigen Kern K_s beruhende Gewichtsfunktion definieren durch

$$w_\mu(\tilde{x}, x) = K_s(\sum_i d_i(\tilde{x}_i, x_i)/h(\mu_i))/c, \tag{3.7}$$

wobei

$$c = \sum_{\tilde{x}_i(\tilde{y}, \tilde{x}) \in S} K_s(\sum_i d_i(\tilde{x}_i, x_i)/h(\mu_i))$$

eine Normierungskonstante darstellt. Mit $\mu = \mu_1 = \ldots = \mu_p$ ergibt sich daraus zwanglos eine Variante mit univariater Glättung. Eine Gewichtsfunktion dieser Art benutzt Copas (1983). Die von Lauder (1983), Tutz (1990a,1991) benutzten Gewichtsfunktionen besitzen eine andere Darstellung, sind aber bei geeigneter Kernwahl dazu äquivalent.

Als Extremfälle von (3.5), die im folgenden kurz skizziert werden, erhält man den reinen Dichteschätzer (separat für jede Ausprägung des Regressanden,) und den reinen Regressionsschätzer (unter Vernachlässigung der Kernglättung mit $\lambda \to 1$).

(1) Diskrete Dichteschätzung

Seien $x_{(1)}, \ldots, x_{(s)}$ die endliche Anzahl der möglichen Ausprägungen der Einflußgröße x. Jedes $x_{(i)}$ entspricht somit einer Subpopulation. Eine extreme Gewichtsfunktion ist die Funktion

$$w_1(\tilde{x}, x) = \begin{cases} \frac{1}{n(x)} & \text{für} \quad \tilde{x} = x \\ 0 & \text{sonst} \end{cases},$$

wobei $n(x)$ die Anzahl der Beobachtungen mit der Ausprägung x repräsentiert. Die Gewichtsfunktion w_1 ergibt sich als Spezialfall des verallgemeinerten Nadaraya-Watson Gewichts (3.6) wenn $\mu = 1$ (für stetige Kerne entsprechend $h(\mu) \to 0$).

Der diskrete Kernregressionsschätzer (3.5) läßt sich dann darstellen durch

$$\hat{p}(y|x, S) = \frac{1}{n(x)} \sum_{\tilde{y} \in S_x} D(y|\tilde{y}, \lambda_x),$$

wobei $S_x = \{y|(y,x) \in S\}$ die lokale Stichprobe an der Stelle x bezeichnet. Man erhält damit den Spezialfall der separaten Kerndichteschätzung in jeder Subpopulation. Insbesondere für den Fall einer einzigen Population ($s = 1$) erhält man den Dichteschätzer (2.1) zurück.

(2.) Dichotome Responsevariable

Ein wichtiger Spezialfall sind binäre Responsevariablen wie sie beim Studium von Dosis-Wirkungsproblemen auftreten. Anstatt der dichotomen Variable $y \in \{1,2\}$ wird in derartigen Problemstellungen meist eine 0-1-Kodierung zugrundegelegt, die man durch die Transformation $t(y) = -y + 2$ mit $t(y) \in \{1,0\}$ erhält. Wählt man als Kernglättung $\lambda = 1$, ergibt sich mit (3.4) als hinreichende Schätzung für $p(y = 1|x)$ die Form

$$\hat{p}(y = 1|x, S, \mu) = \sum_{(\tilde{y},\tilde{x}) \in S} t(\tilde{y}) w_\mu(\tilde{x}, x).$$

Der Schätzer ist äquivalent zum nonparametrischen Regressionsschätzer für metrischen Response (3.1). Er stellt eine gewichtete Summe aller Beobachtungen $y = 1$ dar. Dieser Spezialfall des direkten Kernregressionsschätzers ohne Kernglättung wurde insbesondere im Hinblick auf Dosis-Wirkungsprobleme von Kappenman (1987) und Müller & Schmitt (1988) betrachtet. Während Kappenman die Distanz-Gewichtsfunktion (3.7) für eindimensionale Regressor benutzt, verwenden Müller & Schmitt die Gasser-Müller Gewichtsfunktion (3.4).

Verzerrung und Varianz

Der Kernregressionsschätzer (3.5) nimmt im Austausch für eine geringe Varianz eine gewisse Verzerrung in Kauf. Die Abschätzung dieses Effekts hängt von der konkreten Datensitutation und den daraus resultierenden Gewichten und direkten Kernen ab.

Wählt man im Fall einer nominalen Kontingenztafel den Aitchison & Aitken- Kern als direkten Kern und als Gewichtskern nach (3.6) so, erhält man als Abschätzung

$$|E\hat{p}(y|x, S, \lambda, \mu) - p(y|x)| \leq (1 - \lambda)/(k - 1) + (1 - \mu).$$

Der erste Term ist auf die Verzerrung durch die direkte Kernfunktion zurückzuführen, der zweite Term hingegen auf die Berücksichtigung der Nachbarwerte. Für $\lambda = \mu = 1$ verschwindet die Verzerrung. Die Varianz läßt sich abschätzen durch

$$varp̂(y|x, S, \lambda, \mu) \leq \frac{(\lambda k - 1)^2}{4(k-1)^2} \cdot \frac{1}{min\ n(x)}$$

wobei $min\ n(x)$ den minimalen lokalen Stichprobenumfang bei festem x bezeichnet. Für $\lambda = 1/k$ verschwindet die Varianz, für $\lambda \to 1$ wächst sie. Einen Kompromiß zwischen Verzerrung und Varianz liefert in üblicher Weise die quadratische Abweichung $E(\hat{p}(y|x, S, \lambda, \mu) - p(y|x))^2 = var(\hat{p}(y|x, S, \lambda, \mu)) + Verzerrung^2$.

Für metrische eindimensionale Einflußgröße x und kategoriales y läßt sich das Gasser-Müller Gewicht wählen und der Aitchison & Aitken-Kern als direkter Kern. Abschätzungen für diesen Fall beruhen auf Regularitätsbedingungen, wie sie Gasser & Müller (1979) postulieren (Kompaktheit auf $[-1, 1]$ des Gewichtskerns K_s, der von der Ordnung k ist, K_s ist Lipschitz stetig von der Ordnung γ, $\max |x_i - x_{i-1}| = O(1/n)$, $\max |s_i - s_{i-1} - 1/n| = O(1/n^\delta), \delta > 1$). Für die Verzerrung erhält man mit $g = (\lambda k - 1)/(k - 1)$

$$|E\hat{p}(y|x, S, \lambda, \mu) - p(y|x)| \leq \frac{(-1)^k}{k!} h^k \int v^k K(v) dv\, p^{(k)}(y|x) + O(\frac{1}{n^\gamma}) + c(1-g)\frac{k-1}{k} + o(h^k),$$

wobei $p^{(k)}(y|x) = \partial^k p(y|x)/\partial x^k$ die kte Ableitung bezeichnet. Die Varianz läßt sich abschätzen durch

$$var(\hat{p}(y|x, S, \lambda, \mu)) = \frac{g^2}{4nh} \int K(v)^2 dv + O(\frac{1}{n^{1+\gamma}h^{1+\gamma}} + \frac{1}{hn}).$$

Im Vergleich zu den Abschätzungen für metrische Zielvariable (Gasser & Müller 1979) kommt hier die Wirkung der Kernglättung durch das Gewicht g hinzu, das für $g \to 0$ die Verzerrung vergrößert, die Varianz hingegen verschwinden läßt.

3.2. Schadensfunktion und Kreuzvalidierung

Anders als in der reinen Dichteschätzung sind bei der Bewertung des auftretenden Schadens nun abhängige und unabhängige Variable zu berücksichtigen. Entsprechend sind Schadensfunktionen $L(p, \hat{p})$ für die gemeinsame Verteilung $p(y, x)$ bzw. deren Schätzung $\hat{p}(y, x)$ zu betrachten. Engeres Ziel der diskreten Regressionsschätzung ist die Bestimmung der bedingten Verteilung von $y|x$. Eine Klasse von Abweichungsmaßen, die an dieser Zielsetzung orientiert ist, ist die Klasse der zuordnungsspezifischen Schäden (discriminant loss functions)

$$L(p,\hat{p}) = \int p(x)\tilde{L}(p_x,\hat{p}_x)\nu(dx) \tag{3.8}$$

bzw. deren diskretes Analogon

$$A(p,\hat{p}) = \frac{1}{n}\sum_i \tilde{L}(p_x,\hat{p}_x), \tag{3.9}$$

wobei $p(x)$ für die Marginal-Dichte der Einflußgrößen steht und p_x (bzw. $\hat{p}_x$) die bedingte Verteilung von $y|x$ (bzw. deren Schätzung) darstellt. $\tilde{L}$ bezeichnet eine (bedingte) Schadensfunktion für die Schätzung der diskreten Verteilung von y an einer festen Stelle x. Geeignete bedingte Schadensfunktionen sind insbesondere der Kullback-Leibler Schaden

$$\tilde{L}_{KL}(p_x,\hat{p}_x) = \sum_y p(y|x)\log\left(\frac{p(y|x)}{\hat{p}(y|x)}\right)$$

und die L_p-Norm

$$\tilde{L}(p_x,\hat{p}_x) = \sum_y (p(y|x) - \hat{p}(y|x))^p$$

mit dem Spezialfall des quadratischen Schadens $\tilde{L}_Q(p_x,\hat{p}_x)$ für $p = 2$. Die Schadensfunktion (3.8) geht aus von der gemeinsamen Verteilung p von (y,x) und deren Schätzung $\hat{p}$, ist aber primär am bedingten Schaden für $y|x$ orientiert. Ist die abhängige Variable mit $y \in \{0,1\}$ dichotom und man wählt den quadratischen Schaden $\tilde{L}_Q$ so ergibt sich für $L(p,\hat{p})$ (bis auf eine Konstante) die *integrierte quadratische Abweichung* (ISE), die i.a. für $g(x) = E(y|x)$ von der Form

$$ISE = \int (g(x) - \hat{g}(x))^2 p(x)dx$$

ist. Für die diskrete Form $A(p,\hat{p})$ erhält man entsprechend die *mittlere quadratische Abweichung* (ASE). Beide Abweichungsmaße sind insbesondere für metrische abhängige Variablen gebräuchlich (vgl. Härdle 1990, S.90 ff).

Als Kriterium für die Glättungsparameterwahl kommen der zu erwartende Schaden $E_S L(p,\hat{p})$ und der zukünftig zu erwartende Schaden $L^*(p,\hat{p}) = E_{y,x} L(\delta_{y,x},\hat{p})$ in Frage, wobei $\delta_{y,x}$ die Diracsche Delta-Funktion bezeichnet. Eine naive empirische Approximation an den zukünftig zu erwartenden Schaden liefert die Funktion

$$L^{n}(\lambda, \mu, S) = \frac{1}{n} \sum_{(y,x) \in S} L\left(\delta_{y,x}, \hat{p}_S\right) \ .$$

Die Schätzung der gemeinsamen Verteilung $\hat{p}_S$ aus der Stichprobe S ist dabei durch

$$\hat{p}_S(y, x) = \hat{p}(y|x, S, \lambda, \mu)\hat{p}_S(x)$$

bestimmt, wobei $\hat{p}_S(x)$ einen Schätzer der Randdichte von x darstellt. Da die naive Wahl durch Minimierung von $L^{n}(\lambda, \mu, S)$ zumindest im Fall kategorialer Variablen zur trivialen ungeglätteten Schätzung führt, ist ein bevorzugtes empirisches Minimierungskriterium die Kreuzvalidierung, nach dem die Glättungsparameter durch Minimierung von

$$L^{+}(\lambda, \mu, S) = \frac{1}{n} \sum_{(y,x) \in S} L\left(\delta_{y,x}, \hat{p}_{S \setminus \{y,x\}}\right)$$

gewählt werden, wobei $\hat{p}_{S \setminus \{y,x\}}$ den Schätzer aus der um die Beobachtung (y, x) reduzierte Stichprobe darstellt. Für Schadensfunktionen der Form (3.8) erhält man mit der relativen Häufigkeit der Kovariablen $r(x) = n(x)/n$

$$L^{+}(\lambda, \mu, S) = \sum_{x} r(x) \sum_{y \in S_x} \tilde{L}(\delta_y, \hat{p}(.|x, S \setminus \{y, x\}, \lambda, \mu). \tag{3.10}$$

$L^{+}(\lambda, \mu, S)$ ist nach Konstruktion ein Schätzer für den Erwartungswert $E_{S_{n-1}} E_{y,x} L(\delta_{y,x}, \hat{p})$, der über eine Stichprobe vom Umfang $n - 1$ gebildet wird. Für die quadratische Schadensfunktion mit diskreten Merkmalen erhält man

$$L(p, \hat{p}) = \sum_{x} p(x) \sum_{y} \{p(y|x)^2 - 2p(y|x)\hat{p}(y|x) + \hat{p}(y|x)^2\}.$$

$$E_{y,x} L(\delta_{y,x}, \hat{p}) = \sum_{x} p(x) \sum_{y} \{p(y|x) - 2p(y|x)\hat{p}(y|x) + \hat{p}(y|x)^2\}.$$

Da sich die beiden Funktionen nur in einem von der Schätzung unabhängigem Term unterscheiden, ist für großen Stichprobenumfang die Minimierung des zu erwartenden Schaden $E_S L(p, \hat{p})$ äquivalent zur Minimierung von $E_{S_{n-1}} E_{y,x} L(\delta_{y,x}, \hat{p})$. Betrachtet man allerdings das realisierte Minimierungskriterium

$$L^+(\lambda,\mu,S) = \sum r(x) \sum_y \{r(y|x) - 2r(y|x)\hat{p}(y|x) + \hat{p}(y|x)^2\}$$

mit der bedingten relativen Häufigkeit $r(y|x) = n(y,x)/n(x)$ ergibt sich im Vergleich zu $L(p,\hat{p})$, daß sowohl $p(x)$ als auch $\hat{p}(y|x)$ durch die entsprechenden relativen Häufigkeiten ersetzt werden. Insbesondere der zweite Term der Summe ist sensibel bei der Minimierung. Das Kreuzvalidierungskriterium neigt daher dazu, die relativen Häufigkeiten zu reproduzieren und insbesondere λ wird im Vergleich zu den 'optimalen' Glättungsparametern für $E_S L(p,\hat{p})$ zu nahe an 1 gewählt (vgl. Abb. 3.1 und 3.2). Dieser Effekt ebenso wie die große Varianz von $L^+(\lambda,\mu,S)$ treten in ähnlicher Form auf bei der leaving - one - out Fehlerrate in diskriminanzanalytischen Problemstellungen. Glick (1978) ersetzt daher die (0-1)-Kodierung für Treffer/Fehler durch eine geglättete Version in Abhängigkeit von Diskriminanzfunktionen. Ein Weg, für das hier betrachtete Problem der Glättungsparameterwahl die harte (0-1)-Kodierung aufzuheben ist das 'doppelte Glätten': anstatt $L^+(\lambda,\mu,S)$ zu minimieren, minimiere man die Funktion

$$L_\gamma^+(\lambda,\mu,S) = \sum_x r(x) \sum_{y \in S_x} \tilde{L}(K(.|y,\gamma),\hat{p}(.|x,S\setminus\{y,x\},\lambda,\mu),$$

in der δ_y durch die durch den diskreten Kern $K(.|y,\gamma)$ erzeugte Verteilung ersetzt wird (siehe Abb. 3.3).

Konsistenz bei Kreuzvalidierung

Seien μ_n, λ_n die nach dem Kreuzvalidierungskriterium gewählten Glättungsparameter bei einer Stichprobe vom Umfang n. Eine entscheidende Bedingung für das asymptotische Verhalten des Schätzers ist die Forderung

$$L^*(p,p) < L^*(p,q), \tag{3.11}$$

die für alle nicht entarteten Verteilungen q auf dem diskreten Träger von (y,x) erfüllt sein muß. Unter Regularitätsbedingungen (wie Stetigkeit des direkten Kerns für das Argument λ) läßt sich die Konsistenz

$$\hat{p}(y|x,S,\lambda_n,\mu_n) \to p(y|x)$$

für $n \to$ zeigen. Für die quadratische und die Kullback-Leibler Schadensfunktionen ist Bedingung (3.11) erfüllt und man erhält darüber hinaus die Konvergenz n.W. $L^*(p,\hat{p}) \to L^*(p,p)$. Bedingung (3.11) ist allerdings nichttrivial, es lassen sich Schadensfunktionen angeben, die zu nicht konsistenten Schätzern führen (vgl. Tutz 1990a).

Beispiel 3.1: Simulationsstudie

Der entscheidenste Einfluß auf die Güte der Schätzung liegt in der Wahl der Glättungsparameter λ, μ. Zur Veranschaulichung der tatsächlichen Schäden wurde eine Simulationsstudie durchgeführt, die es erlaubt die verschiedenen Formen des Schadens zu betrachten und insbesondere die Notwendigkeit der direkten Kerne zu zeigen.

Zugrundegelegt wurde für die Responsevariable $y \in \{1, \ldots, k\}$ mit metrischer eindimensionaler Einflußgröße x das kumulative Logitmodell bzw. 'proportional odds'-Modell

$$P(y \le r|x) = \frac{\exp(\theta_r + x\beta)}{1 + \exp(\theta_r + x\beta)}$$

(vgl. z.B. McCullagh 1980). Simuliert werden jeweils Daten an Meßpunkten $x_1, \ldots, x_s$ mit n_0 Beobachtungen von y pro Meßpunkt. Die $k-1$ Schwellen $\theta_1, \ldots, \theta_{k-1}$ wurden gewählt durch $\theta_1 = -(k-2)$ und $\theta_i = \theta_1 + (i-1)2$. Bestimmt wurde in jedem Simulationslauf der mittlere auftretende Schaden

$$L(\lambda, \mu) = \frac{1}{n} \sum_{i=1}^{s} n_0 \, \tilde{L}(p_{x_i}, \hat{p}_{x_i})$$

wobei $n = sn_0$ der Gesamtstichprobenumfang ist.

Abbildung 3.1 zeigt das typische Schadensgebirge der quadratischen Schadensfunktion für den direkten Habbema-Kern für 3 Reaktionskategorien und die Gewichtsfunktion mit Normalverteilungskern über 5 Datenpunkte (s = 5) mit $n_0 = 10$ bzw. $n_0 = 50$ Beobachtungen. Auffallend ist, daß zur Minimierung des mittleren Schadens die Kernglättung über λ nicht zu vernachlässigen ist. Erst bei der relativ großen Stichprobe von n = 250 wird der minimale Schaden für $\lambda \to 1$ erreicht.
Abbildung 3.2 zeigt die über die Simulationsläufe gemittelte Kreuzvalidierungsfunktion $L^+(\lambda, \mu, S)$ für die Datensituation von *Abbildung 3.1*. Insbesondere für den niedrigeren Stichprobenumfang $n_0 = 10$ wird die Verzerrung zugunsten großer λ deutlich. *Abbildung*

Abbildung 3.1: Mittlerer quadratischer Schaden für drei Reaktionskategorien, 5 Datenpunkte mit lokalen Stichprobenumfängen $n_0 = 10$ und $n_0 = 50$

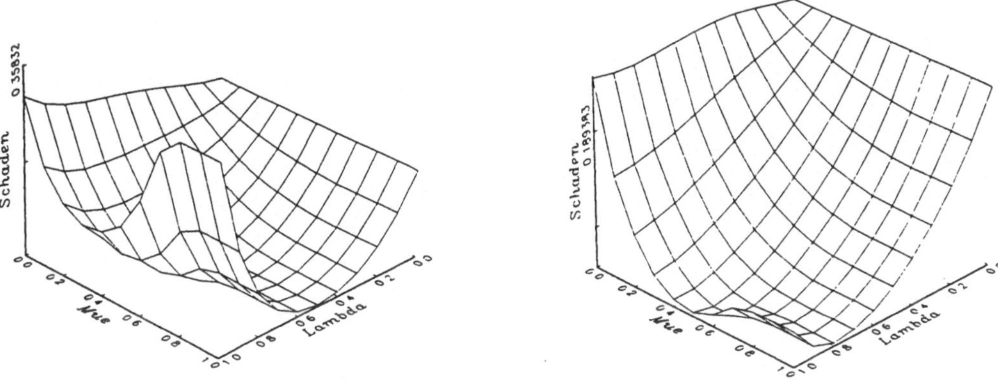

3.3 zeigt die doppelt geglättete Kreuzvalidierungsfunktion (3.10) für $n_0 = 10$ und $n_0 = 50$ mit $\gamma = 0.6$. Die Glättung bewirkt, daß die Kreuzvalidierungsfunktion den mittleren Schaden wesentlich besser wiedergibt.

Beispiel 3.2: In einer Leukämiestudie (Lee, 1974, Santner & Duffy 1989, S.230 ff) wurde der Status in zwei Kategorien (Besserung/Rückfall) erhoben sowie die stetigen Kovariablen LI (Index für die DNS - Synthese bei Chemotherapie) und TEMP (maximale gemessene Temperatur des Patienten). *Abbildung 3.4* zeigt die direkte Kernschätzung nach Kreuzvalidierung für die Kategorie 'Rückfall' ($\lambda = 0.9$ für den Aitchison & Aitken - Kern, $\mu = 0.7$ für die Gewichte mit Normalverteilungskern nach (3.3)). Der ausgesprochen glatte Verlauf zeigt einen deutlichen und gleichförmigen Anstieg der Wahrscheinlichkeit in Abhängigkeit von der Kovariable LI und keine Veränderung in Abhängigkeit von TEMP. Die Analyse von Santner & Duffy (1989) ergab entsprechend eine gute Anpassung des Logit-Modells mit nichtsignifikantem Gewicht für die Variable TEMP.

Abbildung 3.2 Kreuzvalidierungsfunktionen für drei Responsekategorien, 5 Datenpunkte mit lokalen Stichprobenumfängen $\dot{n}_0 = 10$ und $n_0 = 50$

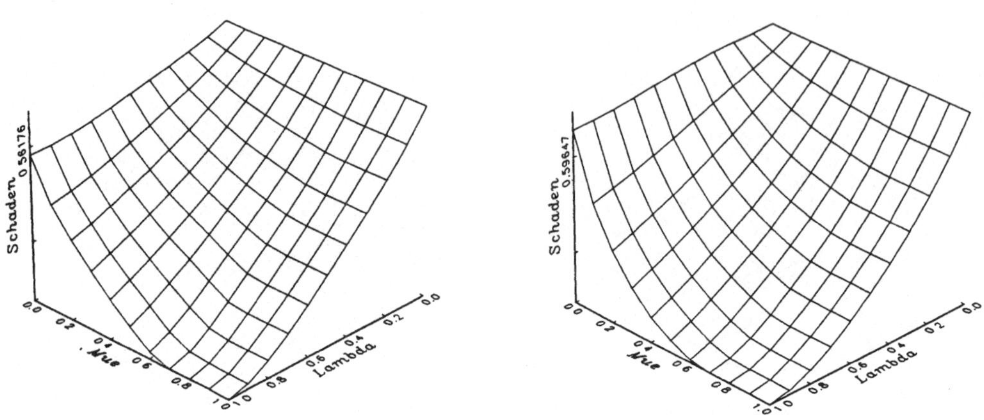

Abbildung 3.3 Geglättete Kreuzvalidierungsfunktion für drei Responsekategorien, 5 Datenpunkte, $n_0 = 10$ und $n_0 = 50, \gamma = 0.6$

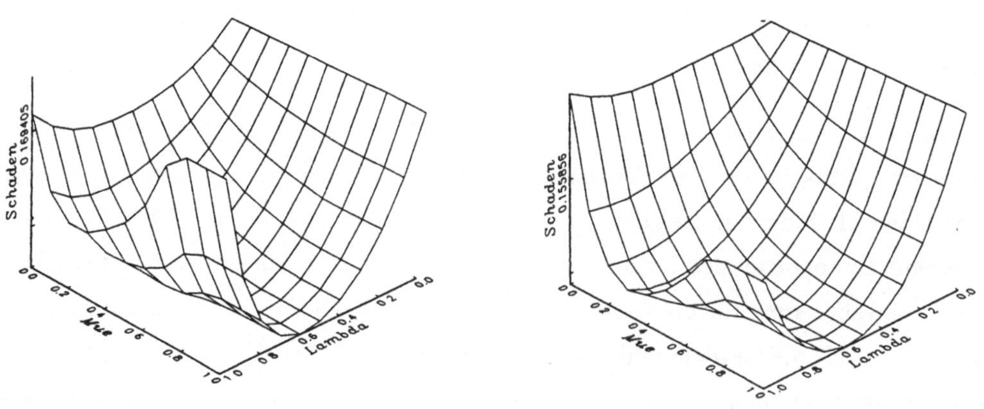

3.3. Verweildauer und Hazardfunktion

Die Schätzung der Hazardrate in Verweildauer- und Lebensdaueranalysen steht in enger

Abbildung 3.4: Geglättete Wahrscheinlichkeit für 'Besserung' in Abhängigkeit von TEMP und LI

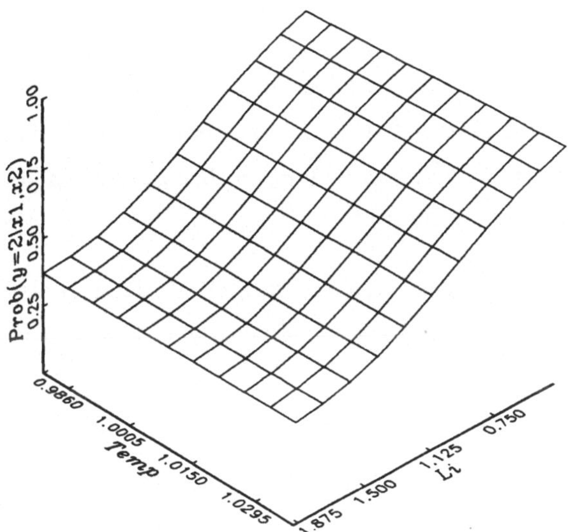

Beziehung zur Regressionsanalyse. Parametrische Schätzverfahren für diese Problemstellung gehören inzwischen zum statistischen Standardrepertoire (z.B. Kalbfleisch & Prentice 1980, Lawless 1982). Einen Überblick über neuere nonparametrische Verfahren unter Zensierungsbedingungen gibt Padgett (1988). Im folgenden werden glatte Schätzer für diskrete Zeit als Spezialfälle des Kernregressionsschätzers dargestellt.

Bezeichne L_i die Lebensdauer des iten Objekts (mit zugehöriger Dichte $f(t)$ und Verteilungsfunktion $F(t)$ und C_i die Zensierungszeit. Beobachten läßt sich nur das zuerst eintretende Ereignis durch $T_i = min\{L_i, C_i\}$ und der Zensierungsindikator $\delta_i = I\{L_i < C_i\}$, so daß für tatsächlich beobachtete Lebensdauer $\delta_i = 1$, für zensierte Beobachtungen $\delta_i = 0$ gilt.

Durch Kernfunktionen geglättete Schätzer für die Hazardrate $\lambda(t) = f(t)/(1 - F(t))$ bei stetiger Zeit T werden z.B. Tanner & Wong (1983) betrachtet. Zu einer Stichprobe vom Umfang n, stetigem Kern K und Glättungsparamter h ist der Schätzer bestimmt durch

$$\hat{\lambda}(t) = \sum_i \frac{\delta_i}{n - R_i + 1} \frac{1}{h} K((t - t_i)/h),$$

wobei R_i den Rang der iten Beobachtung t_i bezeichnet. Explizit in der Summe treten damit nur die Beobachtungen mit $\delta_i = 1$ auf, die zensierten Beobachtungen sind nur implizit im Nenner enthalten, da $n - R_i + 1$ die Anzahl der bei $T_i = t_i$ unter Risiko stehenden Beobachtungen bezeichnet.

Das Prinzip, wie Schätzer dieser Art als Kerndichteschätzer darstellbar sind, wird deutlicher für den Fall diskreter Zeit $T \in \{1, \ldots, m\}$, wenn nur zu Beginn (oder Ende) fester Zeitinvervalle $[a_{i-1}, a_i), i = 1, \ldots, m + 1, a_0 = 0, a_{m+1} = \infty$ der Zustand des Untersuchungsobjekts feststellbar ist.

Die Umkodierung der Beobachtungen (T_i, δ_i) zeigt die Rolle der Zeit als Regressor. Das Auftreten einer nichtzensierten Beobachtung $(T_i, \delta_i) = (t_i, 1)$ läßt sich für diskrete Zeit kodieren durch den Zufallsvektor

$$(y_{i1}, \ldots, y_{it_i}) = (2, 2, \ldots, 2, 1)$$

wobei $y_{ir} = 2$ das Überleben des rten Intervalls und $y_{i1} = 1$ das Ausfallen im rten Intervall bezeichnen. Entsprechend wird eine zensierte Beobachtung $(T_i, \delta_i) = (t_i, 0)$ durch den Vektor

$$(y_{i1}, \ldots, y_{i,t_i-1}) = (2, \ldots, 2)$$

kodiert. Die Gesamtstichprobe dieser *dichotomen* Größen läßt sich nun darstellen durch

$$S = \{(y_{it}, t) | t \leq T_i \quad \text{wenn } \delta_i = 1, t < T_i \quad \text{wenn } \delta_i = 0\}.$$

In S fungiert y_{it} als Regressor und t als Regressand. Der Umfang n_S von S ist im Normalfall erheblich größer als n, der Anzahl der Objekte. Dieses Vergrößerung der ursprünglichen Stichprobe ist ein übliches Hilfsmittel bei der Maximum Likelihood-Schätzung diskreter Verweildauermodelle (z.B. Hamerle & Tutz 1988 S.43ff). Bezeichne im weiteren n_t die Anzahl der im Intervall $[a_{t-1}, a_t)$ zur Verfügung stehenden Beobachtungen von y_{it}, so daß $n_S = n_1 + \ldots + n_m$ gilt. Weiter bezeichne d_t die Anzahl der Fälle, für die die Verweildauer im Intervall $[a_{t-1}, a_t]$ endet.

Basierend auf der Stichprobe S ergibt sich der glatte Regressionsschätzer für die diskrete Hazardrate $\lambda(t) = P(L = t | L \geq t)$ mit der Transformation $t(y) = 2 - y$ durch

$$\hat{\lambda}(t) = \sum_{(\tilde{y},\tilde{t})\in S} t(\tilde{y})w(\tilde{t},t) \tag{3.12}$$

mit der für diskrete $t,\tilde{t}$ definierten Gewichtsfunktion w. Zur Verdeutlichung des Glättungsmechanismus betrachte man die alternative Darstellung

$$\hat{\lambda}(t) = \sum_{\tilde{t}=1}^{m} d_{\tilde{t}}w(\tilde{t},t) \quad bzw. \quad \hat{\lambda}(t) = \sum_{\tilde{t}=1}^{m} \frac{d_{\tilde{t}}}{n_{\tilde{t}}} \; w_0(\tilde{t},t),$$

wobei $w_0(\tilde{t},t) = n_{\tilde{t}}w(\tilde{t},t)$ die Gewichtsfunktion für die verschiedenen Meßpunkte bezeichnet mit $\sum_{\tilde{t}} w_0(\tilde{t},t) = 1$. In dieser letzten Form wird deutlich, daß $\lambda(t)$ eine geglättete Variante der Sterbetafelschätzung darstellt. Das Verhältnis d_t/n_t entspricht der relativen Häufigkeit als Schätzer für $\lambda(t) = P(L = t | L \geq t)$.

Das Basismodell (3.12) läßt sich in mehreren Hinsichten erweitern. Die Einbeziehung von Kovariablen läßt sich problemlos erreichen durch Erweitern der Beobachtungen (y_{it}, t) in der Stichprobe S zu (y_{it}, t, x) mit dem Kovariablenvektor x. Als erklärende Variablen für y_{it} wirkt nun der Tupel (t, x). Eine Erweiterung auf den Fall konkurrierender Risiken erhält man, wenn y_{it} statt der Werte 1(2) für Tod (Überleben) die Werte $1,...,k-1$ für verschiedene Zustände und k für Überleben annehmen kann. Die ursachenspezifische Hazardrate $\lambda_j(t) = P(L = t, U = j | L \geq t)$ mit der Zufallsvariable $U \in \{1,...,k-1\}$ für die verschiedenen Endzustände ergibt sich dann mit dem allgemeinen Kernregressionsschätzer als

$$\hat{\lambda}_j(t|x,\lambda,\mu,S) = \sum_{(\tilde{y},\tilde{t},\tilde{x})\in S} K(j|\tilde{y},\lambda)w_\mu((\tilde{t},\tilde{x}),(t,x))$$

wobei die Gewichtsfunktion für die 'Einflußgrößen' (t, x) definiert ist.

4. Nonparametrische Diskriminanzanalyse

4.1. Diskriminanzanalytische Problemstellung

Die Diskriminanzanalyse behandelt das klassische Diagnose-Problem, auf Grund eines beobachteten Merkmalsvektors $x = (x_1, \ldots, x_p)'$ sinnvoll zurückzuschließen auf die unbekannte Klassenzugehörigkeit eines Objekts. Ausgangspunkt sind die auf einer Objektmenge Ω definierten Zufallsvariablen

$$(y, x) : \Omega \qquad \to T \times \mathbb{R}^p$$
$$\omega \to (y(\omega), x(\omega)) ,$$

wobei $y \in T = \{1, \ldots, k\}$ für die latente Klassenzugehörigkeit steht und x für den beobachtbaren Merkmalsvektor.

Die gesuchte Zuordnungsregel läßt sich als eine geordnete Partition $D = <D_1, \ldots, D_k>$ relevanter Teile des $\mathbb{R}^p$ verstehen, wobei die Beobachtung der Klasse r zugeordnet wird, wenn $x \in D_r$. Das mit einer Zuordnungsregel verbundene Bayes-Risiko läßt sich im einfachsten Fall ausdrücken durch die totale Fehlklassifikationswahrscheinlichkeit

$$\epsilon(D) = \sum_{i=1}^{k} \int_{\bar{D}_i} p(i)\, p(x|i)\, \nu(dx), \qquad (4.1)$$

wobei $p(i), i = 1, \ldots, k$, die a priori-Wahrscheinlichkeit bezeichnet und $\bar{D}_i$ das Komplement von D_i darstellt. Die optimale Bayes-Zuordnung $D^\star = <D_1^\star, \ldots, D_k^\star>$ ist gegeben durch die Regel

$$x \in D_r^\star \iff p(r)\, p(x|r) = \max\, p(i)\, p(x|i) \qquad (4.2)$$

oder äquivalent dazu durch

$$x \in D_r^\star \iff p(r|x) = \max\, p(i|x). \qquad (4.3)$$

Im Anwendungsfall muß die optimale Partition durch eine geschätzte Partition $\hat{D} = <\hat{D}_1, \ldots, \hat{D}_k>$ ersetzt werden. Die Schätzung der Partition hat zur Folge, daß nicht mehr die minimale Fehlklassifikationswahrscheinlichkeit (4.1) erreicht wird, sondern nur noch die tatsächliche Fehlklassifikationswahrscheinlichkeit. Diese ist eine Zufallvariable, die man aus (4.1) erhält, wenn anstatt D_i die stichprobengesteuerte Partition gesetzt wird.

Die alternativen Darstellungen der optimalen Bayes-Regel in (4.2) und (4.3) ermögli-
chen verschiedene Ansätze der Schätzung. Orientiert man sich an (4.2), wird $p(x|i)$ durch
$\hat{p}(x|i)$ ersetzt. Da dieses Vorgehen häufig der Stichprobensituation entspricht - nämlich
separate Stichproben für x in den einzelnen Klassen - spricht man vom *Stichproben-
Paradigma* (Dawid 1976). Ausgehend von (4.3) wird die a posteriori-Wahrscheinlichkeit
$p(i|x)$ unmittelbar geschätzt - daher die Bezeichnung *diagnostisches Paradigma* (Dawid
1976).

4.2. Diagnostisches Paradigma - direkte Kerne

Unter den parametrischen Verfahren, unmittelbar die a posteriori - Verteilung zu schätzen,
hat sich insbesondere das logistische Modell (Anderson 1982) durchgesetzt. Für geordnete
Klassen wurden parametrische Modelle von Anderson & Phillips (1981) und Campell &
Donner (1989) betrachtet. Nonparametrische Verfahren mit direkten Kernen wurden von
Lauder (1983) eingeführt. Eine direkte Verallgemeinerung dieses Verfahrens ist der in
Abschnitt 3 behandelte direkte Kernschätzer

$$\hat{p}(y|x, S, \lambda, \mu) = \sum_{(\tilde{y}, \tilde{x}) \in S} D\left(y|\tilde{y}, \lambda\right) w_\mu(\tilde{x}, x)$$

mit den dort spezifizierten Gewichtsfunktionen. Die Anwendung des direkten Kernschät-
zers im Rahmen der Diskriminanzanalyse sollte an der prognostischen Problemstellung
der Diskriminanzanalyse orientiert sein. Dies läßt sich insbesondere erreichen durch die
Anbindung der Glättungsparameterwahl an die Prognosegenauigkeit. Neben den zuordnungsspezifischen quadratischen und Kullback-Leibler Schadensfunktionen ist insbesondere die Fehlerrate selbst von Interesse. Mit den Bezeichnungen aus Abschnitt 3 läßt sich
die tatsächliche Fehlerrate auch als Schadensfunktion darstellen durch

$$L_{01}(p, \hat{p}) = \sum_x p(x) \sum_y p(y|x) \left(1 - Ind_y(\hat{p}(1|x), \ldots, \hat{p}(k|x))\right)$$

mit der (0-1)-Indikatorfunktion

$$Ind_i((q_1, \ldots, q_k)) = \begin{cases} 1 & \text{wenn} \quad q_i > q_j \quad \text{für alle} \quad i \neq j \\ 0 & \text{sonst.} \end{cases}$$

Die tatsächliche Fehlerrate L_{01} ist insbesondere ein Spezialfall der zuordnungsspezifischen Schadensfunktionen (3.8). Unter prognostischem Gesichtspunkt ist vor allem das Kriterium des zukünftigen zu erwartenden Schaden $L^\star(p, \hat{p})$ sinnvoll. Die naive empirische Approximation $L^n(\lambda, \mu, S)$ erweist sich als äquivalent zur (verzerrten) Resubstitutionsfehlerrate (z.B. Lachenbruch 1975) und die entsprechende Kreuzvalidierungsvariante $L^+(\lambda, \mu, S)$ ist äquivalent zur üblichen leaving-one-out oder Jacknife-Fehlerrate. Wählt man diese Schadensfunktion als Minimierungskriterium bei der Glättungsparameterwahl wird damit unmittelbar ein Schätzer der Fehlerrate minimiert. Ein Nachteil dieser Fehlerrate ergibt sich aus dem sprunghaften Verhalten, das sich jedoch durch geglättete Varianten (Glick 1978) vermeiden läßt.

Alternative Schadensfunktionen, die vor allem auch an einer deutlichen Trennung der Klassen ausgerichtet sind, finden sich in *Tabelle 4.1*. Dort ist auch der letztendlich empirisch minimierte Wert $L(\delta_{y,x}, \hat{p})$ für die entartete Verteilung angegeben. Die Konsistenzaussagen von *Abschnitt 3* lassen sich insofern erweitern, als das Verfahren (für quadratische und Kullback-Leibler- Schadensfunktion) eine Zuordnungsregel ergibt, die konsistent bzgl. des Bayes-Risikos ist. Diese Konsistenz verlangt, daß die geschätzte Zuordnungsregel mit wachsendem Stichprobenumfang gegen die optimale Bayes-Partition konvergiert, d.h. $\epsilon(\hat{D}) \to \epsilon(D^\star)$.

4.3. Stichproben Paradigma - indirekte Kerne

Die Schätzung der Merkmalsverteilung in den Klassen $p(x|r)$ durch Kerndichteschätzverfahren läßt sich als indirekter Einsatz der Kernfunktionen verstehen, da nicht unmittelbar die zu prognostizierende Verteilung $y|x$ bestimmt wird. Die Zuordnung erfolgt vermittelt über das Bayes'sche Theorem nach (4.2). Dieser Weg ist der klassische Weg der Diskriminanzanalyse, der auch dem Fisherschen Ansatz zugrundeliegt. Nachdem kategoriale Kerne von Aitchison & Aitken (1976) explizit im Hinblick auf diese indirekte Verwendung in der Diskriminanzanalyse eingeführt wurden, wurde fast ausschließlich dieser Weg weiterverfolgt (z.B. Titterington et al 1981, Hall 1981, Brown & Rundell 1985).

Bezeichne nun $S_r = \{x_i^{(r)} | i = 1, \ldots, n_r\}$ die Stichprobe der Merkmalswerte in der rten Klasse und p_r die Verteilung von x in der rten Klasse. Für die Schätzung von p_r läßt sich dann der Kerndichteschätzer

$$\hat{p}(x|r, S_r, \lambda^{(r)}) = \sum_{\tilde{x} \in S_r} \prod_{i=1}^{p} K_i(x_i | \tilde{x}_i, \lambda_i^{(r)}) \tag{4.4}$$

Tabelle 4.1: Zuordnungsspezifische Schadensfunktion und zugehörige Schadenswerte

Bayes-Risiko (Fehlklassifikationswahrscheinlichkeit) $L_{0,1}(p,\hat{p}) =$ $\sum_x p(x)\left\{\sum_y p(y\|x)\,(1 - \mathrm{Ind}_y\,(\hat{p}(1\|x),\dots,\hat{p}(k\|x)))\right\}$	(0-1)-Schadensfunktion Treffer/Fehler $L_{0,1}(\delta_{y,x},\hat{p}) =$ $1 - \mathrm{Ind}_y\,(\hat{p}(1\|x),\dots,\hat{p}(k\|x))$
Quadr. Schadensfunktion $L_{ZQ}(p,\hat{p}) = \sum_x p(x) \sum_y (p(y\|x) - \hat{p}(y\|x))^2$	Quadratischer Score $L_{ZQ}(\delta_{y,x},\hat{p}) =$ $(1 - \hat{p}(y\|x))^2 + \sum_{\tilde{y}\neq y}\hat{p}(\tilde{y}\|x)^2$
Kullback-Leibler-Schaden $L_{ZKL}(p,\hat{p}) =$ $\sum_x p(x) \sum_y p(y\|x)\ln\,(p(y\|x)/\hat{p}(y\|x))$	Logarithmischer Score $L_{ZKL}(\delta_{y,x},\hat{p}) = -\ln\,(\hat{p}(y\|x))$
Potenzierte Wettchancen einer deutlich falschen Zuordnung $L_a(p,\hat{p}) = \sum_x p(x)\,\{\mathrm{Ind}_1(p_x)\,[\hat{p}(2\|x)/\hat{p}(1\|x)]^a$ $\qquad\qquad + \mathrm{Ind}_2(p_x)\,[\hat{p}(1\|x)/\hat{p}(2\|x)]^a\}$	$L_a(\delta_{y,x},\hat{p}) = [\hat{p}(2\|x)/\hat{p}(1\|x)]^{a(\delta_y(1)-\delta_y(2))}$
Logarithmierte Wettchancen einer deutlich falschen Zuordnung $L_{\log}(p,\hat{p}) = \sum_x p(x)\,\{\mathrm{Ind}_1(p_x)\ln\,(\hat{p}(2\|x)/\hat{p}(1\|x))$ $\qquad\qquad + \mathrm{Ind}_2(p_x)\ln\,(\hat{p}(1\|x)/\hat{p}(2\|x))\}$	$L_{\log}(\delta_{y,x},\hat{p}) =$ $(\delta_y(1) - \delta_y(2))\ln\,(\hat{p}(2\|x)/\hat{p}(1\|x))$

anwenden mit den komponentenspezifischen Kernen K_i zur Beobachtung $\tilde{x} = (\tilde{x}_1,\dots,\tilde{x}_p)'$ und dem Glättungsparameter $\lambda^{(r)} = (\lambda_1^{(r)},\dots,\lambda_p^{(r)})'$ der rten Klasse.

Damit orientiert man sich jedoch an Schadensfunktion, die an der Güte der Schätzung für die Merkmalsverteilung in den Klassen ausgerichtet sind. Da diese Dichte im Hinblick auf die diskriminanzanalytische Problemstellung geschätzt werden, ist es nur natürlich die Glättungsparameterwahl simultan für die Klassen durchzuführen und dabei Schadensfunktionen vom Typ (3.8) zugrundezulegen.

Als Schätzung für die gemeinsame Verteilung erhält man nach dem indirekten Ansatz mit der a priori Wahrscheinlichkeit $p(r), r = 1, \ldots, k$, die Form

$$\hat{p}(y, x) = p(y)\, \hat{p}(x|y, S_y, \lambda_y) \tag{4.5}$$

und für die in (3.8) notwendige bedingte Verteilung von $y|x$ entsprechend

$$\hat{p}(y|x) = \hat{p}(y, x) / \sum_{r=1}^{k} \hat{p}(r, x). \tag{4.6}$$

Damit läßt sich für die indirekte Kernmethode eine Kreuzvalidierung mit sämtlichen in *Tabelle 4.1* aufgeführten zuordnungsspezifischen Schadensfunktionen durchführen. Die Kreuzvalidierungsfunktion ist jetzt allerdings von der Form

$$L^+(\lambda_1, \ldots, \lambda_k, S) = \frac{1}{n} \sum_{(y,x)\in S} L(\delta_{y,x}, \hat{p}_{S\setminus\{y,x\}})$$

mit der Gesamtstichprobe $S = \{(y, x)|x \in S_y\}$ und der um die Beobachtung y, x reduzierten Schätzung $\hat{p}_{S\setminus\{y,x\}}$ nach (4.4) und (4.5). Anstatt (λ, μ) wie in der direkten Kernmethode werden nun simultan die Glättungsparamter für die Merkmalsschätzungen in sämtlichen Klassen bestimmt.

Ausgehend von einer nach Klassen geschichteten Stichprobe oder einer Gesamtstichprobe lassen sich analoge asymptotische Aussagen formulieren wie für die direkte Kernmethode. Unter Regularitätsbedingungen und (3.11) gilt, daß $p(i)\hat{p}(x|S_i, \lambda_i)$ eine konsistente Schätzung für $p(i, x)$ ist, die zugehörige Zuordnungsregel konsistent bzgl. des Bayes-Risikos ist und $L^+(\lambda_1, \ldots, \lambda_k, S)$ gegen den 'optimalen' Schaden $L^\star(\hat{p}, p)$ konvergiert (vgl. Tutz 1990a).

Tabelle 4.2: Schäden in der Validierungsstichprobe für Oropharynx-Daten (Kalbfleisch & Prentice 1980)

Kern	Kullback-Leibler-Schaden	Quadratischer Schaden
Habbema-Kern (indirekt)	0.675	0.436
geom. Kern (indirekt)	0.660	0.429
direkter Kern	0.584	0.396
Logit-Modell	0.641	0.448
lineares Modell	0.636	0.433

Beispiel 4.1: Oropharynx-Karzinom

In einer klinischen Studie zum Oropharynx-Karzinom (Kalbfleisch & Prentice 1980, Data set II) wurden u.a. die Variablen „Condition" (vierkategorial), T-staging (vierkategorial), N-staging (vierkategorial) und Behandlungsgruppe (dichotom) erhoben. Als Klassifikationsmerkmal wurde das Überleben der Ein- Jahres-Schranke festgelegt. Um die tatsächliche Wirkungsweise von Zuordnungsregeln untersuchen zu können, empfiehlt es sich, den Datensatz in eine Lernstichprobe (Bestimmung der Zuordnungsregel) und eine Validierungsstichprobe (Evaluation des Schadens bei bekannter Klassenzugehörigkeit) zu unterteilen. Als Stichprobenumfänge wurden 100 in der Lernstichprobe und 82 in der Validierungsstichprobe gewählt. Als Verfahren wurde die indirekte Kernmethode verglichen mit der direkten Kernmethode (Aitchison & Aitken-Kern) und zwei parametrischen Modellen. Die parametrischen Modelle waren das Logit-Modell

$$P(y = 1|x) = \frac{\exp\{\beta_0 + x'\beta\}}{1 + \exp\{\beta_0 + x'\beta\}}$$

und das lineare Modell

$$P(y = 1|x) = \beta_0 + x'\beta.$$

Tab. 4.2 zeigt die resultierenden Schäden bei Minimierung des Kullback-Leibler-Schadens in der Lernstichprobe. Für diesen Datensatz ist die indirekte Kernmethode dem parametrischen Verfahren nicht überlegen. Ein möglicher Grund dafür ist die einfache Glättungsvariante mit $\lambda_1^{(r)} = \ldots = \lambda_p^{(r)}, r = 1,2$, die innerhalb einer Klasse für jede Variable denselben Glättungsparameter setzt.
Die direkte Kernmethode hingegen ist für beide Kriterien der indirekten Methode und den parametrischen Verfahren überlegen. Weitere Untersuchungen zum Vergleich von Kernverfahren und parametrischen Ansätzen finden sich bei Groß (1990).

Danksagung:

Gedankt sei Herrn Wolfgang Schneider, der sowohl bei den Auswertungen als auch bei der Erstellung des TeX-Manuskripts unentbehrlich war.

Literatur:

AITCHISON, J., AITKEN, C. (1976): Multivariate binary discrimination by the kernel method. *Biometrika* 63, 413-42.

AITKEN, C.G.G. (1983): Kernel methods for the estimation of discrete distributions. *J.Statist. Comput. Simul.* 16, 189-200.

ANDERSON, J.A. (1982): *Logistic discrimination.* In: Krishnaiah, P.R., Kanal, L.N. (ed): Classification, Pattern Recognition and Reduction of Dimensionality. North-Holland, Amsterdam.

ANDERSON, J.A., PHILLIPS, P. (1981): Regression, discrimination and measurement models for ordered categorical variables.*Appl. Statist.* 30, 22-31.

BENEDETTI, J.K. (1977): On the nonparametrie estimation of regression functions. *J. Roy. Stat. Soc., B,* 39, 248-253.

BOWMAN, A.W. (1980): A note on consistency of the kernel method for the analysis of categorical data. *Biometrika* 67, 682-684.

BOWMAN, A.W., HALL, P., TITTERINGTON, D.M. (1984): Cross-validation in nonparametric estimation of probabilities and probability densities.*Biometrika* 71, 341-351.

BROWN, P.J., RUNDELL, W.K. (1985): Kernel estimates for categorical data.*Technometrics* 27, 293-299.

CAMPBELL, M.K., DONNER, A. (1989): Classification efficiency of multinomial logistic regression relative to ordinal logistic regression.*J. Am. Stat. Ass.* 84, 587-591.

COPAS,J.B. (1983): Plotting p against x.*Applied Statistics* 32, 25-31.

DAWID, A.P. (1976): Properties of diagnostic data distributions.*Biometrics* 32, 647-658.

FIENBERG, S.E., HOLLAND, P.W. (1973): Simultaneous estimation of multinomial cell probabilities.*J.Am. Statist. Assoc.* 68, 683-691.

GASSER, T., MÜLLER, H.G. (1979): *Kernel estimation of regression functions.* In: T. Gasser, Rosenblatt (eds.). Smoothing techniques for curve estimation. Heidelberg: Springer-Verlag.

GASSER, T., MÜLLER, H. (1984): Nonparametric estimation of regression functions and their derivatives. *Scand. J.Statist.* 11, 171-185.

GLICK, N. (1978): Additive estimators for probabilities of correct classification.*Pattern Recognition* 10, 211-222.

GROß, H. (1990): *Parametrische und nonparametrische Verfahren der Diskriminanzanalyse mit Variablen verschiedenen Skalenniveaus.* Dissertation, Universität Regensburg.

HABBEMA, J.D.F., HERMANS, J., REMME, J. (1978): Variable kernel density estimation in discriminant analysis. In: L.C.A. Corster, J. Hermans (eds), Compstat.

1978 (pp. 178-185). Vienna: Physica Verlag.

HABERMAN, S.J. (1978): *Analysis of qualitative data, Vol. I.* Academic Press, New York.

HÄRDLE, W. (1990): *Applied nonparametric regression.* Cambridge: Cambridge University Press.

HALL, P. (1981): On nonparametric multivariate binary discrimination.*Biometrika* 68, 287-294.

HAMERLE, A., TUTZ, G. (1989): *Diskrete Modelle zur Analyse von Verweildauern und Lebenszeiten.* Berlin: Springer Verlag.

KALBFLEISCH, J.D., PRENTICE, R.L. (1980). *The statistical analysis of failure time data.* New York: Wiley.

KAPPENMAN, R.F. (1987): Nonparametric estimation of dose-response curves with application to ED 50 estimation.*J. Statist. Comput. Simul.* 28, 1-13.

LACHENBRUCH, P. (1975): *Discriminant analysis.* Hafner Press, New York

LAUDER, I.J. (1983): Direct kernel assessment of diagnostic probabilities.*Biometrika* 70, 251-256.

LAWLESS, J.F. (1982): *Statistical models and methods for life time data.* New York.

LEE, E.T. (1974): Computer programs for linear logistic regression analysis.*Computer Programs in Biomedicine* 4, 82-97.

LEONARD, T. (1977): A Bayesian approach to some multinomial and pretesting problems. *JASA* 72, 869-874.

MCCULLAGH, P. (1980): Regression models for ordinal data.*J.R. Statist. Soc. B*, 42, 109-142.

MCCULLAGH, P., NELDER, J.A. (1989): *Generalized linear models.* (Second edition) London: Chapman and Hall.

MÜLLER, H.G. (1984): Smooth optimum kernel estimatiors of densities, regression curves and modes. *Annals of Statistics*, 12, 766-774.

MÜLLER, H.G., STADTMÜLLER, U. (1987): Estimation of heteroscedasticity in regression analysis. *Annals of Statistics*, 12, 221-232.

MÜLLER, H.G., SCHMITT, T. (1988): Kernel and probit estimates in quantal Bioassay.*J. Am. Stat. Ass.* 83, 750-759.

NADARAYA, E. A. (1964): On estimating regression.*Theory Prob. Appl.* 10, 186-190.

PADGETT, W. (1988): *Nonparametric estimation of density and hazard rate functions when samples are censored.* In: P.R. Krishnaiah, C.R. Rao (eds.). Handbook of statistics 7: Quality control and reliability. Amsterdam: North-Holland

PRIESTLEY, M.B., CHAO, M.T. (1972): Nonparametric function fitting.*J. Roy. Stat. Soc., B*, 34, 385-392.

READ, T., CRESSIE, N. (1988): *Goodness-of-fit statistics for discrete multivariate data.* New York: Springer Verlag.

SANTNER, T., DUFFY, D. (1989): *The statistical analysis of discrete data.* New York: Springer Verlag.

SILVERMAN, B.W. (1984): Spline smoothing: the equivalent variable kernel method.*Annals of statistics* 12, 898-916.

SIMONOFF, J.S. (1983): A penalty function approach to smoothing large sparse contingency tables. *Ann. Statist.*, 208-218.

TANNER, M.A., WONG, W.W. (1983). The estimation of the hazard function from randomly censored data by the kernel method. *Ann. Statist.* 11, 989-993.

TITTERINGTON, D.M. (1985): Common structure of smoothing techniques in statistics. *Internation al Statistical Review* 52, 141-170.

TITTERINGTON, D.M., BOWMAN, A.W. (1985): A comparative study of smoothing procedures for ordered categorial data. *J. Statist. Compart. Simul.* 21, 291-312.

TITTERINGTON, D.M., MURRAY, G.D.,MURRAY, L.S., SPIEGELHALTER, D.J., SKENE, A.M., HABBEMA, J.D.F., GELPKE, G.J. (1981): Comparison of discrimination techniques applied to a complex data set of head injured patients.*J.R. Statist. Soc. A* 144, 145-175.

TUTZ, G. (1990a): *Modelle für kategoriale Daten mit ordinalem Skalenniveau - parametrische und nonparametrische Ansätze.* Vandenhoeck & Ruprecht, Göttingen.

TUTZ, G. (1990b): Smoothed categorical regression based on direct kernel estimates. *Journal of Statistical Computation and Simulation* 36, 139-156.

TUTZ, G. (1991): Consistency of cross-validatory choice of smoothing parameters for direct kernel estimates. *Computational Statistics Quarterly* (in print).

WANG, M.-CH., VAN RYZIN, J. (1981): A class of smooth estimators for discrete disributions. *Biometrika* 68, 301-309.

WATSON, G.S. (1964): Smooth regression analysis. *Sankhya, Series A*, 26, 359-372.

Monitoring von ökologischen und biometrischen Prozessen mit statistischen Filtern

Sylvia Frühwirth-Schnatter
Institut für Statistik, Wirtschaftsuniversität Wien
Augasse 2–6, A-1090 Wien

Zusammenfassung

Diese Arbeit ist ein Überblick über die Ideen und Methoden der dynamischen stochastischen Modellierung von normalverteilten und nicht-normalverteilten Prozessen. Nach einer Einführung der allgemeinen Modellform werden Aussagemöglichkeiten wie Filtern, Glätten und Vorhersagen diskutiert und das Problem der Identifikation unbekannter Hyperparameter behandelt. Die allgemeinen Ausführungen werden an zwei Fallstudien, einer Zeitreihe des mittleren jährlichen Grundwasserspiegels und einer Zeitreihe von Tagesmittelwerten von SO_2-Emissionen illustriert.

Schlüsselworte: Data-Augmentation, dynamische stochastische Modelle, dynamisches Trendmodell, Filtern, Gauß-Hermite-Integration, Glätten, Kalman-Filter, Monitoring, Multi-Prozeß-Filter, Steady-State-Modell, Trendanalyse, Vorhersagen.

1 Einleitung

Gegenstand dieser Arbeit bilden Prozesse, die durch regelmäßige Beobachtung einer meßbaren Größe y_t laufend erfaßt werden, um Aussagen über den Verlauf des Prozesses zu ermöglichen. Dieses Monitoring von Prozessen über Beobachtungsverläufe wird an zwei Zeitreihen aus dem Bereich der Ökologie illustriert.

Datensatz 1 - Trendanalyse von Grundwasserdaten

Tabelle 1 enthält die Jahresmittelwerte des Grundwasserspiegels einer Meßstelle im Seewinkel im Burgenland (Österreich) von 1967 bis 1988. Diese Zeitreihe ist in Abbildung 1 graphisch dargestellt. Bei diesen Daten werden wir eine Aussage über die systematische Veränderung des Jahresmittelwertes des Grundwasserspiegels treffen.

Tabelle 1: Grundwasserspiegel y_t [m.ü.A.] einer Meßstelle im Seewinkel (Österreich)
(Jahresmittelwerte 1967 – 1988)

1967	1968	1969	1970	1971	1972	1973	1974	1975	1976
124.640	125.748	125.666	125.620	125.676	125.701	125.462	125.601	125.405	124.896

1977	1978	1979	1980	1981	1982	1983	1984	1985	1986
124.822	124.568	124.203	124.541	124.399	124.199	124.270	124.074	123.796	124.019

1987	1988
124.028	124.070

Abbildung 1: Graphische Darstellung von Datensatz 1
(siehe Tabelle 1)

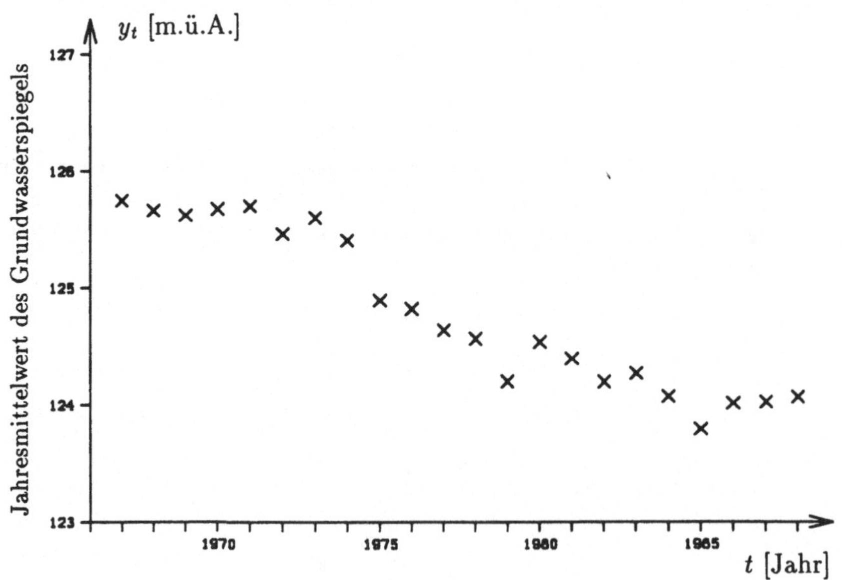

Datensatz 2 - Monitoring von SO_2-Emissionen

Tabelle 2 enthält die Tagesmittelwerte der SO_2-Emmisionen einer Meßstelle in Brotjachtriegel (BRD) vom 1.9.1976 bis zum 31.12.1976. Diese Zeitreihe ist in Abbildung 2 graphisch dargestellt. Bei diesem Datensatz werden wir für jeden Tag eine Aussage über die Wahrscheinlichkeit treffen, mit der am nächsten Tag ein bestimmter Schwellwert der SO_2-Belastung überschritten wird.

Tabelle 2: SO_2-Emissionen y_t [μg/m^3] einer Meßstelle in Brotjachtriegel (BRD)
(Tagesmittelwerte 1.IX.1976 – 31.XII.1976)

t (IX)	y_t	t (X)	y_t	t (XI)	y_t	t (XII)	y_t
1	15.5	31	7.7	62	15.5	92	5.3
2	4.0	32	0.8	63	14.2	93	4.6
3	1.9	33	0.4	64	4.8	94	14.0
4	14.6	34	0.4	65	2.1	95	10.4
5	8.3	35	4.9	66	9.5	96	8.2
6	41.4	36	22.8	67	1.6	97	6.3
7	20.5	37	13.0	68	3.4	98	7.2
8	5.7	38	8.0	69	1.5	99	4.1
9	4.6	39	4.1	70	4.9	100	5.1
10	4.2	40	3.6	71	0.6	101	20.0
11	0.9	41	1.2	72	28.9	102	25.0
12	1.2	42	0.1	73	4.5	103	24.1
13	6.6	43	4.9	74	6.5	104	21.0
14	4.9	44	5.8	75	41.2	105	45.9
15	1.6	45	18.8	76	38.6	106	34.1
16	3.3	46	17.4	77	16.9	107	11.2
17	23.9	47	12.0	78	18.3	108	2.3
18	15.7	48	0.5	79	33.4	109	0.7
19	12.2	49	3.3	80	40.6	110	2.3
20	21.0	50	1.9	81	8.6	111	5.0
21	16.5	51	7.9	82	6.3	112	2.8
22	5.8	52	8.8	83	14.0	113	1.5
23	5.0	53	1.2	84	14.0	114	12.1
24	13.8	54	3.6	85	14.8	115	31.8
25	9.2	55	0.2	86	15.6	116	40.8
26	11.2	56	0.5	87	21.5	117	38.2
27	0.7	57	0.3	88	9.7	118	19.0
28	1.9	58	1.2	89	8.8	119	12.1
29	2.4	59	3.2	90	6.2	120	10.2
30	9.6	60	0.6	91	8.3	121	4.1
		61	30.5			122	3.3

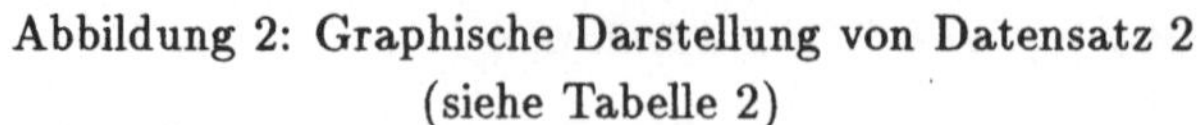

Abbildung 2: Graphische Darstellung von Datensatz 2
(siehe Tabelle 2)

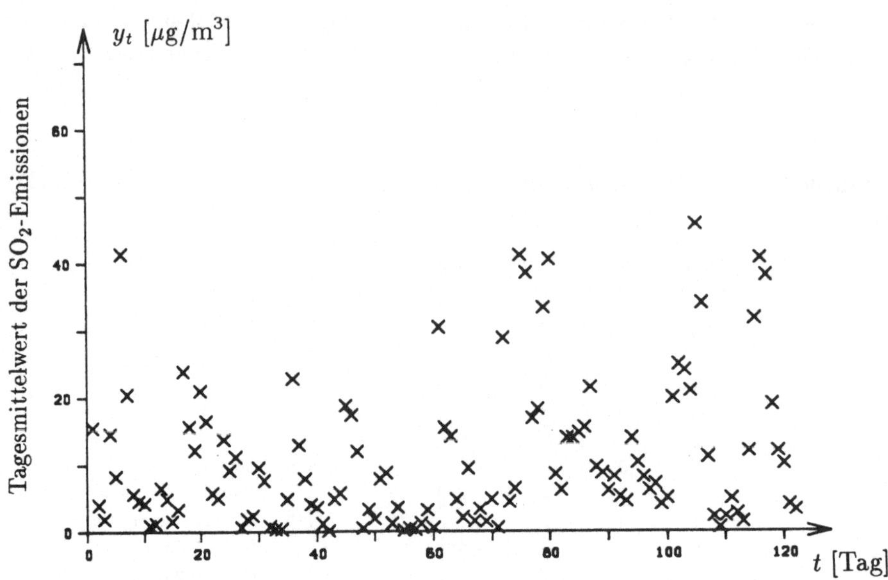

Die Modellklasse, die in dieser Arbeit zur Bewertung von Aussagen über Zeitreihen Anwendung findet, wurde unter der Bezeichnung „dynamic generalized linear model" von [33] vorgeschlagen und ist im Detail in den Monographien von [13] und [32] behandelt. Wir werden für diese Modellklasse die Bezeichnung dynamische stochastische Modelle wählen.

Ziel der vorliegenden Arbeit ist es, Substanzwissenschaftlern wie Biometrikern oder Ökologen die Ideen und Methoden der dynamischen stochastischen Modellierung näher zu bringen. Dabei werden einerseits die bereits klassischen Ergebnisse für normalverteilte Prozesse zusammengefaßt und an den Grundwasserdaten illustriert. Andererseits wird die relativ spärlich untersuchte Problematik der dynamischen stochastischen Modellierung von nicht-normalverteilten Prozessen ausführlich diskutiert und an den SO_2-Daten illustriert.

Die Arbeit gliedert sich in 4 Abschnitte. In Abschnitt 2 wird die dynamische stochastische Modellierung von Zeitreihen an zwei einfachen Modellformen motiviert. In Abschnitt 3 werden die verschiedenen Analysemöglichkeiten wie Filtern, Glätten und Vorhersagen beschrieben, wobei wir bei nicht-normalverteilten Prozessen nicht den Vorschlägen von [33] folgen, sondern auf den Ideen in [9], [27] und [26] aufbauen. Abschnitt 4 behandelt das Problem unbekannter Hyperparameter. Mit einer in [11] vorgeschlagenen Methode wird die a-posteriori-Dichte der Parameter approximiert und die Analyse mittels eines Multi-Prozeß-Filters ([14]) durchgeführt. In Abschnitt 5 werden kurz Methoden der Modelldiagnose behandelt. Jeder Abschnitt enthält Fallstudien zu den beiden Datensätzen.

2 Dynamische stochastische Modellierung

2.1 Allgemeine Bemerkungen

Der erste Schritt der dynamischen stochastischen Modellierung besteht in der Annahme, daß die einzelnen Werte der beobachteten Zeitreihe Realisationen eines stochastischen Prozesses y_t sind. Zu jedem Zeitpunkt t wird die stochastische Variation der Werte, die dieser Prozeß annimmt, mit einer Wahrscheinlichkeitsverteilung einer bestimmten Verteilungsfamilie beschrieben. Die Parameter dieser Verteilung können einer Veränderung in der Zeit unterliegen, sodaß auch nicht-stationäre Prozesse direkt modellierbar sind.

Die Wahl der Familie hängt vom Charakter des beobachteten Prozesses ab. Bei den meisten Anwendungen wird angenommen, daß der Prozeß normalverteilt ist; in vielen Anwendungen ist diese Annahme auch tatsächlich gerechtfertigt. Wir werden im folgenden die Grundwasserdaten mit einer Normalverteilung modellieren (siehe Abschnitt 2.3.1).

Bei biometrischen oder ökologischen Zeitreihen stößt man mit der Normalverteilungsannahme mitunter an Grenzen, etwa wenn man Zeitreihen von Zähldaten (z.B. Mortalitätsdaten) oder Stunden- oder Tagesmittelwerte von positiven metrischen Merkmalen, die nahe bei 0 liegen (z.B. Niederschläge oder Schadstoffemissionen), analysiert. Für solche Fälle wurde von [33] in Anlehnung an verallgemeinerte lineare Modelle ([17]) vorgeschlagen, mit allgemeineren Verteilungen zu arbeiten. Im folgenden modellieren wir den Prozeß der SO_2-Emissionen mit einer Gamma-Verteilung (siehe Abschnitt 2.3.2).

Die Verteilung von y_t bei bekanntem Erwartungswert μ_t (in Zeichen $y_t|\mu_t$) wird im weiteren als Beobachtungsverteilung bezeichnet. [33] läßt als Beobachtungsverteilung nur Verteilungen der Exponentialfamilie zu. Für die in dieser Arbeit verwendeten Analysemethoden ist es möglich, jede Verteilung als Beobachtungsverteilung zu wählen, deren Erwartungswert $E(y_t|\mu_t)$ und Varianz $V(y_t|\mu_t)$ existieren und von folgender Gestalt sind:

$$E(y_t|\mu_t) = \mu_t, \qquad V(y_t|\mu_t) = v_t(\mu_t) \cdot \phi. \tag{1}$$

$v_t(\cdot)$ ist eine positive Funktion von μ_t. ϕ ist ein positiver Parameter.

Der zweite Schritt der dynamischen stochastischen Modellierung besteht in der Beschreibung der Veränderung zwischen den Erwartungswerten μ_t und μ_{t-1} durch eine dynamische stochastische Gleichung. Ein Modell der Form

$$\mu_t = \mu_{t-1} + a \tag{2}$$

ist dynamisch und in folgendem Sinne deterministisch: sind μ_{t-1} und a bekannt, so ist der bedingte Erwartungswert von $(\mu_t|\mu_{t-1}, a)$ eine Größe, deren Wert mit Sicherheit vorhergesagt werden kann. Die Erweiterung bei der dynamischen stochastischen Modellierung besteht darin, die vorhersehbare Größe $\mu_t|\cdot$ durch eine stochastische Größe zu ersetzen.

Für normalverteilte Prozesse schlug [14] eine Reihe solcher Modelle vor. Im folgenden Abschnitt beschreiben wir zwei dieser Modelle und verallgemeinern sie auf nicht-normalverteilte Prozesse. Dieser Abschnitt enthält auch die allgemeine Modellform. Im Abschnitt 2.3 schlagen wir für die Datensätze 1 und 2 jeweils ein dynamisches stochastisches Modell vor.

2.2   Beispiele und die allgemeine Modellform

2.2.1   Das Steady-State-Modell

Das einfachste dynamische stochastische Modell beruht auf der Vorstellung, daß der Erwartungswert μ_t um den Erwartungswert μ_{t-1} nach einer Normalverteilung schwankt (Steady-State-Modell, [14]):

$$\mu_t = \mu_{t-1} + w_t, \qquad w_t \sim N(0, Q). \tag{3}$$

Für $Q > 0$ ist diese Beziehung eine dynamische stochastische Gleichung. Bei bekanntem μ_{t-1} ist μ_t eine stochastische Größe, die mit Erwartungswert μ_{t-1} und Varianz Q normalverteilt ist. Je größer Q, desto stärker schwankt μ_t um μ_{t-1}.

Dieses Modell wurde von [14] für normalverteilte Prozesse vorgeschlagen und kann nicht direkt auf nicht-normalverteilte Prozesse angewendet werden, da der Erwartungswert μ_t im allgemeinen Fall nicht alle reellen Zahlen annimmt. Wird als Verteilung des Prozesses z.B. eine Gamma-Verteilung angenommen, so enthält der für μ_t zulässige Bereich E alle positiven reellen Zahlen. Gleichung (3) könnte zu negativen Werten führen. Je näher μ_{t-1} bei 0 liegt, desto unsymmetrischer müssen die Schwankungen von μ_t um μ_{t-1} sein. In Anlehnung an [33] beschreiben wir die Veränderung von μ_t auf einer transformierten Ebene:

$$g(\mu_t) = g(\mu_{t-1}) + w_t, \qquad w_t \sim N(0, Q). \tag{4}$$

Die Transformation $g(\cdot)$ wird so gewählt, daß sie den für μ_t zulässigen Bereich E auf die reellen Zahlen abbildet. Aus technischen Gründen muß $g(\cdot)$ auf E streng monoton und differenzierbar sein.

2.2.2   Das dynamische Trendmodell

Betrachten wir nun ein Modell, das eine systematische Veränderung zwischen μ_{t-1} und μ_t zuläßt. Für normalverteilte Prozeße kann folgende dynamische stochastische Gleichung zur Modellierung der Veränderung von μ_t herangezogen werden, die ein Spezialfall des dynamischen Trendmodells ([14]) ist:

$$\mu_t = \mu_{t-1} + a + w_t, \qquad w_t \sim N(0, Q).$$

In dieser Form besitzt das Modell eine „zeitinvariante Trendkomponente", da a nicht von der Zeit abhängt. Das dynamische Trendmodell in seiner allgemeinen Form ([14]) entsteht, wenn man annimmt, daß sich auch die Trendkomponente a_t zufällig mit der Zeit ändert:

$$\begin{aligned}
\mu_t &= \mu_{t-1} + a_t + w_t, \qquad w_t \sim N(0, Q), \\
a_t &= a_{t-1} + \tilde{w}_t, \qquad \tilde{w}_t \sim N(0, W).
\end{aligned} \tag{5}$$

Für nicht-normalverteilte Prozesse muß μ_t wieder entsprechend transformiert werden.

2.2.3 Die allgemeine Modellformulierung

Die Modelle der beiden vorangegangen Abschnitte sind Spezialfälle einer wesentlich allgemeineren Modellform. Zur Motivation der allgemeinen Modellform betrachten wir nochmals das dynamische Trendmodell in seiner allgemeinen Form (5). Es enthält zwei Größen, die sich dynamisch ändern, nämlich den Erwartungswert μ_t und die Trendkomponente a_t. Die dynamisch sich verändernden Größen werden in einem Vektor zusammengefaßt, dem sogenannten Zustandsvektor x_t. Der Zustandsvektor wird so gewählt, daß der Erwartungswert $\mu_t(x_t)$ bei bekanntem x_t deterministisch ist, z.B.:

	Zustandsvektor x_t	$\mu_t(x_t)$
Steady-State-Modell	$g(\mu_t)$	$g^{-1}(x_t)$
Dynamisches Trendmodell	$\begin{pmatrix} g^{-1}(\mu_t) \\ a_t \end{pmatrix}$	$g^{-1}\left((\, 1 \ 0 \,) \cdot x_t \right)$

Wir formulieren nun das dynamische stochastische Modell in seiner allgemeinen Form, die im wesentlichen auf Ideen in [14] und [33] zurückgeht. Ein dynamisches stochastisches Modell mit Zustandsvektor x_t wird für jeden Zeitpunkt t durch zwei stochastische Gleichungen definiert. Die erste stochastische Gleichung ist dynamisch und beschreibt, wie sich der Zustandsvektor x_t mit der Zeit verändert:

$$x_t = F_t \cdot x_{t-1} + w_t, \qquad w_t \sim \mathrm{N}(0, Q_t). \tag{6}$$

Diese Gleichung ist äquivalent mit der Angabe der Verteilung von x_t gegeben x_{t-1} (in Zeichen $x_t | x_{t-1}$):

$$x_t | x_{t-1} \sim N(F_t \cdot x_{t-1}, Q_t).$$

Die zweite stochastische Gleichung beschreibt, wie der Prozeß y_t zum Zeitpunkt t verteilt ist, wenn der Zustandsvektor x_t bekannt ist (in Zeichen $y_t | x_t$). Dabei wird angenommen, daß der Erwartungswert μ_t der Beobachtungsverteilung von y_t – eventuell nach einer Transformation – linear mit dem Zustandsvektor x_t zusammenhängt:

$$E(y_t | x_t) = E(y_t | \mu_t(x_t)) = \mu_t(x_t) = g^{-1}(H_t \cdot x_t). \tag{7}$$

Für die Varianz gilt wegen (1):

$$V(y_t | x_t) = V(y_t | \mu_t(x_t)) = v_t(\mu_t(x_t)) \cdot \phi.$$

Dynamische stochastische Modelle haben zahlreiche Anwendungen – allerdings im allgemeinen eingeschränkt auf normalverteilte Prozesse – gefunden, von denen wir nur eine kleine Auswahl aus dem Bereich der Ökologie und der Biometrie erwähnen können: zur Wasserqualitätskontrolle z.B. in [4] und [5], zur Modellierung hydrologischer und hydraulischer Prozesse z.B. in [6], [12] und [25], zur Luftqualitätskontrolle z.B. in [19], zum Monitoring von Nierentransplantationen in [22].

In der Praxis stellt sich die Frage, wie für einen konkreten Datensatz die Modellstruktur, d.h. der Zustandsvektor und die Modellmatrizen zu wählen sind. Der systemtheoretische Ansatz, der auf Realisierungen eines stationären normalverteilten Prozesses anwendbar ist, schätzt unter der Annahme zeitinvarianter Matrizen ein kanonisches Modell mit minimaler Dimension des Zustandsvektors ([2]). Die angewandte dynamische Modellierung geht eher von einem strukturellen Ansatz aus, bei dem in die Wahl des Zustandsvektors und der Modellmatrizen apriori vorhandene Vorstellungen über die den Prozeß verursachende Dynamik einfließen. Dieser Ansatz ist nicht auf Realisierungen stationärer Prozesse beschränkt und kann substanzwissenschaftliche Modellvorstellungen in den Modellidentifikationsprozeß einbinden (vgl. z.B. [30], [29], [10]).

Selbst wenn die prinzipielle Modellstruktur feststeht, verbleiben im allgemeinen Parameter, die noch zu spezifizieren sind. Ein Steady-State-Modell für normalverteilte Prozesse ist voll spezifiziert, wenn für die Varianzen Q und R konkrete Werte gewählt wurden. In ähnlicher Weise hängt auch das dynamische Trendmodell von Parametern ab, die in einem Vektors θ unter der Bezeichnung Hyperparameter zusammengefaßt werden. Die Komponenten dieses Hyperparameters sind in der Praxis meistens apriori unbekannt. Wir werden in Abschnitt 4 auf dieses Problem näher eingehen. Für Abschnitt 3 nehmen wir zunächst an, daß das Modell voll spezifiziert wurde, indem für den Hyperparameter konkrete Werte eingesetzt wurden.

2.3 Dynamische stochastische Modellierung von Datensatz 1 und 2

2.3.1 Datensatz 1

Da bei dieser Zeitreihe der Prozeß y_t durch Mittelung des Grundwasserspiegels über ein ganzes Jahr entsteht, können wir wegen des zentralen Grenzwertsatzes nehmen, daß y_t normalverteilt ist. Wir wählen daher folgende Beobachtungsverteilung:

$$y_t|\mu_t \sim N(\mu_t, R), \qquad p(y_t|\mu_t) = \frac{1}{\sqrt{2\pi R}} \cdot \exp\left(-\frac{(y_t - \mu_t)^2}{2R}\right).$$

Die Varianz R von y_t um μ_t ist nach dieser Annahme zeitinvariant. Diese Beobachtungsverteilung erfüllt mit $v_t(\mu_t) = 1$ und $\phi = R$ Voraussetzung (1).

Da die Abbildung 1 deutlich zeigt, daß sich der Erwartungswert μ_t der Beobachtungen systematisch verändert hat, modellieren wir diese Daten mit dem dynamischen Trendmodell aus Abschnitt 2.2.2:

Modell 1 - Dynamisches Trendmodell für normalverteilte Prozesse ([14]): Der Zustandsvektor x_t besteht aus zwei Komponenten:

$$x_t = \begin{pmatrix} \mu_t \\ a_t \end{pmatrix},$$

wobei μ_t den Level des Prozesses y_t und a_t die systematische Veränderung des Levels, die sogenannte Trendkomponente, bezeichnet. Fassen wir das Modell in der Schreibweise der allgemeinen Modellform aus Abschnitt 2.2.3 zusammen:

$$x_t = F x_{t-1} + w_t, \quad w_t \sim N(0, Q),$$
$$F = \begin{pmatrix} 1 & 1 \\ 0 & 1 \end{pmatrix}, \quad Q = \begin{pmatrix} Q+W & W \\ W & W \end{pmatrix},$$

$$y_t|\mu_t \sim N(\mu_t, R),$$
$$\mu_t = Hx_t, \quad H = \begin{pmatrix} 1 & 0 \end{pmatrix}.$$

Der Hyperparameter θ umfaßt die Varianzen Q, W und R. Diese Varianzen sind bei der Anwendung des Modells auf den Datensatz 1 apriori unbekannt.

2.3.2 Datensatz 2

Abbildung 2 zeigt deutlich, daß die Verteilung des Prozesses „Tagesmittelwert von SO_2-Emissionen" trotz Mittelbildung schief ist. Weiters nimmt die Varianz der Beobachtungen mit wachsendem Erwartungswert zu. Wir wählen deshalb zur Modellierung dieses Prozesses eine Gamma-Verteilung:

$$y_t|\mu_t \sim \gamma(\alpha, \frac{\alpha}{\mu_t}), \qquad p(y_t|\mu_t) = \frac{1}{\Gamma(\alpha)} \left(\frac{\alpha}{\mu_t}\right)^\alpha y_t^{\alpha-1} \exp\left(-\frac{\alpha \cdot y_t}{\mu_t}\right).$$

Die Schiefe dieser Verteilung wird durch den Parameter α gesteuert. Für $\alpha = 1$ erhalten wir einen exponentialverteilten Prozeß. Mit wachsendem α nähert sich der Prozeß einem normalverteilten Prozeß mit zeitvarianter Varianz. Da die Varianz von y_t um μ_t bei einer Gamma-Verteilung proportional zum Quadrat des Erwartungswertes μ_t ist:

$$V(y_t|\mu_t) = \frac{\mu_t^2}{\alpha},$$

modelliert diese Verteilung neben der Schiefe auch die Inhomogenität der Varianz der Daten. Diese Beobachtungsverteilung erfüllt Voraussetzung (1) mit

$$v_t(\mu_t) = \mu_t^2, \quad \phi = \frac{1}{\alpha}.$$

Abbildung 2 zeigt keine systematische Veränderung des Erwartungswertes. Da der Erwartungswert andererseits auch nicht konstant zu sein scheint, modellieren wir die Daten mit folgendem Steady-State-Modell für Gamma-verteilte Prozesse.

Modell 2 Steady-State-Modell für Gamma-verteilte Prozesse

Der Zustandsvektor ist eindimensional und mit dem über $g(\cdot)$ transformierten Level μ_t des Prozesses y_t identisch. Wir definieren die Transformation $g(\mu)$ über:

$$g(\mu) = \begin{cases} \ln \mu + 1, & \mu \leq 1, \\ \mu & \mu \geq 1. \end{cases}$$

Bei dieser Transformation wird für den Bereich $\mu < 1$ mit unsymmetrischen und für den Bereich $\mu \geq 1$ mit symmetrischen Schwankungen gearbeitet.

Das Modell ist durch die folgenden stochastischen Gleichungen definiert:

$$x_t = x_{t-1} + w_t, \qquad w_t \sim N(0, Q),$$
$$y_t|\mu_t \sim \gamma(\alpha, \frac{\alpha}{\mu_t}),$$
$$\mu_t = g^{-1}(x_t).$$

Das Modell besitzt die allgemeine Modellform aus Abschnitt 2.2.3 mit $F_t = 1$ und $H_t = 1$. Der Hyperparameter θ umfaßt die Varianz Q und den Parameter α der Beobachtungsverteilung. Beide Werte sind bei der Anwendung des Modells auf den Datensatz 2 apriori unbekannt.

3 Aussagen über unbeobachtbare Größen

3.1 Allgemeine Bemerkungen

Wir gehen nun von einem Prozeß aus, der bis zum Zeitpunkt t beobachtet wurde. Die Zeitreihe $y_1, \ldots, y_t$ der Beobachtungswerte bis t wird mit y^t abgekürzt. Aufbauend auf den Beobachtungen y^t interessieren nun statistische Aussagen über zum Zeitpunkt t unbeobachtbare Größen u (in Zeichen $u|y^t$). Unter einer zum Zeitpunkt t unbeobachtbaren Größe verstehen wir eine Größe, die stochastisch ist, wenn Beobachtungen bis zum Zeitpunkt t vorliegen. Unbeobachtbare Größen sind der Erwartungswert $\mu_s|y^t$ oder der Zustandsvektor $x_s|y^t$ zu jedem beliebigen Zeitpunkt s sowie zukünftige Werte des Prozesses $y_s|y^t, s > t$.

Bei der Beobachtung von stochastischen Prozessen entsteht durch die Zeit eine Ordnung in den Beobachtungswerten. Wird der Zeitpunkt t als Gegenwart ausgezeichnet, so entsteht automatisch Vergangenheit und Zukunft. Bei Aussagen über unbeobachtbare Größe können daher Aussagen über die Gegenwart, die Vergangenheit und die Zukunft unterschieden werden. Aussagen über $x_t|y^t$ und $\mu_t|y^t$ sind Aussagen über die Gegenwart. Aussagen über $x_s|y^t$ und $\mu_s|y^t$ mit $s < t$ sind Aussagen über die Vergangenheit, Aussagen über $x_s|y^t$, $\mu_s|y^t$ und $y_s|y^t$ mit $s > t$ sind Aussagen über die Zukunft.

Die stochastische Variation der unbeobachtbaren Größe $u|y^t$ ist durch eine Verteilungsfunktion bzw. deren Dichte $p(u|y^t)$ beschreibbar. Aus der Dichte läßt sich die Wahrscheinlichkeit berechnen, mit der eine Aussage über $u|y^t$ zutrifft. Eine umfassende Lösung des statistischen Inferenzproblems besteht in der Bestimmung der Dichten $p(u|y^t)$ für alle interessierenden Größen $u|y^t$. Die Dichte $p(x_t|y^t)$ des gegenwärtigen Zustandsvektors $x_t|y^t$ wird Filterdichte genannt. Die Dichte $p(x_s|y^t)$ eines vergangenen Zustandsvektors $x_s|y^t$, $s < t$, heißt Glättungsdichte. Die Dichte $p(x_s|y^t)$ des zukünftigen Zustandsvektors $x_s|y^t$ und die Dichte $p(y_s|y^t)$ eines zukünftigen Prozeßwertes $y_s|y^t$, $s > t$, heißen Vorhersagedichten.

Liegt eine Datenreihe fixer Länge N zur Analyse vor, so spricht man von einer off-line-Analyse (z.B. Trendanalyse der Grundwasserdaten). Treffen hingegen laufend neue Beobachtungen ein, so verschiebt sich der Zeitpunkt der Analyse laufend und man spricht von einer on-line Analyse (z.B. laufendes Monitoring der SO_2-Konzentrationen). Im zweiten Fall ist der als Gegenwart ausgezeichnete Zeitpunkt t mit dem Analysezeitpunkt identisch. Kommt eine neue Beobachtung hinzu, so verschiebt sich die Gegenwart um eine Zeiteinheit. Es stellt sich dann die Frage, wie Aussagen zum Zeitpunkt t mit den Aussagen zum Zeitpunkt $t - 1$ zusammenhängen. Eine Prodezur, die angibt, wie die Filterdichten aufeinanderfolgender Zeitschritte zusammenhängen, wird als statistischer Filter bezeichnet (siehe Abschnitt 3.2).

Im Falle der off-line-Analyse interessieren vorwiegend die Glättungsdichten $p(x_s|y^N)$, $s \leq N$, für den letzten Zeitpunkt N. Die Bestimmung dieser Dichten erfolgt auch bei der off-line-Analyse am einfachsten, indem zunächst eine on-line-Analyse mit laufender Verschiebung der Gegenwart von $t = 1$ bis $t = N$ durchgeführt und die Filterdichten $p(x_t|y^t)$ ermittelt werden (siehe Abschnitt 3.2). In ähnlicher Weise baut auch die Ermittlung der Vorhersagedichten $p(x_s|y^t)$ und $p(y_s|y^t)$, $s > t$, auf der Filterdichte $p(x_t|y^t)$ auf (siehe Abschnitt 3.4).

3.2 Filter- und Glättungsdichten

Wird ein vollspezifiertes dynamisches stochastisches Modell auf einen normalverteilten Prozeß angewendet, so sind die Filterdichten Dichten einer Normalverteilung und durch die beiden ersten Momente charakterisiert. Zwischen den Momenten der Filterdichte $p(x_{t-1}|y^{t-1})$ und den Momenten der Filterdichte $p(x_t|y^t)$ besteht folgender linearer Zusammenhang (Kalman-Filter, [15]):

$$\boxed{x_{t-1}|y^{t-1} \sim N(\hat{x}_{t-1|t-1}, P_{t-1|t-1}) \Rightarrow x_t|y^t \sim N(\hat{x}_{t|t}, P_{t|t})} \tag{8}$$

$$\hat{x}_{t|t} = \hat{x}_{t|t-1} + K_t(y_t - H_t\hat{x}_{t|t-1}),$$
$$P_{t|t} = (I - K_tH_t)P_{t|t-1}, \qquad I\text{....Einheitsmatrix,}$$
$$K_t = P_{t|t-1}H_t^{\mathrm{T}}\left(H_tP_{t|t-1}H_t^{\mathrm{T}} + R_t\right)^{-1}, \tag{9}$$
$$\hat{x}_{t|t-1} = F_t\hat{x}_{t-1|t-1},$$
$$P_{t|t-1} = F_tP_{t-1|t-1}F_t^{\mathrm{T}} + Q_t.$$

Beachtenswert ist, daß in die Ermittlung des Zusammenhangs zwischen den ersten Momenten aufeinanderfolgender Filterdichten nur die aktuelle Beobachtung y_t einfließt. Die Filterdichte zum Zeitpunkt $t - 1$ enthält alle Information der Daten bis zum Zeitpunkt $t - 1$. Die Kovarianzmatrix der Filterdichte hängt nicht von den Beobachtungen ab.

Das sequentielle Schema zeigt, daß man zur Ermittlung der Filterdichte $p(x_1|y^1)$ zum Zeitpunkt $t = 1$ eine a-priori-Dichte $p(x_0|y^0)$ vorgeben muß. Sie kann durch entsprechende Wahl der Parameter als nicht informativ angenommen werden (siehe Abschnitt 3.3.1).

Für nicht-normalverteilte Prozesse kann ein dem Kalman-Filter vergleichbares sequentielles Schema nur direkt für die Filterdichten unter Anwendung des Bayes'schen Theorems abgeleitet werden (z.B. [32]):

$$p(x_t|y^t) \propto p(y_t|x_t) \cdot p(x_t|y^{t-1}), \tag{10}$$
$$p(x_t|y^{t-1}) = \int p(x_t|x_{t-1})p(x_{t-1}|y^{t-1})\,dx_{t-1}.$$

Für normalverteilte Prozesse läßt sich daraus ein sequentielles Schema für die Momente der Filterdichten, eben der Kalman-Filter, herleiten. Für nicht-normalverteilte Prozesse existiert im allgemeinen kein exaktes sequentielles Schema für die Momente.

Den in der Literatur vorgeschlagenen approximativen Filtern ([33], [9], [27]) ist gemeinsam, daß sie keine Aussage über die Gestalt der gesamten Filterdichte, sondern nur über gewisse Charakteristika wie Lage oder Streuung ermöglichen. Eine Approximation der gesamten Filterdichte wurde von [16] mit extremen numerischen Aufwand versucht. Ähnliche Ansätze sind auch in

[32] zu finden. In den Abschnitten 3.2.1 und 3.2.2 beschreiben wir im Detail zwei Filter, die sich im Rahmen von Simulationsstudien für ein dynamisches Trendmodell ([27]) bewährt haben.

Wenden wir uns nun den Glättungsdichten zu. Wird ein vollspezifiertes dynamisches stochastisches Modell auf einen normalverteilten Prozeß angewendet, so ist die Glättungsdichte $p(x_s|y^t)$, $s < t$, die Dichte einer Normalverteilung, deren Momente aus den Momenten der Filterdichte $p(x_s|y^s)$ und den Momenten der Glättungsdichte $p(x_{s+1}|y^t)$ bestimmt werden können (vgl. z.B. [32]):

$$\boxed{x_s|y^s \sim N(\hat{x}_{s|s}, P_{s|s}), x_{s+1}|y^t \sim N(\hat{x}_{s+1|t}, P_{s+1|t}) \Rightarrow x_s|y^t \sim N(\hat{x}_{s|t}, P_{s|t})} \tag{11}$$

$$\hat{x}_{s|t} = \hat{x}_{s|s} + A_{s+1}(\hat{x}_{s+1|t} - F_{s+1}\hat{x}_{s|s}),$$
$$P_{s|t} = P_{s|s} + A_{s+1}(P_{s+1|t} - P_{s+1|s})A_{s+1}^T,$$
$$P_{s+1|s} = F_{s+1}P_{s|s}F_{s+1}^T + Q_{s+1},$$
$$A_{s+1} = P_{s|s}F_{s+1}^T(P_{s+1|s})^{-1}.$$

Für nicht-normalverteilte Prozesse ist die Glättungsdichte keine Normalverteilung. Ein approximatives Schema für die beiden ersten Momente der Glättungsdichte wurde von [9] abgeleitet, das genau obige Form besitzt. $\hat{x}_{s|s}$ und $P_{s|s}$ sind die beiden ersten Momente der Filterdichte, die durch die Charakteristika des approximativen Filters angenähert werden.

3.2.1 Approximativer Posterior-Mode-Filter

Dieser Filter wurde von [9] als approximativer Filter für den Modus und die Inverse der Informationsmatrix am Modus der Filterdichte abgeleitet. Derselbe Filter entsteht als approximativer Filter für die beiden ersten Momente der Filterdichte, wenn man für jeden Zeitpunkt t das nichtlineare Modell lokal linearisiert. Für normalverteilte Prozesse kann aus dem sequentiellen Schema (10) für die Dichten deshalb ein sequentielles Schema für die Momente abgeleitet werden, weil der Erwartungswert von $y_t|x_t$ gegeben x_t linear in x_t ist und die Varianz von $y_t|x_t$ von x_t nicht abhängt. Für nicht-normalverteilte Prozesse sind beide Voraussetzungen nicht erfüllt (siehe Abschnitt 2.1):

$$E(y_t|x_t) = \mu_t(x_t) = g^{-1}(H_t x_t)$$
$$V(y_t|x_t) = \phi \cdot v(\mu_t(x_t)) = \phi \cdot v(g^{-1}(H_t x_t)).$$

Ein approximatives sequentielles Schema für die Momente kann abgeleitet werden, wenn der Erwartungswert $E(y_t|x_t)$ in x_t lokal um den bedingten Erwartungswert $x_t^0 = E(x_t|y^{t-1})$ linearisiert wird und die Varianz $V(y_t|x_t)$ durch einen von x_t unabhängigen Wert angenähert wird:

$$E(y_t|x_t) \approx g^{-1}(H_t x_t^0) + H_t^*(x_t^0) \cdot (x_t - x_t^0),$$
$$H_t^*(x_t^0) = (g^{-1})'(H_t x_t^0) \cdot H_t,$$
$$V(y_t|x_t) \approx \phi \cdot v_t(g^{-1}(H_t x_t^0)) =: R_t^*(x_t^0).$$

Der Filter, der sich durch diese lokale Linearisierung ergibt, hat eine Form, die dem Kalman-Filter ähnlich ist ([9]):

$$\boxed{x_{t-1}|y^{t-1} \sim (\hat{x}^F_{t-1|t-1}, \hat{P}^F_{t-1|t-1}) \Rightarrow x_t|y^t \sim (\hat{x}^F_{t|t}, \hat{P}^F_{t|t})} \tag{12}$$

$$\hat{x}^F_{t|t} = x^0_t + K_t(x^0_t)(y_t - g^{-1}(H_t x^0_t)),$$

$$\hat{P}^F_{t|t} = (I - K_t(x^0_t)H_t^{*}(x^0_t))P_{t|t-1},$$

$$x^0_t = F_t \hat{x}^F_{t-1|t-1},$$

$$K_t(x^0_t) = P_{t|t-1}(H_t^{*}(x^0_t))^{\mathrm{T}} \left(H_t^{*}(x^0_t)P_{t|t-1}(H_t^{*}(x^0_t))^{\mathrm{T}} + R_t^{*}(x^0_t)\right)^{-1},$$

$$P_{t|t-1} = F_t \hat{P}^F_{t-1|t-1} F_t^{\mathrm{T}} + Q_t.$$

Für normalverteilte Prozesse ist dieser Filter mit dem Kalman-Filter identisch. Gilt bei nicht-normalverteilten Prozessen $g^{-1}(H_t x^0_t) = H_t x^0_t$, so hat dieser Filter zwar die Form eines Kalman-Filters mit Beobachtungsvarianz $R_t = \phi \cdot v_t(H_t(x^0_t))$, der Zusammenhang zwischen den beiden Lagecharakteristika bleibt aber wegen der Abhängigkeit der Beobachtungsvarianz von $\hat{x}^F_{t-1|t-1}$ nichtlinear. Ein weiterer Unterschied zum Kalman-Filter ist die Abhängigkeit der Streuungs-charakteristika der Filterdichte von den Beobachtungen y^t über $\hat{x}^F_{t-1|t-1}$.

3.2.2 Filter auf Basis orthogonaler Integration

Dieser Filter wurde in [27] vorgeschlagen und am Beispiel eines verallgemeinerten dynamischen Trendmodells für Gamma- und Poisson-verteilte Prozesse illustriert. Die ersten zwei Momente der Filterdichte $p(x_t|y^t)$ werden sequentiell aus den Momenten $\hat{x}^I_{t-1|t-1}$ und $\hat{P}^I_{t-1|t-1}$ der Filterdichte zum Zeitpunkt $t-1$ ermittelt, indem die nicht normierte Filterdichte $p^{*}(x_t|y^t) = p(y_t|x_t) \cdot p(x_t|y^{t-1})$, die sich aus dem Bayes'schen Theorem (10) ergibt, numerisch integriert wird:

$$\hat{x}^I_{t|t} = E(x_t|y^t) = \frac{1}{C_t} \int x_t p^{*}(x_t|y^t)d\,x_t, \tag{13}$$

$$\hat{P}^I_{t|t} = V(x_t|y^t) = \frac{1}{C_t} \int x_t x_t^{\mathrm{T}} p^{*}(x_t|y^t)d\,x_t - \hat{x}^I_{t|t}(\hat{x}^I_{t|t})^{\mathrm{T}}, \tag{14}$$

$$C_t = \int p^{*}(x_t|y^t)d\,x_t. \tag{15}$$

Die Integration über den r-dimensionalen Zustandsvektor x_t wird für jeden Zeitpunkt t mittels multivariater Gauß-Hermite-Integration durchgeführt, einer Intergrationsmethode, die sich in der Bayes'schen Analyse häufig bewährt hat (z.B. [23], [18], [25]).

Die Stützstellen $x_t^{(i)}$ mit den Gewichten $w_I^{(i)}$ entstehen durch Transformation eines cartesisches Gitters in $I\!R^r$:

$$x_t^{(i)} = m_t + U_t \cdot \tau^{(i)}, \qquad U_t U_t^{\mathrm{T}} = 2S_t,$$

$$\tau^{(i)} = \begin{pmatrix} \tau^{(i_1)} \\ \vdots \\ \tau^{(i_r)} \end{pmatrix}, \quad w_I^{(i)} = \left(\frac{1}{\sqrt{\pi}}\right)^r \cdot \omega^{(i_1)} \cdots \omega^{(i_r)}, \quad 1 \leq i_1, \ldots, i_r \leq M_I.$$

$\tau^{(1)}, \ldots, \tau^{(M_I)}$ sind die Nullstellen eines Hermite-Polynoms vom Grade M_I, $\omega^{(1)}, \ldots, \omega^{(M_I)}$ sind die Integrationsgewichte einer Gauß-Hermite-Integration mit Gewichtsfunktion $\exp(-x^2)$ ([1], S.

924, Tabelle 25.10). Die Transformationparameter m_t und S_t werden so gewählt, daß das Gitter in einen Bereich fällt, über dem sich der Integrand, das heißt die unnormierte a-posteriori-Dichte, mit Lage m_t und Streuung S_t, konzentriert. Wir wählen daher als Transformationsparameter m_t und S_t jene Charakteristika der a-posteriori-Dichte, die durch den approximativen Posterior-Mode-Filter (Abschnitt 3.2.1) berechnet wurden, wobei statt $\hat{x}^F_{t-1|t-1}$ und $\hat{P}^F_{t-1|t-1}$ die Momente $\hat{x}^I_{t-1|t-1}$ und $\hat{P}^I_{t-1|t-1}$ der Filterdichte zum Zeitpunkt $t-1$ eingesetzt werden. Der Filter, der auf diese Weise aus der Integration von (13) – (15) entsteht, läßt sich als Korrektor des Posterior-Mode-Filters darstellen:

$$
\begin{aligned}
\hat{x}^I_{t|t} &= \hat{x}^F_{t|t} + U_t \cdot z_t, \\[4pt]
\hat{P}^I_{t|t} &= U_t Z_t U_t^{\mathrm{T}}, \qquad \hat{P}^F_{t|t} = 0.5 U_t U_t^{\mathrm{T}}, \\[4pt]
z_t &= \sum_{i=1}^{(M_I)^r} \psi(x_t^{(i)}), \\[4pt]
z_t &= \frac{1}{z_t} \sum_{i=1}^{(M_I)^r} \tau^{(i)} \psi(x_t^{(i)}), \\[4pt]
Z_t &= \frac{1}{z_t} \sum_{i=1}^{(M_I)^r} \tau^{(i)} (\tau^{(i)})^{\mathrm{T}} \psi(x_t^{(i)}) - z_t z_t^{\mathrm{T}}, \\[4pt]
\psi(x_t^{(i)}) &= \frac{p(y_t|x_t^{(i)}) p_N(x_t^{(i)}; x_t^0, P_{t|t-1})}{p_N(x_t^{(i)}; \hat{x}^F_{t|t}, \hat{P}^F_{t|t})} w_I^{(i)}.
\end{aligned}
\tag{16}
$$

$p_N(x_t^{(i)}; x_t^0, P_{t|t-1})$ bezeichnet den Funktionswert der Dichte einer $N(x_t^0, P_{t|t-1})$-Verteilung an der Stelle $x_t^{(i)}$. Für normalverteilte Prozesse ergibt diese Approximation mit $M_I \geq 2$ den *exakten* Filter, da in diesem Fall $z_t = 0$, $Z_t = \frac{1}{2} I$ und der Posterior-Mode-Filter mit dem Kalman-Filter identisch ist.

3.3 Fallstudien zum Filterproblem

3.3.1 Datensatz 1: Fallstudie 1

Analysieren wir, welche Aussagen über die Veränderung des Jahresmittelwertes des Grundwasserspiegels möglich sind, wenn wir den Datensatz 1 mit einem dynamischen Trendmodell für normalverteilte Prozesse (Modell 1) beschreiben.

Kalman-Filter für das dynamische Trendmodell. Wir diskutieren zunächst das Schema, das sich aus dem Kalman-Filter zur sequentiellen Ermittlung der ersten Momente der Filterdichte des Levels $\mu_t|y^t$ und der Trendkomponente $a_t|y^t$ ergibt. Mit den Bezeichnungen:

$$
\hat{\mu}_t = E(\mu_t|y^t), \quad \hat{a}_t = E(a_t|y^t),
$$

erhalten wir aus (8) folgenden Zusammenhang zwischen den ersten Momenten der Filterdichten aufeinanderfolgender Zeitpunkte:

$$
\begin{aligned}
\hat{\mu}_t &= (1 - K_{t,1})(\hat{\mu}_{t-1} + \hat{a}_{t-1}) + K_{t,1} \cdot y_t, \\[4pt]
\hat{a}_t &= (1 - K_{t,2})\hat{a}_{t-1} + K_{t,2}(y_t - \hat{\mu}_{t-1}).
\end{aligned}
$$

$\hat{\mu}_{t-1} + \hat{a}_{t-1}$ ist eine Punktprognose für den Level zum Zeitpunkt t, wenn Beobachtungen bis $t-1$ vorliegen. Liegt die Beobachtung y_t zum Zeitpunkt t vor, so ist das erste Moment des Levels zum Zeitpunkt t ein gewichtetes Mittel dieser Punktprognose und der tatsächlichen Beobachtung. Der Gewichtsfaktor $K_{t,1}$ ist die erste Komponente des Vektors K_t in Gleichung (9):

$$K_{t,1} = \frac{\|P_{t-1|t-1}\|_S + Q + W}{\|P_{t-1|t-1}\|_S + Q + W + R}.$$

$\|P_{t-1|t-1}\|_S$ ist die Summe aller Elemente der Kovarianzmatrix $P_{t-1|t-1}$. Dieser Gewichtsfaktor liegt offenbar zwischen 0 und 1. Bei gleichbleibender Prozeßvarianz $Q + W$ ist das Gewicht der neuen Beobachtung umso größer, je kleiner die Beobachtungsvarianz R ist. Bei gleichbleibender Beobachtungsvarianz R ist dieses Gewicht umso größer, je größer die Prozeßvarianz $Q + W$ ist.

Auch das erste Moment der Trendkomponente ist ein gewichtetes Mittel aus dem ersten Moment zum Zeitpunkt $t-1$ und der Größe $y_t - \hat{\mu}_{t-1}$, die einer indirekten Beobachtung der Trendkomponete entspricht. Der Gewichtsfaktor $K_{t,2}$ ist die zweite Komponente des Vektors K_t in Gleichung (9):

$$K_{t,2} = \frac{P_{t-1|t-1,12} + P_{t-1|t-1,22} + W}{\|P_{t-1|t-1}\|_S + Q + W + R}.$$

$(P_{t-1|t-1,12} + P_{t-1|t-1,22})$ ist die Summe über die zweite Spalte der Kovarianzmatrix $P_{t-1|t-1}$. Diese Gewichtung von Punktvorhersage und Beobachtung mit Gewichtsfaktoren, die vom Verhältnis zwischen Beobachtungs- und Prozeßvarianz abhängen, ist charakteristisch für das Filterschema der ersten Momente bei normalverteilten Prozessen.

Für die Varianzen gilt folgender Zusammenhang:

$$P_{t|t} = \begin{pmatrix} K_{t,1} R & K_{t,1} R \\ K_{t,2} R & P_{t-1|t-1,22} + W - K_{t,2}^2(\|P_{t-1|t-1}\|_S + Q + W + R) \end{pmatrix}.$$

Es läßt sich zeigen (z.B. [3]), daß diese Matrix für $t \to \infty$ gegen eine Matrix konvergiert, die nur von Q, W und R abhängt.

Nicht-informative a-priori-Dichte. Wählen wir als a-priori-Dichte für den Level und die Trendkomponente die Dichte:

$$\hat{\mu}_0 = 0, \quad \hat{a}_0 = 0, \quad P_{0|0} = \begin{pmatrix} d^2 & 0 \\ 0 & d \end{pmatrix}, \tag{17}$$

mit sehr großem Wert d, so erhalten wir für $t = 1$ und $t = 2$ folgende Gewichtsfaktoren und Momente der Filterdichte:

$$K_{1,1} \approx 1, \quad K_{1,2} \approx 0, \quad \hat{\mu}_1 \approx y_1, \quad \hat{a}_1 \approx 0, \quad P_{1|1} \approx \begin{pmatrix} R & 0 \\ 0 & d \end{pmatrix},$$

$$K_{2,1} \approx 1, \quad K_{2,2} \approx 1, \quad \hat{\mu}_2 \approx y_2, \quad \hat{a}_2 \approx y_1 - y_2.$$

Die Filterdichte von $\mu_1|y^1$ ist informativ, während die Filterdichte von $a_1|y^1$ uninformativ bleibt und erst zum Zeitpunkt $t = 2$ informativ wird.

Filtern für den Datensatz 1. Wir wenden das dynamische Trendmodell auf Datensatz 1 mit zwei verschiedenen Hyperparametern $\theta = (Q, W, R)$ an:

Abbildung 3: Datensatz 1 - Fallstudie 1
95%-ige Schwankungsintervalle für die Trendkomponente $a_t|y^t$
(links: 1. Hyperparameter, rechts: 2. Hyperparameter)

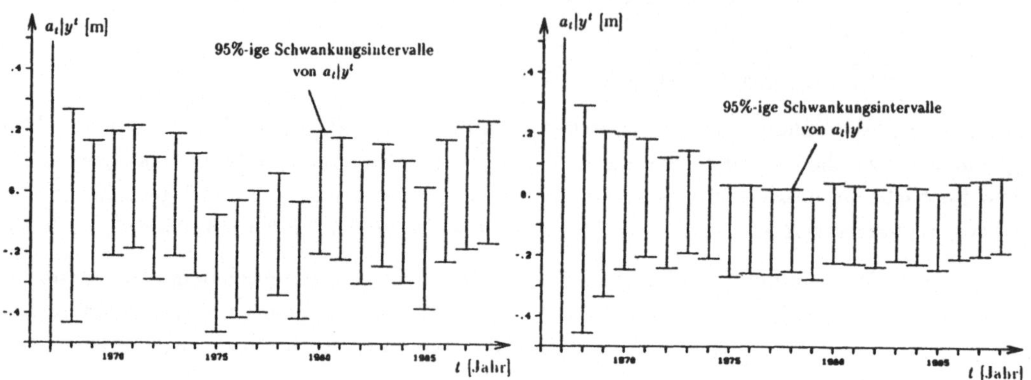

	Q	W	R
1. Hyperparameter	0.01	0.01	0.01
2. Hyperparameter	$0.341 \cdot 10^{-1}$	$0.343 \cdot 10^{-4}$	$0.409 \cdot 10^{-4}$

Der 1. Hyperparameter ist ein heuristisch gewählter Wert. Der 2. Hyperparameter wurde aus den Daten mit Methoden geschätzt, die wir in Abschnitt 4 diskutieren und in Abschnitt 4.5.1 auf den Datensatz 1 anwenden werden. Als Parameter der a-priori-Dichte (17) wurde $d = 10^4$ gewählt.

Wir vergleichen nun die Filterdichten der Trendkomponente $a_t|y^t$ für die beiden Hyperparameter. Für jeden Zeitpunkt t wurde aus der normalverteilten Filterdichte $p(a_t|y^t)$ ein 95%-iges Schwankungsintervall $S_{t|t}^{0.95}$ ermittelt:

$$S_{t|t}^{0.95} = [\hat{a}_t - 1.96\sqrt{P_{t|t,22}}, \hat{a}_t + 1.96\sqrt{P_{t|t,22}}].$$

$S_{t|t}^{0.95}$ ist ein Bereich, in den die Trendkomponente $a_t|y^t$ auf Grund der Beobachtungen bis zum Zeitpunkt t mit Wahrscheinlichkeit 0.95 fällt. In Abbildung 3 sind diese Schwankungsintervalle für beide Hyperparameter über t aufgetragen. Sie werden mit steigender Zahl der Beobachtungen schmäler. Ihre Breite hängt nur von der Varianz der Filterdichte ab und konvergiert wegen der Konvergenz der Varianzen gegen einen festen Wert, nämlich für den ersten Hyperparameter gegen 0.382 m und für den zweiten gegen 0.227 m. Die Grenzen der Intervalle konvergieren nicht, da sie vom ersten Moment der Filterdichte abhängen, das wegen der Abhängigkeit von y_t einem stochastischen Prozeß folgt.

Aussagen über die systematische Veränderungen des Jahresmittelwertes des Grundwasserspiegels innerhalb eines Jahres. Berechnen wir nun für das Jahr t die Wahrschein-

Abbildung 4: Datensatz 1 - Fallstudie 1
95%-ige Schwankungsintervalle für die Trendkomponente $a_t|y^{1988}$
(links: 1. Hyperparameter, rechts: 2. Hyperparameter)

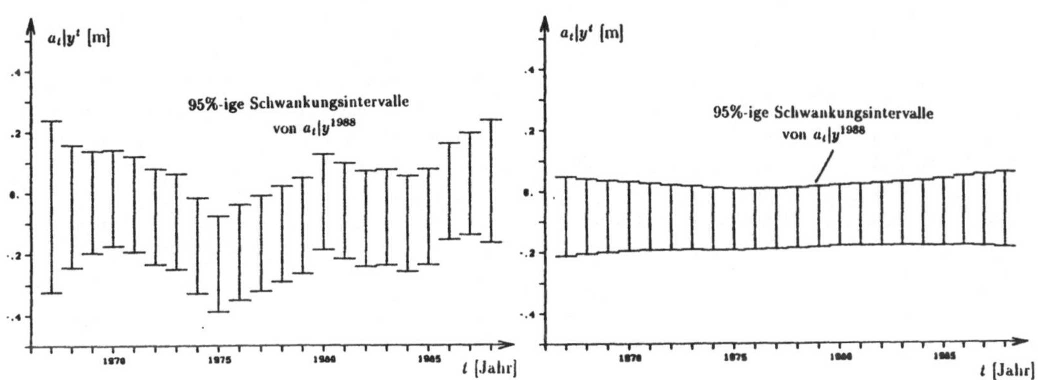

lichkeit, daß $a_t < 0$ war. Aus der Filterdichten können wir die Wahrscheinlichkeit $P(a_t < 0|y^t)$ aufbauend auf den Beobachtungen bis zum Jahre t berechnen. Möchte man alle Beobachtungen einbeziehen, so müssen zuerst ausgehend von den Filterdichten die Glättungsdichten für $s = 1988, 1987, \ldots, t$ nach dem Schema (11) ermittelt werden.

Zur Illustration sind in Abbildung 4 die Schwankungsintervalle $S^{0.95}_{t|1988}$ der Trendkomponente $a_t|y^{1988}$ dargestellt, die für die beiden verschiedenen Hyperparameter für jeden Zeitpunkt aus den Glättungsdichten $p(a_t|y^{1988})$ ermittelt wurden. Ein Vergleich mit den Schwankungsintervallen der Filterdichte zeigt deutlich den Einfluß, den die Anzahl der einbezogenen Beobachtungen auf die Breite von Schwankungsintervallen ausübt.

Berechnen wir für beide Hyperparameter die gesuchte Wahrscheinlichkeit $P(a_t < 0|y^{1988})$ aus den Momenten $x_{t|1988,2}$ und $P_{t|1988,22}$ der Glättungsdichte:

$$P(a_t < 0|y^{1988}) = \Phi\left(-\frac{x_{t|1988,2}}{\sqrt{P_{t|1988,22}}}\right).$$

$\Phi(\cdot)$ bezeichnet die Verteilungsfunktion der Standardnormalverteilung. Diese Wahrscheinlichkeiten sind in Tabelle 3 für jedes einzelne Jahr eingetragen. Die Ergebnisse zeigen deutlich, wie stark diese Wahrscheinlichkeit vom gewählten Hyperparameter abhängt.

Der Wahl des „richtigen" Hyperparameters kommt damit große Bedeutung zu, wenn wir aus einem dynamischen stochastischen Modell Aussagen ableiten, die wesentlich von der Varianz der Filterdichten beeinflußt werden. Wir werden dieses Problem in Abschnitt 4.5.1 weiterbehandeln.

Tabelle 3: Datensatz 1 – Wahrscheinlichkeit $P(a_t < 0 | y^{1988})$
für die verschiedenen Fallstudien

t	Fallstudie 1 (1.Hyperp.)	Fallstudie 1 (2.Hyperp.)	Fallstudie 2	t	Fallstudie 1 (1.Hyperp.)	Fallstudie 1 (2.Hyperp.)	Fallstudie 2
1967	0.6186	0.9072	0.9291	1978	0.9667	0.9689	0.9654
1968	0.6676	0.9183	0.9358	1979	0.9285	0.9649	0.9631
1969	0.6444	0.9272	0.9408	1980	0.6613	0.9546	0.9568
1970	0.5883	0.9355	0.9455	1981	0.7903	0.9510	0.9550
1971	0.6869	0.9454	0.9513	1982	0.8770	0.9450	0.9518
1972	0.8545	0.9557	0.9575	1983	0.8635	0.9347	0.9460
1973	0.8991	0.9615	0.9609	1984	0.9175	0.9265	0.9418
1974	0.9906	0.9695	0.9658	1985	0.8625	0.9131	0.9343
1975	0.9992	0.9746	0.9687	1986	0.4861	0.8904	0.9211
1976	0.9961	0.9735	0.9681	1987	0.3657	0.8750	0.9127
1977	0.9880	0.9722	0.9674	1988	0.3608	0.8607	0.9051

3.3.2 Datensatz 2 - Fallstudie 1

Analysieren wir nun den Datensatz der SO_2-Emissionen mit einem Steady-State-Modell für Gamma-verteilte Prozesse (Modell 2).

Approximativer Posterior-Mode-Filter. Zu jedem Zeitpunkt wird das nichtlineare Modell um den bedingten Erwartungswert von $x_t | y^{t-1} = \hat{x}^F_{t-1|t-1}$ linearisiert. Nach entsprechenden Umformungen ergibt sich folgender Zusammenhang zwischen den ersten Momenten der Filterdichte zum Zeitpunkt $t - 1$ und t, der wegen der Fallunterscheidung $x_{t-1} \leq 1$ und $x_{t-1} \geq 1$ bei der Transformation $g^{-1}(x_{t-1})$ in den Bereichen $\hat{x}^F_{t-1|t-1} \geq 1$ und $\hat{x}^F_{t-1|t-1} \leq 1$ unterschiedliche Gestalt besitzt:

$$
\hat{x}^F_{t|t} = \begin{cases} (1 - K_t^{(1)}(\hat{x}^F_{t-1|t-1}))\hat{x}^F_{t-1|t-1} + K_t^{(1)}(\hat{x}^F_{t-1|t-1})y_t, & \hat{x}^F_{t-1|t-1} \geq 1, \\ (1 - K_t^{(2)})\hat{x}^F_{t-1|t-1} + K_t^{(2)}\left(\frac{y_t}{e^{\hat{x}^F_{t-1|t-1}-1}} + \hat{x}^F_{t-1|t-1} - 1 \right), & \hat{x}^F_{t-1|t-1} \leq 1, \end{cases} \tag{18}
$$

$$
\hat{P}^F_{t|t} = \begin{cases} \dfrac{(\hat{P}^F_{t-1|t-1} + Q)\frac{1}{\alpha}(\hat{x}^F_{t-1|t-1})^2}{\hat{P}^F_{t-1|t-1} + Q + \frac{1}{\alpha}(\hat{x}^F_{t-1|t-1})^2}, & \hat{x}^F_{t-1|t-1} \geq 1, \\ \dfrac{(\hat{P}^F_{t-1|t-1} + Q)\frac{1}{\alpha}}{\hat{P}^F_{t-1|t-1} + Q + \frac{1}{\alpha}}, & \hat{x}^F_{t-1|t-1} \leq 1, \end{cases}
$$

$$
K_t^{(1)}(\hat{x}^F_{t-1|t-1}) = \frac{\hat{P}^F_{t-1|t-1} + Q}{\hat{P}^F_{t-1|t-1} + Q + \frac{1}{\alpha}(\hat{x}^F_{t-1|t-1})^2},
$$

$$
K_t^{(2)} = \frac{\hat{P}^F_{t-1|t-1} + Q}{\hat{P}^F_{t-1|t-1} + Q + \frac{1}{\alpha}}.
$$

Die beiden Momente sind für $\hat{x}^F_{t-1|t-1} = 1$ identisch. In beiden Bereichen der Transformation ist der Zusammenhang zwischen den ersten Momenten nichtlinear. Für den Bereich $\hat{x}^F_{t-1|t-1} \geq 1$ ist dieser Filter mit dem Kalman-Filter eines Steady-State-Modells unter Annahme einer

Normalverteilung für y_t mit zeitvarianter Beobachtungsvarianz $R_t = \frac{1}{\alpha}(\hat{x}_{t-1|t-1}^F)^2$ identisch. Die Varianz der Filterdichte hängt für diesen Bereich vom beobachteten Prozeß über $\hat{x}_{t-1|t-1}^F$ ab. Für den Bereich $\hat{x}_{t-1|t-1}^F \leq 1$ ist eine solche Interpretation nur indirekt möglich, wenn wir die Varianz der Filterdichte betrachten. Diese hat die selbe Gestalt wie bei einem Steady-State-Modell für einen normalverteilten Prozeß mit zeitinvarianter Varianz $R = \frac{1}{\alpha}$ und hängt nicht von den Beobachtungswerten ab.

Aus (18) sehen wir, wie eine nicht-informative a-priori-Dichte gewählt werden kann. Für

$$\hat{x}_{0|0} = 1, \quad P_{0|0} = d \tag{19}$$

erhalten wir für $d \to \infty$:

$$\hat{x}_{1|1} = y_1, \quad P_{0|0} = \frac{1}{\alpha}.$$

Filtern für den Datensatz 2. Wir wählen für diesen Datensatz als Hyperparameter $\alpha = 1.11$ und $Q = 4$. Dieser Hyperparameter wurde aus den Daten mit Methoden geschätzt, die wir in Abschnitt 4 diskutieren und in Abschnitt 4.5.2 auf den Datensatz 2 anwenden werden. Der Parameter d der a-priori-Dichte (19) wurde gleich 10^4 gesetzt.

Wir vergleichen nun den approximativen Posterior-Mode-Filter mit einem Integrationsfilter mit $M_I = 10$ Stützstellen. Die beiden Charakteristika des Posterior-Mode-Filters und des Integrationsfilters sind für normalverteilte Filterdichten identisch. Unterschiede in den beiden Charakteristika bedeuten, daß die Gestalt der Filterdichte von der Normalverteilung abweicht. Zum Vergleich der beiden Filter wurden für jeden Zeitpunkt aus den beiden Charakteristika naive Schwankungsintervalle $S_{t|t}$,

$$S_{t|t} = [\hat{x}_{t|t} - 1.96 \cdot \sqrt{\hat{P}_{t|t}}, \hat{x}_{t|t} + 1.96 \cdot \sqrt{\hat{P}_{t|t}}],$$

ermittelt. Die Wahrscheinlichkeit, mit der $x_t|y^t$ in dieses Intervall fällt, beträgt 0.95, wenn die Filterdichte normalverteilt ist, ansonsten ist sie unbekannt. Durch Rücktransformation über $g^{-1}(\cdot)$ erhält man daraus ein naives Schwankungsintervall für den Erwartungswert $\mu_t|y^t$.

Abbildung 5 vergleicht diese Schwankungsintervalle für $\mu_t|y^t$ für beide Filter. Für die ersten 60 Beobachtungen sind die Intervalle nicht sehr verschieden. Der Posterior-Mode-Filter reagiert aber viel stärker auf die extreme Beobachtung bei $t = 61$ als der Integrationsfilter. Diese starke Reaktion des Posterior-Mode-Schätzers erklärt sich vermutlich aus der zu geringen Beobachtungsvarianz $0.909(\hat{x}_{60|60})^2$ der Normalverteilungsapproximation. Die Unterschiede zwischen den beiden Filtern nivellieren sich ab etwa $t = 85$.

Aussagen über den Verlauf des Erwartungswertes. Wir interessieren uns nun für Aussagen über den Verlauf des Erwartungswertes, um nach Strukturen in der Zeitreihe zu suchen. Unter Verwendung aller 122 Beobachtungswerte ermitteln wir nach dem Schema (11) für jeden Zeitpunkt $t = 121, 120, \ldots, 1$ die Glättungsdichten $p(x_t|y^{122})$ ausgehend von den Filterdichten. Als Approximation der Momente der Filterdichte wählen wir die Charakteristika des Integrationsfilters.

Abbildung 6 zeigt naive Schwankungsintervalle, die für jedes t aus der Glättungsdichte bestimmt wurden. Als grobe Klassifizierung erhalten wir, daß der Verlauf des Erwartungswertes im September fallend war, im Oktober leichten zyklischen Schwankungen unterlag, im November wieder auf einen höheren Level anstieg, der für den Rest des Jahres annähernd konstant blieb.

Abbildung 5: Datensatz 2 - Fallstudie 1
Naive Schwankungsintervalle für den Level $\mu_t|y^t$
(oben: Posterior-Mode-Filter, unten: Integrationsfilter)

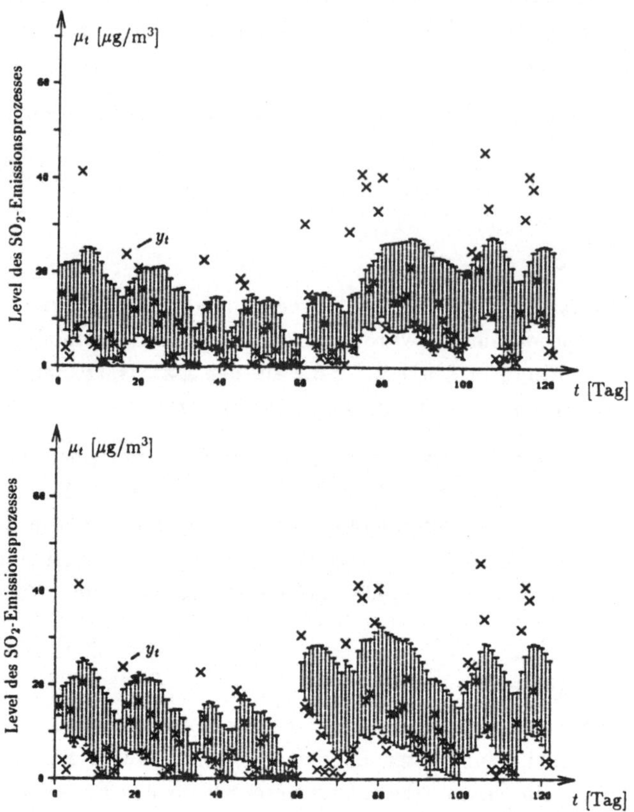

Abbildung 6: Datensatz 2 - Fallstudie 1
Naive Schwankungsintervalle für den Level $\mu_t|y^{122}$

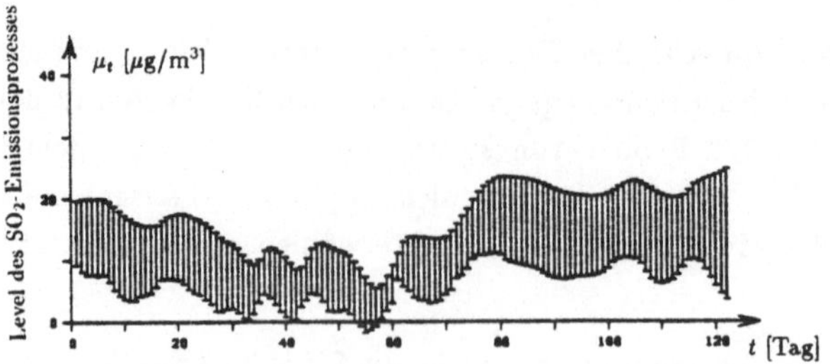

3.4 Vorhersagedichten

3.4.1 Allgemeine Bemerkungen

Für dynamische stochastische Modelle ist die Vorhersagedichte $p(y_s|y^t)$ von künftigen Werten y_s des Prozesses über das Integral

$$p(y_s|y^t) = \int p(y_s|x_s)p(x_s|y^t)dx_s \tag{20}$$

aus der Vorhersagedichte $p(x_s|y^t)$ künftiger Werte des Zustandsvektors $x_s|y^t$ bestimmbar. Die Vorsagedichte des Zustandsvektors $x_s|y^t$ erhält man aus der dynamischen stochastischen Gleichung, die die Veränderung des Zustandsvektors beschreibt:

$$\begin{aligned}
x_s &= F_s x_{s-1} + w_s, \quad w_s \sim N(0, Q_s) \Rightarrow \\
x_s &= F_{s|t} x_t + w_{s|t}, \quad w_{s|t} \sim N(0, Q_{s|t}), \quad s > t, \\
F_{s|t} &= F_s \cdot F_{s-1|t}, \quad F_{t|t} := I, \\
Q_{s|t} &= F_{s-1} Q_{s-1|t} F_{s-1}^{\mathrm{T}} + Q_s, \quad Q_{t|t} := 0.
\end{aligned} \tag{21}$$

Für normalverteilte Prozesse sieht man aus dieser Darstellung, daß die Vorhersagedichte $p(x_s|y^t)$ des Zustandsvektors x_s die Dichte einer Normalverteilung ist, deren Momente sequentiell aus den Momenten der Filterdichte $p(x_t|y^t)$ bestimmt werden können (siehe z.B. [32]):

$$\boxed{x_t|y^t \sim N(\hat{x}_{t|t}, P_{t|t}) \Rightarrow x_s|y^t \sim N(\hat{x}_{s|t}, P_{s|t})} \tag{22}$$
$$\begin{aligned}
\hat{x}_{s|t} &= F_s \hat{x}_{s-1|t}, \quad s = t+1, t+2, \ldots, \\
P_{s|t} &= F_s P_{s-1|t} F_s^{\mathrm{T}} + Q_s.
\end{aligned}$$

Für nicht-normalverteilte Prozesse ist die genaue Gestalt der Vorhersagedichte $p(x_s|y^t)$ nicht bekannt, da von der Filterdichte nur bestimmte Charakteristika ermittelt wurden. Eine approximative, normalverteilte Vorhersagedichte für den Zustandsvektor entsteht, wenn die Filterdichte durch eine Normalverteilung mit diesen Charakteristika approximiert und mit dem normalverteilten Fehlerterm $w_{s|t}$ in (21) überlagert wird. Die Momente dieser Vorhersagedichte werden nach demselben Schema (22) wie bei normalverteilten Prozessen berechnet.

Wenden wir uns nun der Vorhersagedichte zukünftiger Beobachtungen zu. Für normalverteilte Prozesse ist das Integral (20) analytisch lösbar, weshalb die Vorhersagedichte $p(y_s|y^t)$ zukünftiger Beobachtungen y_s die Dichte einer Normalverteilung ist, deren Momente mit den Momenten der Vorhersagedichte von $x_s|y^t$ linear zusammenhängen (z.B. [32]):

$$\boxed{x_s|y^t \sim N(\hat{x}_{s|t}, P_{s|t}) \Rightarrow y_s|y^t \sim N(\hat{y}_{s|t}, B_{s|t})} \tag{23}$$
$$\begin{aligned}
\hat{y}_{s|t} &= H_s \hat{x}_{s|t}, \\
B_{s|t} &= H_s P_{s|t} H_s^{\mathrm{T}} + R_s.
\end{aligned}$$

Für nicht-normalverteilte Prozesse kann das Integral (20) auch dann nicht analytisch berechnet werden, wenn für die Filterdichte $p(x_s|y^t)$ eine approximative Normalverteilung angenommen wird. Eine Reduktion der Dimension der Integration ist über die Transformation $\mu_s(x_s) =$

$g^{-1}(\boldsymbol{H}_s\boldsymbol{x}_s)$ möglich:

$$p(y_s|y^t) = \int p(y_s|\mu_s)p(\mu_s|y^t)d\mu_s. \tag{24}$$

μ_s besitzt eine Verteilung, von der nur die folgenden Momente bekannt sind:

$$E(g(\mu_s)|y^t) = \boldsymbol{H}_s\hat{\boldsymbol{x}}_{s|t} =: \lambda_{s|t}, \quad V(g(\mu_s)|y^t) = \boldsymbol{H}_s\boldsymbol{P}_{s|t}\boldsymbol{H}_s^{\mathrm{T}} =: \Lambda_{s|t}. \tag{25}$$

Eine Approximationsmethode ([32]) besteht nun in der Wahl einer Verteilung $p(\mu_s|y^t)$, die zur Likelihoodfunktion $p(y_s|\mu_s)$ konjugiert ist. Das Integral (24) ist dann analytisch berechenbar. Die Parameter dieser approximativen Verteilung werden so gewählt, daß die Momentengleichungen in (25) erfüllt sind. Für die Identitätstransformation $g(\mu) = \mu$ sind diese Gleichungen einfach zu lösen, für die meisten anderen Transformationen muß ein nichtlineares Gleichungssystem in den Parametern gelöst werden.

Eine anderer Weg besteht in einer Übertragung der Ideen aus [25] und [26] auf die Vorhersage von nicht-normalverteilten Prozessen. Wir werden diese Methode in Abschnitt 3.4.2 beschreiben. Abschnitt 3.5 enthält Fallstudien zum Vorhersageproblem für die beiden Datensätze 1 und 2.

3.4.2 Vorhersage von nicht-normalverteilten Prozessen

Die Vorhersagedichte wird durch eine Summe von Dichten der Familie der Beobachtungsverteilung approximiert:

$$p(y_s|y^t) = \sum_{i=1}^{M_V} p(y_s|\mu_s^{(i)})w_{s|t}^{(i)}, \qquad \sum_{i=1}^{M_V} w_{s|t}^{(i)} = 1. \tag{26}$$

Die einzelnen Dichten unterscheiden sich im Erwartungswert $\mu_s^{(i)}$. Die Erwartungswerte und die Gewichte ergeben sich aus einer eindimensionalen Gauß-Hermite-Integration von (24):

$$\mu_s^{(i)} = g^{-1}\left(m_s + \sqrt{2S_s}\tau^{(i)}\right), \qquad w_{s|t}^{(i)} = \frac{\omega^{(i)} \cdot p_N(g(\mu_s^{(i)}); \lambda_{s|t}, \Lambda_{s|t})}{\sqrt{\pi} \cdot p_N(g(\mu_s^{(i)}); m_s, S_s)}.$$

$\lambda_{s|t}$ und $\Lambda_{s|t}$ sind die Momente (25). m_s und S_s werden so gewählt, daß das Gitter in einen Bereich fällt, über dem sich der Integrand konzentriert. Bei festem Argument y_s ist der Integrand eine unnormierte a-posteriori-Dichte. Wendet man, ähnlich wie in Abschnitt 3.2.1, eine lokale Linearisierung an, so erhält man approximative Momente des Integranden, die als Transformationsparameter m_s und S_s gewählt werden:

$$m_s = \lambda_{s|t} + K_s(\lambda_{s|t})(y_s - g^{-1}(\lambda_{s|t})),$$

$$K_s(\lambda_{s|t}) = \frac{(g^{-1})'(\lambda_{s|t})\Lambda_{s|t}}{\phi v_s(g^{-1}(\lambda_{s|t})) + \Lambda_{s|t}},$$

$$S_s = \frac{\phi v_s(g^{-1}(\lambda_{s|t}))\Lambda_{s|t}}{\phi v_s(g^{-1}(\lambda_{s|t})) + \Lambda_{s|t}}.$$

Diese Approximation ergibt für $M_V = 2$ die exakte Vorhersagedichte, wenn der Prozeß normalverteilt ist. Der Transformationsparameter m_s hängt vom Argument y_s ab, an dem die

Tabelle 4: Datensatz 1 - Fallstudie 1
Prognoseintervalle für den mittleren Grundwasserspiegel

	1. Hyperparameter	2. Hyperparameter
$S^{0.95}_{1989\mid1988}$	[123.59, 124.60]	[123.59, 124.60]
$S^{0.95}_{1990\mid1988}$	[123.32, 124.93]	[123.33, 124.56]
$S^{0.95}_{1991\mid1988}$	[123.00, 125.32]	[123.09, 124.67]

Vorhersagedichte berechnet werden soll, weshalb sowohl die Stützstellen als auch die Integrationsgewichte von y_s abhängen und für jeden Funktionswert y_s neu berechnet werden müssen. Dieser Nachteil kann vermieden werden, wenn als Transformationsparameter $m_s = \lambda_{s\mid t}$ gewählt wird. Die Exaktheit für normalverteilte Prozesse geht dann allerdings verloren.

3.5 Fallstudien zur Vorhersage

3.5.1 Datensatz 1 - Fallstudie 1

Versuchen wir, aufbauend auf den Ergebnisses aus Abschnitt 3.3.1, vorherzusagen, welchen Wert der mittlere Grundwasserspiegel in den Jahren nach 1988 annehmen wird. Die ersten Momente der Vorhersagedichte $p(y_{1988+l}\mid y^{1988})$ können auf einfache Weise aus den ersten Momenten der Filterdichte $p(x_{1988}\mid y^{1988})$ ermittelt werden (siehe (22) und (23)):

$$\hat{y}_{1988+l\mid1988} = \hat{\mu}_{1988\mid1988} + l \cdot \hat{a}_{1988\mid1988}.$$

Für die zweiten Momente kann aus (22) und (23) folgende Darstellung der Varianz $B_{1988+l\mid1988}$ der Vorhersagedichte $p(y_{1988+l}\mid y^{1988})$ ableitet werden:

$$B_{1988+l\mid1988} = P_{1988\mid1988,11} + 2l \cdot P_{1988\mid1988,12} + l^2 \cdot P_{1988\mid1988,22} + \sum_{j=1}^{l} j^2 \cdot W + \cdot Q + R.$$

Aus der Vorhersagedichte lassen sich 95%-ige Prognoseintervalle $S^{0.95}_{s\mid t}$ ermitteln, deren Breite wesentlich von der Kovarianzmatrix der Filterdichte und vom gewählten Hyperparameter abhängt. Tabelle 4 enthält 95%-ige Prognoseintervalle für den mittleren Grundwasserspiegel in den Jahren 1989 – 1991 für beide Hyperparameter aus Abschnitt 3.3.1.

3.5.2 Datensatz 2 - Fallstudie 1

Betrachten wir für den Datensatz 2 folgendes Vorhersageproblem. Nehmen wir an, daß wir den SO_2-Emissionsprozeß bis zum Tag t über die Tagesmittelwerte beobachtet haben. Wie groß ist dann die Wahrscheinlichkeit, daß der Tagesmittelwert der Schadstoffemissionen am nächsten Tag $t + 1$ einen gewissen Schwellwert S überschreitet? Die Antwort ergibt sich unmittelbar aus der Einschrittvorhersagedichte:

$$P(y_{t+1} > S\mid y^t) = \int_0^S p(y_{t+1}\mid y^t)\, dy_{t+1}.$$

Abbildung 7: Datensatz 2 - Fallstudie 1
Prognosewahrscheinlichkeiten $P(y_{t+1} > 30|y^t)$

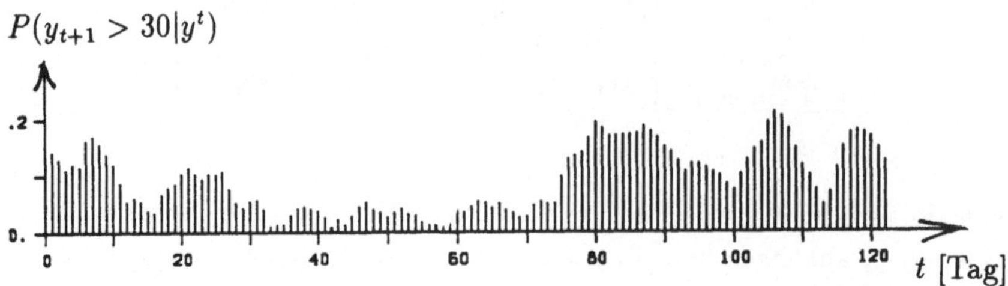

Tabelle 5: Datensatz 2- Prognosewahrscheinlichkeiten $P(y_{t+1} > 30|y^t)$
für die verschiedenen Fallstudien

t	6	16	27	44	50	63	75	80	100	106
Fallstudie 1	0.162	0.034	0.076	0.012	0.025	0.054	0.098	0.195	0.075	0.212
Fallstudie 2	0.159	0.037	0.076	0.016	0.027	0.052	0.094	0.204	0.076	0.213

Für einen festen Wert von y_{t+1} wird die Vorhersagedichte durch eine Summe von $M_V = 10$ Gamma-Dichten nach (26) approximiert, wobei $\lambda_{t+1|t}$ und $\Lambda_{t+1|t}$ aus den Momenten des Integrationsfilters aus Abschnitt 3.3.2 bestimmt werden:

$$\lambda_{t+1|t} = \hat{x}^I_{t|t}, \quad \Lambda_{t+1|t} = \hat{P}^I_{t|t} + Q.$$

Zur Demonstration wurden diese Wahrscheinlichkeiten für den Schwellwert $S = 30$ $\mu g/m^3$ für jeden Tag berechnet und in Abbildung 7 graphisch dargestellt. Tabelle 5 enthält numerische Ergebnisse für ausgewählte Tage.

4 Modelle mit unbekanntem Hyperparameter

4.1 Allgemeine Bemerkungen

Dynamische stochastische Modelle hängen im allgemeinen von einem Hyperparameter θ ab. Bei der Analyse der Grundwasserdaten in Abschnitt 3.3.1 wurde deutlich, daß der Hyperparameter erheblichen Einfluß auf die Gestalt der Filter-, Glättungs- und Vorhersagedichten, insbesondere auf deren Varianz, ausübt. Wir verwenden im weiteren die Bezeichnungen $p(x_t|\theta, y^t)$, $p(x_s|\theta, y^t)$ und $p(y_{t+l}|\theta, y^t)$ für diese Dichten, um die Abhängigkeit von θ sichtbar zu machen.

In der Praxis ist man mit dem Problem konfrontiert, wie der Hyperparameter zu wählen ist. Eine statistische Lösung dieses Problems besteht darin, θ ebenfalls aus der Zeitreihe zu schätzen (z.B.

[20]). Allerdings entsteht dabei ein nichtlineares Schätzproblem, bei dem die Filter-, Glättungs- und Vorhersagedichten auch für normalverteilte Prozesse die Gestalt der Normalverteilung verlieren. Diese Dichten sind von folgender Gestalt:

$$p(x_s|y^t) = \int p(x_s|\theta, y^t)p(\theta|y^t)d\theta, \tag{27}$$

$$p(y_s|y^t) = \int p(y_s|\theta, y^t)p(\theta|y^t)d\theta. \tag{28}$$

$p(\theta|y^t)$ ist die a-posteriori-Dichte von θ bei gegebenen Daten y^t. Diese Dichte ist wegen des Bayes'schen Theorems proportional zum Produkt der Likelihoodfunktion von θ gegeben die Daten und einer a-priori-Dichte $p(\theta|y^0)$ (z.B. [20]):

$$p(\theta|y^t) \propto L(\theta|y^t)p(\theta|y^0). \tag{29}$$

Der Wert der Likelihoodfunktion $L(\theta|y^t)$ kann für dynamische stochastische Modelle sequentiell berechnet werden (siehe Abschnitt 4.2). Die a-posteriori-Dichte von θ ist im allgemeinen keine Dichte einer bekannten Verteilungsfunktion, weshalb man aus (29) nur den Funktionswert der nicht-normierten a-posteriori-Dichte für einen festen Wert θ berechnen kann.

Das Analyseproblem kann vereinfacht werden, wenn für θ ein Schätzwert $\hat{\theta}$, z.B. der Maximum-Likelihood-Schätzer ([13]) oder der Modus der a-posteriori-Dichte eingesetzt wird. Diese Maxima können im allgemeinen nur auf numerischem Wege, etwa durch direkte numerische Maximierung der Likelihoodfunktion (z.B. [13]) oder mit Hilfe des iterativen EM-Algorthimus ([7]) gefunden werden.

Zur Ermittlung der Filter-, Glättungs- und Vorhersagedichten wird der unbekannte Parameter durch den Schätzwert ersetzt, womit das Problem auf die Ermittlung dieser Dichten für voll spezifierte Modelle reduziert wird (siehe Abschnitt 3):

$$p(x_s|y^t) \approx p(x_s|\hat{\theta}, y^t), \quad p(y_s|y^t) \approx p(y_s|\hat{\theta}, y^t).$$

Diese Vorgangsweise entspricht einer numerischen Integration von (27) und (28) mit einer Stützstelle in $\hat{\theta}$. Wenn die Dichte von $\theta|y^t$ nicht sehr konzentriert ist, wird diese Methode zu einer Unterschätzung der stochastischen Variation von $x_s|y^t$ und $y_s|y^t$ führen.

Eine Bayes'sche Lösung des Problems unbekannter Hyperparameter besteht in der Ermittlung der Filter-, Glättungs- und Vorhersagedichten unter Berücksichtigung der Unsicherheit in $\theta|y^t$. Dazu werden die exakten Dichten (27) und (28) durch Dichtesummen ersetzt (siehe Abschnitt 4.3). Diese Approximationsmethode wurde von [20] für normalverteilte Prozesse vorgeschlagen und von [14] Multi-Prozeß-Filter genannt. Die Erweiterung auf nicht-normalverteilte Prozesse ist offensichtlich.

Die Approximationseigenschaften des Multi-Prozeß-Filters hängen wesentlich von der Wahl einer guten Diskretisierung ab. Eine gute Diskretisierung liegt in einem Bereich, über dem sich die a-posteriori-Dichte $p(\theta|y^t)$ konzentriert. Eine solche Diskretisierung erhält man, wenn man die Hyperparameter $\theta^{(i)}$ aus der a-posteriori-Dichte $p(\theta|y^t)$ simuliert. Dazu ist es notwendig, zuerst die a-posteriori-Dichte $p(\theta|y^t)$ des Parameters θ zu ermitteln. Wir haben bereits erwähnt, daß diese Dichte keine geschlossene Form besitzt. Ähnlich wie der Suche des Maximum-Likelihood-Schätzers mittels des EM-Algorithmus kann diese Dichte durch ein iteratives Verfahren („Data-Augmentation", [31]) approximiert werden (Abschnitt 4.4). Abschnitt 4.5 enthält Fallstudien zu den beiden Datensätzen 1 und 2.

4.2 Berechnung der Likelihoodfunktion

Der Wert der Likelihoodfunktion $L(\theta|y^t)$ kann für dynamische stochastische Modelle sequentiell berechnet werden, indem jede Beobachtung y_j, $j = 1, \ldots, t$, in die Einschrittvorhersagedichte $p(y_j|\theta, y^{j-1})$ eingesetzt wird (z.B. [13]):

$$L(\theta|y^t) = \prod_{j=1}^{t} p(y_j|\theta, y^{j-1}) = L(\theta|y^{t-1})p(y_t|\theta, y^{t-1}).$$

Für normalverteilte Prozesse ist die Einschrittvorhersagedichte die Dichte einer Normalverteilung mit den Momenten $\hat{y}_{t|t-1}(\theta)$ und $B_{t|t-1}(\theta)$ – siehe (23) – und der Wert der Likelihoodfunktion einfach berechenbar.

Für nicht-normalverteilte Prozesse ist die Einschrittvorhersagedichte nicht analytisch berechenbar. Verwendet man den Filter auf Integrationsbasis, so erhält man *automatisch* den Beitrag $p(y_t|\theta, y^{t-1})$ der Beobachtung y_t zur Likelihoodfunktion, da dieser Wert mit der Integrationskonstanten $C_t(\theta)$ in (15) identisch ist, die durch $z_t(\theta)$ in (16) approximiert wird:

$$L(\theta|y^t) \approx \prod_{j=1}^{t} z_j(\theta). \tag{30}$$

4.3 Multi-Prozeß-Filter

Bei einem Multi-Prozeß-Filter ([20], [14]) werden die Dichten (27) und (28), die Mischungen aus unendlich vielen θ-bedingten Dichten sind, durch endliche Mischungen ersetzt:

$$p(x_s|y^t) \approx \sum_{i=1}^{M_H} p(x_s|\theta^{(i)}, y^t)w_t(\theta^{(i)}), \tag{31}$$

$$p(y_s|y^t) \approx \sum_{i=1}^{M_H} p(y_s|\theta^{(i)}, y^t)w_t(\theta^{(i)}). \tag{32}$$

Die Momente der bedingten Dichten $p(x_s|\theta^{(i)}, y^t)$ und $p(y_s|\theta^{(i)}, y^t)$ ergeben sich für jedes $\theta^{(i)}$ mit den in Abschnitt 3 beschriebenen Methoden. Die Daten werden parallel mit M_H Modellen beschrieben, die sich im Hyperparameter unterscheiden. Aufbauend auf Beobachtungen bis zum Zeitpunkt t bewertet der Multi-Prozeß-Filter die einzelnen Modelle mit Gewichten $w_t(\theta^{(i)})$, die zum Wert der a-posteriori-Dichte an der Stelle $\theta^{(i)}$ proportional und normiert sind:

$$w_t(\theta^{(i)}) \propto p(\theta^{(i)}|y^t), \quad w_t(\theta^{(i)}) = \frac{p(\theta^{(i)}|y^t)}{\sum_{j=1}^{M_H} p(\theta^{(j)}|y^t)}.$$

Für normalverteilte Prozesse erhält man aus (31) und (32) eine Approximation der Filter-, Glättungs- und Vorhersagedichten durch eine Summe von Normalverteilungen, da die $\theta^{(i)}$-bedingten Dichten Dichten einer Normalverteilung sind. Für nicht-normalverteilte Prozesse sind von $p(x_s|\theta^{(i)}, y^t)$ für jedes $\theta^{(i)}$ nur bestimmte Charakteristika bekannt. $p(x_s|y^t)$ kann ebenso wie bei normalverteilten Prozessen durch eine Summe von Normalverteilungen approximiert werden, wenn man die Momente der bedingten Dichten durch die Charakteristika des bedingten Filters ersetzt. Verwendet man zur Approximation der $\theta^{(i)}$-bedingten Vorhersagedichte die Dichtesummenapproximation (26) aus Abschnitt 3.4.2 mit M_V Dichten, so führt die Approximation (32) der Vorhersagedichte $p(y_s|y^t)$ auf eine Summe von $M_H \cdot M_V$ Dichten der Familie der Beobachtungsverteilung.

4.4 Data Augmentation

Wendet man die Resulte von [31] auf dynamische stochastische Modelle an, so läßt sich die a-posteriori-Dichte $p(\theta|y^t)$ des Hyperparameters als Fixpunktlösung einer Integralgleichung darstellen:

$$p(\theta|y^t) = \int \int p(\theta|x_0,\ldots,x_t,y^t)p(x_0,\ldots,x_t|\theta',y^t)p(\theta'|y^t)d\,x_0\ldots x_t d\,\theta'. \tag{33}$$

Die a-posteriori-Dichte wird iterativ aus (33) bestimmt: ausgehend von einer Approximation $g_{n-1}(\theta)$ verwendet man diese Gleichung, um die Approximation zu verbessern. Dieses Verfahren konvergiert unter gewissen Regularitätsbedingungen gegen die a-posteriori-Dichte des Hyperparameters. In [11] wurde bewiesen, daß diese Regularitätsbedingungen für eine ganze Klasse von dynamischen stochastischen Modellen für normalverteilte Prozesse, zu der auch das Steady-State-Modell und das dynamische Trendmodell gehören, erfüllt sind. Die praktische Implementierung erfordert die Anwendung von Monte-Carlo-Methoden. Für eine detaillierte Beschreibung dieses Verfahrens muß auf [11] verwiesen werden.

Zur Approximation der Filter-, Glättungs- und Vorhersagedichten werden M_H Hyperparameter aus der a-posteriori-Dichte $p(\theta|y^t)$ simuliert und ebenso wie beim Multi-Prozeß-Filter M_H Modelle mit verschiedenen Hyperparametern auf die Daten angewendet. Da es sich um eine Monte-Carlo-Integration von (27) und (28) handelt, sind die Gewichte anders als beim Multi-Prozeß-Filter zu wählen.

Die Glättungs- und Vorhersagedichten $p(x_s|y^t)$ und $p(y_s|y^t)$ sind Mischungen mit den Gewichten

$$w_t(\theta^{(i)}) = \frac{1}{M_H}. \tag{34}$$

Ist man an Dichten $p(x_s|y^l)$ und $p(y_s|y^l)$ mit $l \neq t$ interessiert, so muß man die Gewichte folgendermaßen korrigieren:

$$w_l(\theta^{(i)}) \propto \frac{p(\theta^{(i)}|y^l)}{p(\theta^{(i)}|y^t)}.$$

4.5 Fallstudien zum Problem unbekannter Hyperparameter

4.5.1 Datensatz 1 - Fallstudie 2

Wenden wir uns nun der Frage zu, wie der Hyperparameter $\theta = (\theta_1,\theta_2,\theta_3) = (Q,W,R)$ zu wählen ist, wenn das Modell 1 auf den Datensatz 1 angewendet wird. Dieses Problem wurde

Abbildung 8: Datensatz 1 - Fallstudie 2
Marginale a-posteriori-Dichten der Komponenten des Hyperparameters

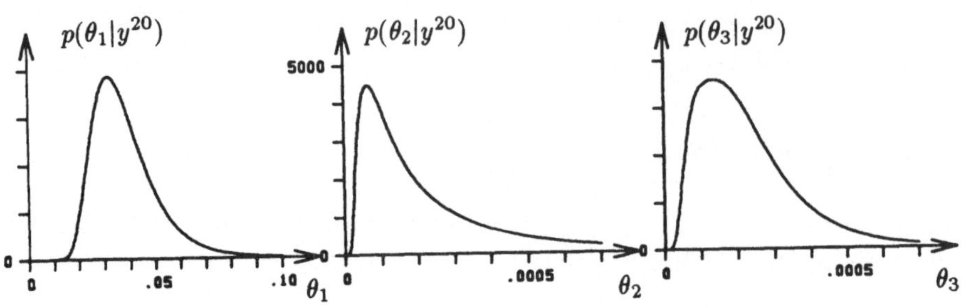

in [11] ausführlich behandelt. Aufbauend auf einer wenig informativen a-priori-Dichte wurde in [11] die a-posteriori-Dichte des Hyperparameters mit dem Data-Augmentation-Algorithmus (Abschnitt 4.4) approximiert. Als Startapproximation $g_0(\boldsymbol{\theta})$ wurde eine Dichte gewählt, deren Erwartungswert mit dem ersten Hyperparameter aus Fallstudie 3.3.1 identisch ist. Nach 40 Iterationen ergab sich eine Approximation, deren Randdichten in Abbildung 8 graphisch dargestellt sind.

Aus dieser Approximation wurden 100 Hyperparameter simuliert (siehe Abbildung 9) und ein Multi-Prozeß- Filter mit Monte-Carlo-Gewichten (34) zur Bestimmung der Glättungsdichten $p(\boldsymbol{x}_t|y^{1988})$ angewendet. Der zweite Hyperparameter aus Abschnitt 3.3.1 ist einer dieser Gitterpunkte.

Betrachten wir nun den Einfluß, den die Berücksichtigung der Unsicherheit in der Wahl der Hyperparameter auf Wahrscheinlichkeitsaussagen wie $P(a_t < 0|y^{1988})$ ausübt. Die Wahrscheinlichkeit $P(a_t < 0|y^{1988})$ ergibt sich wegen der Dichtesummenapproximation (31) mit den Monte-Carlo-Gewichten (34) als Mittelwert der $P(a_t < 0|\boldsymbol{\theta}^{(i)}, y^{1988})$, den Unterschreitungswahrscheinlichkeiten der $\boldsymbol{\theta}^{(i)}$-bedingten Glättungsdichten. Diese Wahrscheinlichkeit ist für jedes Jahr in Tabelle 3 den Ergebnissen aus Abschnitt 3.3.1 gegenübergestellt. Ein Vergleich mit dem zweiten Hyperparameter zeigt, daß sich diese Wahrscheinlichkeit nur um einige Prozent ändert.

4.5.2 Datensatz 2 - Fallstudie 2

Wie ist der Hyperparameter $\boldsymbol{\theta} = (Q, \alpha)$ zu wählen, wenn der Datensatz 2 mit dem Modell 2 analysiert wird? Da der Data-Augmentation-Algorithmus bisher theoretisch nur für normalverteilte Prozesse untersucht wurde, arbeiten wir beim Gamma-verteilten Prozeß der SO_2-Emissionen mit einem Multi-Prozeß-Filter, dessen Hyperparameter $(\boldsymbol{\theta})^{(i)}$ heuristisch ausgewählt wurden. Die Likelihoodfunktion ergibt sich für jeden Hyperparameter aus den Normierungskonstanten eines

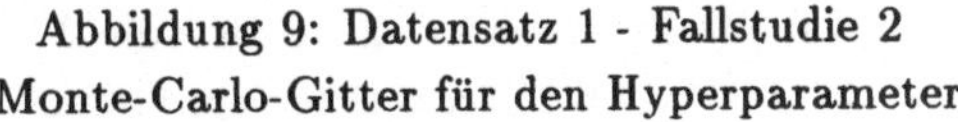

Abbildung 9: Datensatz 1 - Fallstudie 2
Monte-Carlo-Gitter für den Hyperparameter

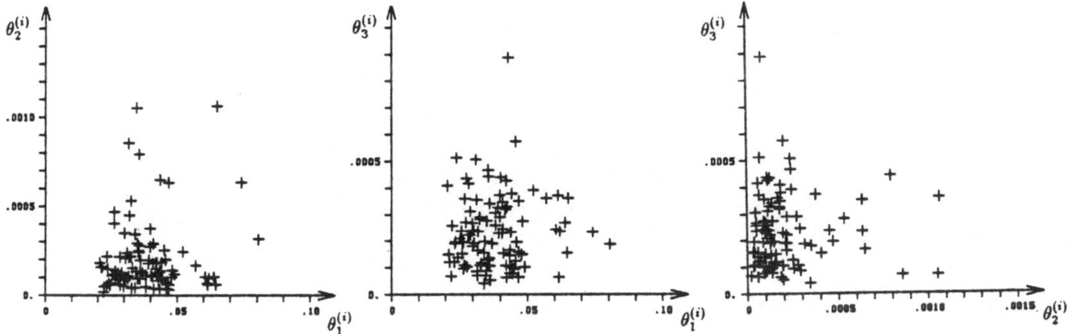

Tabelle 6: Datensatz 2 - Fallstudie 2
Multi-Prozeß-Filter mit grobem Gitter

$w_{122}(Q,\alpha)$	$Q = 0$	$Q = 1$	$Q = 5$	$Q = 10$
$\alpha = 1$	0.018	0.708	0.245	0.023
$\alpha = 2$	$< 10^{-6}$	$< 10^{-6}$	$< 10^{-6}$	$< 10^{-6}$
$\alpha = 5$	$< 10^{-6}$	$< 10^{-6}$	$< 10^{-6}$	$< 10^{-6}$

Integrationsfilter mit $M_I = 10$ Stützstellen nach (30).

Die Auswahl der Hyperparameter erfolgte zunächst nach einem groben Gitter (siehe Tabelle 6). In dieser Tabelle sind auch die a-posteriori-Gewichte $w_{122}((\boldsymbol{\theta})^{(i)})$ der einzelnen Hyperparameter eingetragen, die auf gleichverteilten a-priori-Gewichten und allen 122 Beobachtungswerten beruhen. Die Modelle mit der schiefsten Beobachtungsverteilung ($\alpha = 1$) erhalten die größten Gewichte. Wir verfeinern nun das Gitter auf 30 Hyperparameter. Die a-posteriori-Gewichte dieses Gitters, die wieder auf gleichverteilten a-priori-Gewichten und allen 122 Beobachtungswerten beruhen, sind in Tabelle 7 zusammengefaßt. Aus dieser Tabelle kann man erkennen, daß wir für die Fallstudie in Abschnitt 3.3.2 den Hyperparameter mit dem größten a-posteriori-Gewicht gewählt haben. Dieser Parameter ist eine grobe Näherung des Maximum-Likelihood-Schätzers.

Wenden wir uns nun dem Einfluß zu, den die Berücksichtigung der Unsicherheit in der Wahl der Hyperparameter auf die Wahrscheinlichkeitsaussagen beim Prognoseproblem aus Abschnitt 3.5.2 ausübt. Die Vorhersagedichte ist eine Gewichtung der $\boldsymbol{\theta}^{(i)}$-bedingten Vorhersagedichten. Diese gesuchte Wahrscheinlichkeit ergibt sich daher durch Gewichtung der $\boldsymbol{\theta}^{(i)}$-bedingten Wahrscheinlichkeiten:

$$P(y_{t+1} > S | y^t) \approx \sum_{i=1}^{M_H} w_t(\boldsymbol{\theta}^{(i)}) P(y_{t+1} > S | y^t, \boldsymbol{\theta}^{(i)}).$$

Tabelle 7: Datensatz 2 - Fallstudie 2
Multi-Prozeß-Filter mit feinem Gitter

$w_{122}(Q,\alpha)$	$Q=0.1$	$Q=0.5$	$Q=1$	$Q=2$	$Q=3$	$Q=4$	$Q=5$	$Q=6$	$Q=8$	$Q=10$
$\alpha=1$	$<10^{-3}$	0.005	0.020	0.049	0.069	0.072	0.055	0.032	0.011	0.004
$\alpha=1.11$	$<10^{-3}$	0.003	0.022	0.072	0.115	0.127	0.119	0.078	0.034	0.016
$\alpha=1.25$	$<10^{-3}$	$<10^{-3}$	0.004	0.007	0.016	0.028	0.010	0.010	0.009	0.010

Diese Wahrscheinlichkeiten werden in Tabelle 5 mit den Ergebnissen aus Fallstudie 3.5.2 für einzelne Zeitpunkte verglichen. Der Unterschied in den Werten beträgt nur einige Prozent.

5 Modelldiagnose

5.1 Allgemeine Bemerkungen

In diesem Abschnitt möchten wir kurz auf Methoden zur Modelldiagnose hinweisen. Betrachten wir zunächst vollspezifizierte Modelle für normalverteilte Prozesse. Zu jedem Zeitpunkt kann eine Einschrittvorhersage – charakterisiert durch die beiden ersten Momente $\hat{y}_{t|t-1}$ und $B_{t|t-1}$ der Vorhersagedichte $p(y_t|y^{t-1})$ (siehe (23)) – erstellt werden. Ein dynamisches stochastisches Modell für einen normalverteilten Prozeß wird überprüft, indem zu jedem Zeitpunkt die Vorhersagescores

$$e_t = \frac{y_t - \hat{y}_{t|t-1}}{\sqrt{B_{t|t-1}}} \tag{35}$$

berechnet werden (z.B. [21]). Die Vorhersagescores sind unabhängige Realisationen einer Standardnormalverteilung, wenn der Prozeß durch das gewählte Modell generiert wurde.

Für nicht-normalverteilte Prozesse sowie für Modelle mit unbekanntem Hyperparameter ist die Vorhersagedichte nicht normalverteilt. Vorhersagescores der Form (35) sind weder unabhängig noch normalverteilt. Eine Verallgemeinerung wurde von [24] vorgeschlagen, die darauf beruht, Scores der Unterschreitungswahrscheinlichkeiten (P-Scores) aus der Verteilungsfunktion der Einschrittvorhersagedichte $p(y_t|y^{t-1})$ abzuleiten:

$$u_t = \int_{-\infty}^{y_t} p(y|y^{t-1})d\,y \tag{36}$$

Die P-Scores sind unabhängige Realisationen einer [0,1]-Gleichverteilung, wenn der Prozeß durch das gewählte Modell generiert wurde ([24]). Für vollspezifizierte Modelle eines normalverteilten Prozesses hängen die P-Scores mit den Vorhersagescores (35) über $u_t = \Phi(e_t)$ zusammen. Für alle anderen Fälle ist die Berechnung der P-Scores aufwendiger. Für nicht-normalverteilte Prozesse verwenden wird die approximative Dichte (26) zur Berechnung der P-Scores. Für Modellen mit unbekanntem Hyperparameter wird die Dichtesummenapproximation (31) zur Approximation der P-Scores herangezogen.

Die Modelldiagnose besteht in der Analyse der P-Scores, etwa durch einen graphischen Vergleich ihrer empirischen Verteilungsfunktion mit der Verteilungsfunktion der Gleichverteilung. Eine

Abbildung 10: Empirische Verteilungsfunktion der P-Scores
aller Fallstudien dieser Arbeit

Datensatz 1

Datensatz 2

Fallstudie 1 (1. Hyperparameter)

Fallstudie 1 (Posterior Mode Filter)

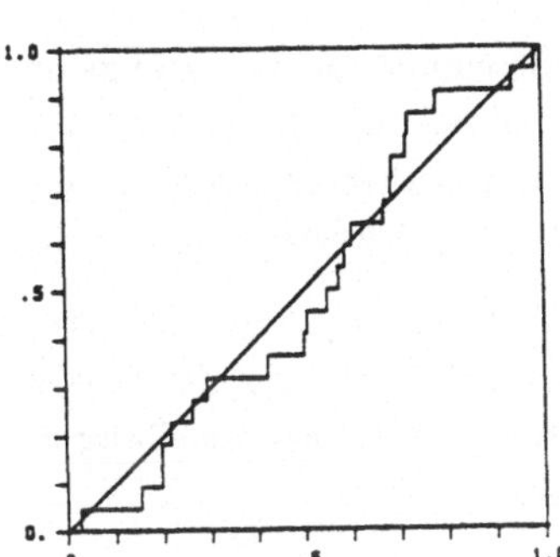

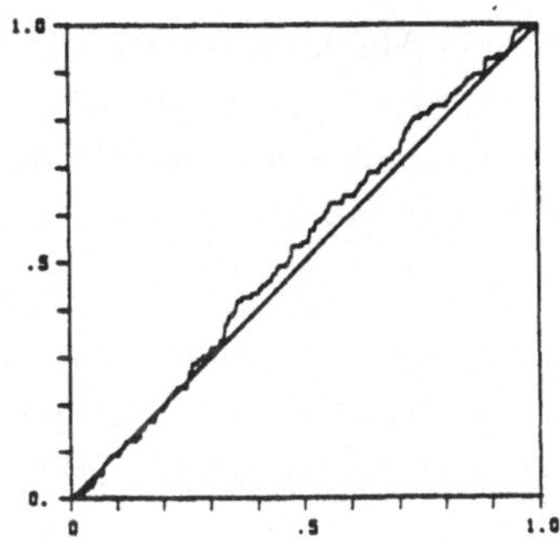

Fallstudie 1 (2. Hyperparameter)

Fallstudie 1 (Integrationsfilter)

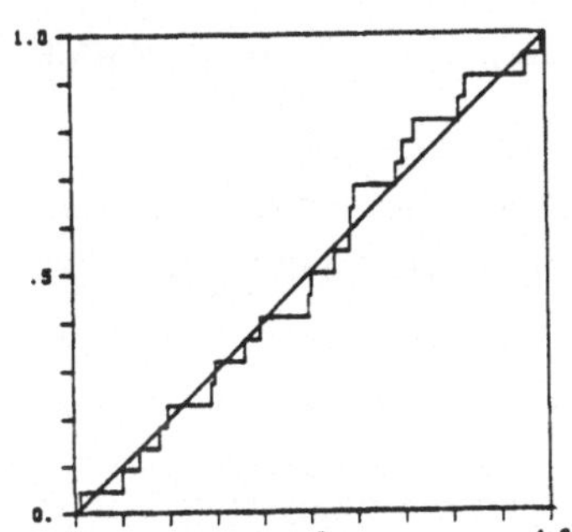

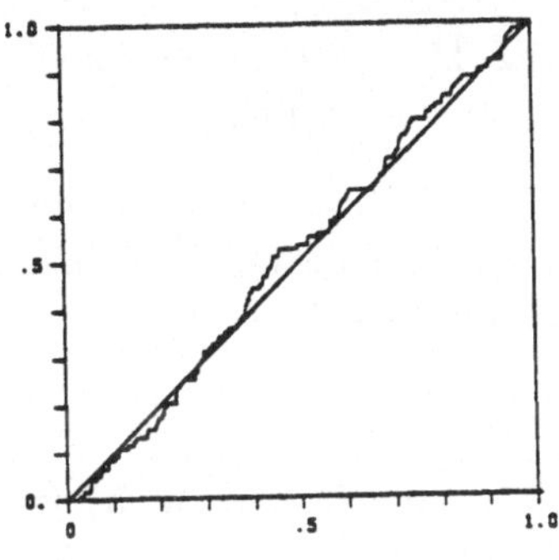

Fallstudie 2

Fallstudie 2

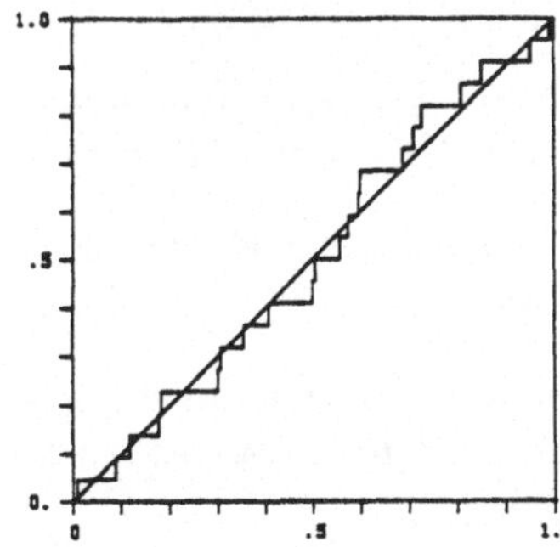

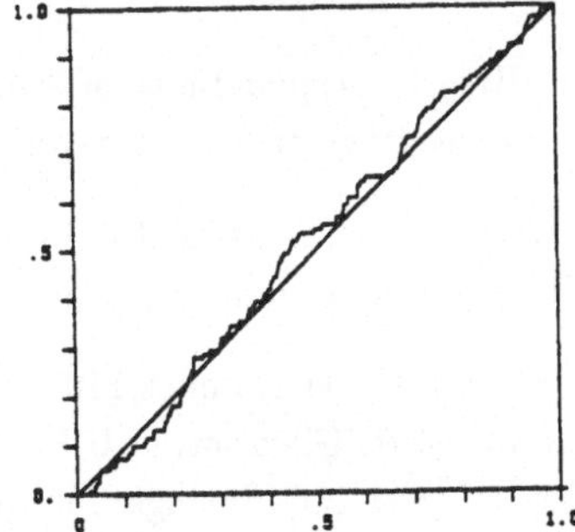

statistische Modellprüfung ist möglich, wenn man testet, ob die empirischen P-Scores bestimmte unter der Annahme der Gültigkeit des Modells theoretisch zu erwartende Eigenschaften besitzen (siehe z.B. [28]).

5.2 Modelldiagnose mittels P-Scores für die Fallstudien dieser Arbeit

Betrachten wir zum Abschluß unserer Ausführungen die empirische Verteilungsfunktion der P-Scores für die vier Fallstudien dieser Arbeit (siehe Abbildung 10). Bei keiner dieser Fallstudien ist aus diesen Diagrammen eine signifikante Abweichung zwischen der empirischen Verteilungsfunktion der P-Scores und der theoretisch zu erwartenden Gleichverteilung zu erkennen.

Bei Datensatz 1 ist allerdings offensichtlich, daß die Wahl von Hyperparametern, die aus den Daten geschätzt werden, die maximalen Abweichungen reduziert. Bei Datensatz 2 ist zu sehen, daß der Integrationsfilter Residuen produziert, deren empirische Verteilung näher an einer Gleichverteilung liegt, als die des Posterior-Mode-Filters.

Literatur

[1] Abramowitz, M. u. Stegun, I.: *Handbook of Mathematical Functions.* National Bureau of Standards, New York, 1970.

[2] Akaike, H.: Canonical Correlation Analysis of Time Series and the Use of an Information Criterion. In: R.K. Mehra u. D.G. Lainiotis (Hrsg.), *Advances and Case Studies in System Identification*, 27-96. Academic Press, New York, 1976.

[3] Anderson, B.O.D. u. Moore, J.B.: *Optimal Filtering.* Englewood Cliffs, Prentice Hall, 1979.

[4] Beck, M.B.: Water Quality Modeling – A Review of the Analysis of Uncertainty. *Water Resources Research*, 1983, **23**, 8, 1393-1442.

[5] Beck, M.B. u. Van Straten, G. (Hrsg.): *Uncertainty and Forecasting of Water Quality.* Springer, Heidelberg, 1983.

[6] Chiu, Ch. (Hrsg.): *Applications of Kalman-Filter to Hydrology, Hydraulics, and Water Resources.* Proceedings of AGU Chapman Conference. University of Pittsburgh, 1978.

[7] Dempster, A.P., Laird, N.M. u. Rubin, D.B.: Maximum Likelihood from Incomplete Data Via the EM Algorithm. *J. R. Stat. Soc.*, 1976, **B**, **39**, 1-38.

[8] Fahrmeir, L.: Extended Kalman-Filtering for Non-normal Longitudinal Data. In: A. Decarli, B.J. Francis, R. Gilchrist, G.U.H. Seeber (Hrsg.), *Statistical Modelling.* Lecture Notes in Statistics, **57**, 151-156. Springer, Berlin/ Heidelberg, 1989.

[9] Fahrmeir, L. u. Kaufmann, H.: On Kalman-Filtering, Posterior Mode Estimation and Fisher-Scoring in Dynamic Exponential Family Regression. *Metrika*, 1991, **38**, 37 - 60.

[10] Frühwirth-Schnatter, S.: Das Unbeoachtbare erfassen - Dynamische stochastische Modelle in den Umweltwissenschaften. In: R. Viertl (Hrsg.), *Beiträge zur Umweltstatistik*. Schriftenreihe der Technischen Universität Wien, wird voraussichtlich im Herbst 1991 erscheinen.

[11] Frühwirth-Schnatter, S.: Approximating Posterior Densities for Dynamic Linear Models with Unknown Hyperparameters. Beitrag zum 6th International Workshop on Statistical Modelling, Utrecht 1991, Preprint.

[12] Schilling, W. (Hrsg.): *Anwendungsmöglichkeiten des Kalman-Filter-Verfahrens in der Wasserwirtschaft*. VCH Verlagsgesellschaft, Weinheim/New York, 1987.

[13] Harvey, A.: Forecasting, Structural Time Series Models and the Kalman-Filter. University Press, Cambridge, 1989.

[14] Harrison, P.J. u. Stevens, C.F.: Bayesian Forecasting (with discussion). *J. R. Stat. Soc.*, 1976, **B, 38**, 205-247.

[15] Kalman, R.E.: A New Approach to Linear Filtering and Prediction Problems. *Trans. ASME, J.Basic Eng.*, 1960, **82**, 35-44.

[16] Kitagawa, G.: Non-Gaussian State Space Modelling of Nonstationary Time Series (with comments). *JASA*, 1987, **82**, 1032-1063.

[17] McCullagh, P. u. Nelder, J.A.: *Generalized Linear Models*. 2. Auflage. Chapman and Hall, London/New York, 1989.

[18] Naylor, J.C. u. Smith, A.F.M.: Application of a Method for the Efficient Computation of Posterior Distributions. *Applied Statistics*, 1982, **31**, 214-225.

[19] Crawford, M.M.: *Kalman Filters as an Enforcement Tool of the Air Quality Regulation*. Dissertation, University of Los Angelos, 1981.

[20] Magill, D.T.: Optimal Adaptive Estimation of Sampled Stochastic Processes. *IEEE-TAC*, 1965, **10**, 434-439.

[21] Mehra, R.K.: Aspects of Designing Kalman Filters. In: Ch. Chiu (Hrsg.), *Applications of Kalman-Filter to Hydrology, Hydraulics and Water Resources*, 89-114. Proceedings of AGU Chapman Conference. University of Pittsburgh, 1978.

[22] Smith, A.F.M. u. West, M.: Monitoring Renal Transplants: an Application of the Multiprocess Kalman Filter. *Biometrics*, 1983, **39**, 897-878.

[23] Smith, A.F.M., Skene, A.M., Shaw, J.E.H., Naylor, J.C., u. Dransfield, M.: The Implementation of the Bayesian Paradigma. *Communications in Statistics - Theory and Methods*, 1985, **14**, 1079-1102.

[24] Smith, J.Q.: *Diagnostic Check of Non-standard Time Series Models*. Warwick University, Research Report **61**, Department of Statistics, 1985.

[25] Schnatter, S.: Dynamische Bayes'sche Modelle und ihre Anwendung zur hydrologischen Kurzfristvorhersage. Unveröffentlichte Dissertation an der Technischen Universität Wien. Wien, 1988.

[26] Schnatter, S.: Bayesian Forecasting of Time Series using Gaussian Sum Approximations. In: J.M. Bernardo, M.H. DeGroot, D.V. Lindley u. A.F.M. Smith (Hrsg.), *Bayesian Statistics 3*, 757-764. University Press, Oxford, 1988.

[27] Schnatter, S.: Approximate Inference with a Dynamic Generalized Linear Trend Model. Preprint, zur Veröffentlichung in *Computational Statistics and Data Analysis* angenommen.

[28] Schneider,W.: *Der Kalmanfilter als Instrument zur Diagnose und Schätzung variabler Parameter in ökonometrischen Modellen.* Physica, Heidelberg/Wien, 1986.

[29] Schweppe, F.C.: Model Identification Problems. In: Ch. Chiu (Hrsg.), *Applications of Kalman-Filter to Hydrology, Hydraulics and Water Resources*, 115-133. Proceedings of AGU Chapman Conference. University of Pittsburgh, 1978.

[30] Sharefkin, M.: Reflections of an Ignorant Bayesian. In: M.B. Beck u. G. van Straten (Hrsg.), *Uncertainty and Forecasting of Water Quality*, 373-379. Springer, Heidelberg, 1983.

[31] Tanner, M. u. Wong, W.H.: The Calculation of Posterior Distributions by Data Augmentation. *JASA*, 1987, **83**, 398, 528–550.

[32] West, M. u. Harrison, P.J.: *Bayesian Forecasting and Dynamic Models.* Springer, New York/Heidelberg/Berlin, 1989.

[33] West, M., Harrison, P.J. u. Migon, H.S.: Dynamic Generalized Linear Models and Bayesian Forecasting. *JASA*, 1985, **80**, 389, 73-97.

Kalman Filter zur On-Line-Diskriminanz-Analyse von Verlaufskurven

Willi-Julius Stronegger

Institut für Biostatistik, Universität Innsbruck
Schöpfstrasse 41, A-6020 Innsbruck

ZUSAMMENFASSUNG. Bisher vorgeschlagene Methoden für die sequentielle Zuordnung bzw. Prognosestellung (z.B. bei Patienten) unter Verwendung wiederholter Messungen werden skizziert. Zur Beurteilung dieser Methoden wird das Zuordnungsproblem in einem allgemeinen parametrischen Rahmen formuliert. Es zeigt sich, daß ein Bayes'scher Zugang der natürlichste ist und die Diskriminanzfunktion auf einem Filtersystem basiert. Für die Verlaufskurven wird eine Modellklasse zugrundegelegt, welches den von Laird & Ware (1982) beschriebenen Modellen für Repeated Measurements verwandt ist. Es wird ein sequentieller Diskriminanzanalyse - Algorithmus entwickelt, der auf einem nichtlinearen (adaptiven) Filter für das Trainings - Sample und einer Kombination von zwei Kalman - Filtern für die Diskriminanzfunktion beruht. Schließlich analysieren wir ein biologisches Beispiel.

Schlüsselworte: Diskriminanzanalyse; Sequentielle Zuordnung; Kalman Filter; Adaptive Filter; Verlaufskurven; Repeated Measurements; Allgemeines gemischtes lineares Modell.

1. Einführung

Bei der klinischen Diagnosestellung von Krankheiten werden diese zumeist als statisches Geschehen behandelt. Dies führt dazu, daß aufgrund eines nur zu einem Zeitpunkt gewonnenen Merkmalvektors aus Laborparameterwerten eine Entscheidung über das Vorliegen der Erkrankung getroffen wird. Zumeist ist eine Erkrankung jedoch ein dynamischer Vorgang, weshalb durch die wiederholte Erfassung von Merkmalen die Möglichkeit gegeben ist, Information über die Dynamik des Krankheitsverlaufs mit in die Diagnosefindung einzubeziehen. Da die Diagnose als Grundlage oft dringender therapeutischer Maßnahmen dient, sollte zu jedem Zeitpunkt aufgrund der vorliegenden Messungen entschieden werden, ob ausreichende Evidenz für die Diagnosestellung vorhanden ist.

Eine strukturell gleichartige Problematik besteht in der Evaluierung einer bereits gesetzten therapeutischen Maßnahme hinsichtlich ihres Erfolges, wenn bei voraussichtlichem Mißerfolg eine rechtzeitige Absetzung starke Nebenwirkungen vermeiden hilft oder die Möglichkeit des Umsteigens auf eine effektivere Therapie eröffnet. Auch hier ist eine sequentielle Einschätzung der Evidenz des Therapieerfolges aufgrund akkumulierender Meßwerteinformation für eine frühzeitige Entscheidungsfindung essentiell.

Möchte man solche diagnostischen Entscheidungen mit quantitativen Methoden unterstützen, bieten sich Verfahren der Diskriminanzanalyse (DA) an. Klassische Verfahren der DA eigenen sich allerdings sowohl für sehr unterschiedliche Merkmale (gemischte Daten) als auch für die hier vorliegenden sehr ähnlichen Merkmale (niedrigdimensionale Parametrisierbarkeit der Merkmalsverteilung) nur schlecht. Zudem sind die Standardverfahren für die statische Zuordnung an einem einzigen Zeitpunkt ausgelegt, während wir sequentiell Information erfassen und ebenso sequentiell die Evidenz für die Gruppenzugehörigkeit beurteilen müssen.

Im Rest des Kapitels wird kurz die Problemstellung formalisiert sowie die Notation eingeführt, und im nächsten geben wir eine Übersicht über die Literatur und die vorgeschlagenen Lösungsansätze. In Kapitel 3 zeigt eine Untersuchung des allgemeinen parametrischen Lösungsansatzes, daß ein Filter das geeignete Schätzverfahren ist. Kapitel 4 führt den Kalman Filter ein. Im fünften Kapitel stellen wir eine Modellklasse für Verlaufskurven vor, für welche im folgenden Kapitel das Zuordnungsverfahren entwickelt wird. Kapitel 7 beschäftigt sich mit der Schätzung der nichtlinearen Gruppenparameter aus dem Trainingssample mittels adaptiver Filter. Schließlich erfolgt eine Anwendung auf ein biologisches Beispiel.

Formale Struktur des Problems

Ein Individuum (Patient etc.) gehört einer Gruppe g $(=1,2)$ an, es kann aber aufgrund **unvollständiger Information** nicht die eigentlich interessierende Gruppenzugehörigkeit (z.B. erkrankt/nicht erkrankt) erfaßt werden, sondern stattdessen nur ein Merkmalvektor $Y := (y_1, y_2, \ldots, y_n)$ aus n Merkmalen. Dieser besteht in unserer Aufgabenstellung aus einem Merkmaltyp (z.B. Laktatspiegel) von dem Messungen zu n Zeitpunkten vorliegen. Erfaßt werden die Werte sequentiell, d.h. zur Zeit t_j, $j = 1, \ldots, n$, ist die Information

$$y^j := (y_1, y_2, \ldots, y_j)$$

verfügbar. Gesucht ist zu jedem der Zeitpunkte t_j die Wahrscheinlichkeit (Evidenz)

$$q_{g|j} := P(G = g | y^j)$$

der Gruppenzugehörigkeit, sodaß sobald $q_{g|j}$ einen Grenzwert l_g (z.B. 0.95) ueberschreitet eine Zuordnung zu g vorgenommen werden kann.

Wir suchen daher einen Algorithmus zur Berechnung der $q_{g|j}$ aus den Daten y^j. Da dieser Information über den Zusammenhang zwischen Gruppenzugehörigkeit G und Merkmalsausprägung Y in Form einer gemeinsamen Verteilung $P(G, Y)$ benötigt, muessen wir auch ein Verfahren zur Schätzung dieser Verteilung aufgrund eines **Trainingssamples** bereitstellen. Dieses Sample bestehe aus der Population Π

$$\Pi = \{(G_i, Y_i)\} \qquad Y_i := (y_{i1}, \ldots, y_{in_i}) \qquad i = 1, \ldots, m$$

mit m Individuen. Π zerfällt durch die Ausprägung von G in die Teilpopulationen Π_g von der Größe m_g, $m = m_1 + m_2$.

Zur Schätzung von $P(G, Y)$ ist es sinnvoll, diese Verteilung entweder in

$$P(G|Y)\,P(Y) \qquad oder \qquad P(Y|G)\,P(G)$$

zu faktorisieren. Der erste Fall führt zur logistischen DA, bei welcher direkt $P(G|Y)$ geschätzt wird, der zweite zur klassischen Sichtweise des Diskriminanzproblems, bei welcher $P(Y|G = g)$ parametrisch aus den Daten der Population Π_g geschätzt wird und sich unter Verwendung des Bayes'schen Theorems die Klassifikationswahrscheinlichkeiten ergeben.

Der „logistische" Ansatz ist zur Modellierung unserer Situation nur sehr schlecht geeignet, z.B. muessen die Meßzeitpunkte sowohl bei den Personen des Trainingssamples als auch beim zu klassifizierenden Individuum gleich sein. Dementsprechend wurde er bisher noch nicht vorgeschlagen und wir werden in dieser Arbeit die flexibleren Möglichkeiten des zweiten Ansatzes untersuchen. Der Vollständigkeit halber sei erwähnt, daß in einer verwandten Problemstellung, bei welcher neben dem Merkmalvektor auch die Gruppenzugehörigkeit G zeitabhängig ist, von Albert et al. (1984) eine logistische Regression vorgeschlagen wurde.

Im zweiten Ansatz wird die Gruppenverteilung $p(y_1, \ldots, y_n | G)$ in den in der Literatur beschriebenen Diskriminanzanalysemodellen durch ein parametrisches Modell mit einem Parametervektor Θ beschrieben. Dies geschieht zumeist derart, daß der Verteilungsunterschied zwischen den Gruppen nur durch eine Veränderung im Parameter Θ eingeht. D.h.

$$p(y^n | G = g) = p(y^n | \Theta^{(g)}). \tag{1-1}$$

Zum Beispiel bei linearer DA: $\Theta|_{G=g} = (\mu^{(g)}, \Sigma)$ mit Gruppenmittel $\mu^{(g)}$ und der für beide Gruppen gemeinsamen („gepoolten") Varianz - Kovarianzmatrix Σ.

Die Parameter derartiger Modelle charakterisieren die ganze Gruppe, sind aber für das einzelne Individuum ohne direkte Interpretation. Zeger (1988) spricht von „population - averaged models", welchen er die die Heterogenität zwischen den Individuen berücksichtigenden „subject - specific models" gegenüberstellt. Zu den letzteren gehören z.B. die gemischten linearen Modelle. Wenn das Verhalten der einzelnen Verlaufskurve anstatt das der ganzen Gruppe von Interesse ist, sind subject - specific models die geeigneten. Gerade dies ist im Diskriminanzproblem der Fall, da auf der Grundlage der Charakteristika einer einzelnen Kurve die Entscheidung über die Zugehörigkeit des Individuums zu einer Gruppe getroffen werden soll.

In subject - specific models gibt es anstatt des festen Gruppenparameters $\Theta^{(g)}$ einen Parameter Θ mit gruppenabhängiger Verteilung $p(\Theta | G = g)$, z.B. wenn Θ zufällige Effekte oder Fehlerterme mit Zeitreihenverhalten beinhält. Die Bayes'sche Modellierung ist somit ein natürlicher und auch umfassender Rahmen, da fixe Gruppenparameter (Effekte) mittels singulärer Varianz weiterhin behandelbar sind.

Da in der Bayes'schen Modellierung Θ eine Größe mit Verteilung ist, können wir für obige Bedingung (1) auch sagen, daß y^n von G bedingt unabhängig ist bei gegebenem Parameter Θ:

$$(y_1, \ldots, y_n) \,\|\, G \,|\, \Theta. \tag{1-2}$$

Diese Bedingung ist für die folgenden Modelle immer erfüllt, jedoch keineswegs eine Voraussetzung für den Einsatz der vorgeschlagenen Filterverfahren.

Wir beschränken uns in der Arbeit auf **skalare** Einzelmeßwerte y_j , da die Erweiterung auf vektorwertige ohne grundsätzlich neue Methoden möglich ist.

2. Bisherige Lösungsansätze

Das Problem der Verlaufskurven - Klassifikation bzw. Diskrimination in einer **nicht-sequentiellen**, d.h. klassisch-statischen Problemstellung, wurde u.a. von Lee (1977) (von einem Bayes'schen Standpunkt) untersucht, Nagel & deWaal (1979) erweiterten neben Leung (1980) die Resultate. Lee (1982) gibt im Handbook of Statistics, Vol. 2, eine Übersicht. Weiters analysiert Christl (1976) Verlaufskurven nichtsequentiell mit Regressionsansätzen. Grossmann (1985) diskriminiert Verlaufskurven nichtparametrisch unter Verwendung von Splines. Diese Arbeiten sind eine Vorform der sequentiellen Ansätze in dem Sinn, daß von ihnen Ideen der Modellbildung übernommen worden sind. Sie sind jedoch nicht von unmittelbarem Interesse für uns.

Obwohl es über die Analyse von Zeitreihendaten eine unüberblickbare Literaturmenge gibt, wurde der unserer Problemstellung verwandten On-Line-Zeitreihen-DA eher wenig Aufmerksamkeit gewidmet. Aufgrund des Bedarfs in der Praxis widmeten sich Techniker und Biosignalverarbeiter einer ähnlichen Fragestellung (dem Problem des „Signal detection") vor allem mit der Methode des Hypothesentestens (Signal vorhanden / nicht vorhanden), aber kaum in einem diskriminanzanalytischen Zugang, bei welchem aus Trainingssamples Vorinformation geschätzt wird. Einen sehr umfassenden Überblick über bisherige Zeitreihen-DA in verschiedensten Bereichen gibt Shumway (1982) im Handbook of Statistics, Vol. 2. Zu unterscheiden sind Methoden im Zeitbereich (die im wesentlichen auf der klassischen DA beruhen) und Methoden im Frequenzbereich. Zeitreihen-DA-Verfahren scheiden für die DA von Verlaufskurven aber oft aus, da einerseits nur jene Zeitreihenmodelle geeignet sind, welche ohnehin auch in den Verlaufskurvenmodellen enthalten sind, und andererseits zuwenige Meßpunkte für eine Zeitreihenanalyse zur Verfügung stehen (erst recht im On-Line-Betrieb!), insbesondere für Frequenzbereichsmethoden. Unsere Daten sind Repeated Measurements nach der Charakterisierung von Diggle (1990, S. 134) als *relatively short non - stationary time series*, in welchen die Erwartungswerte $E[y_i(t_{ij})]$ von direktem Interesse sind.

Datenstruktur und Zielsetzung der Analyse passen nur sehr schlecht in die Zeitreihenanalyse.

Im Bereich der von uns behandelten sequentiellen DA erschienen etwa ein Dutzend Arbeiten. Die dabei eingeschlagenen Zugänge lassen sich in vier Kategorien einteilen, welche im folgenden kurz charakterisiert werden.

(1) Unstrukturierte Modellierung

Die Beobachtungen y^n werden hier nicht mit einem fix- und niedrigdimensionalen Vektor Θ parametrisiert, sondern es ist $\Theta = \Theta(n)$, d.h. die Dimension wächst mit der Anzahl der Beobachtungen. Zumeist enthält $\Theta(n)$ die Mittelwerte und Varianzen/Kovarianzen der Messungen. Die einfachste Möglichkeit besteht darin, n Diskriminanzfunktionen $D_k(y^j)$ für die jeweils ersten j Beobachtungen y^j zu berechnen. Ein Vergleich dieser Vorgangsweise mit besseren Strategien wurde von Browdy (1978) sowie Browdy & Chang (1982) durchgeführt. Der Vorteil des Verfahrens besteht in der unmittelbaren Verwendbarkeit bestehender Programmpakete. Von den Nachteilen seien erwähnt, daß bei kleinem j die Information im Trainingssample nur schlecht genutzt wird, bei großem j die Leistungsfähigkeit wegen der hohen Parameterzahl zu leiden beginnt. Verschiedene Meßzeitabstände bei verschiedenen Individuen sind nicht behandelbar.

Zu den echt sequentiellen Versionen der unstrukturierten Modellierung gehört ein „momentaner Index", der zu jedem Zeitpunkt t_j aufgrund der letzten Messung y_j eine Zuordnung vornimmt. Wegen des großen Einflusses der intraindividuellen Streuung und des Verzichts auf frühere Information handelt es sich um eine sehr schlechte Lösung. Als Abhilfe wurden schon früh (Afifi et al., 1971) durch einen „akkumulierten Index" die Informationen aus den verfügbaren Messungen y^j zusammengefaßt. Auch der SPRT (ab Wald, 1947) für unabhängige Beobachtungen kann hier eingeordnet werden.

Eine neuere Erweiterung dieses Zugangs stellt Albert (1983) vor. Er behandelt die (multivariaten) Messungen y_j als unkorreliert und berechnet für jeden Meßzeitpunkt eine eine eigene Diskriminanzfunktion (DF), welche er zu einer akkumulierten DF vom Startzeitpunkt bis zum laufenden Zeitpunkt zusammensetzt. Durch lineare Interpolation der Kurven zwischen den Meßzeitpunkten erhält er die akkum. DF auch für beliebige Zeitpunkte im Intervall $[t_1, t_n]$. Durch Verzicht auf die Modellierung der Kovarianzstruktur und Annahme einer zeithomogenen Varianz kann die Parameterzahl erheblich reduziert werden, bleibt aber wegen. der Mittelwertparameter für große

j dennoch hoch. Die hohe Parametrisierung des Mittelwertverlaufs bringt allerdings den Vorteil der unmittelbaren Anwendbarkeit auf beliebige Kurvenverläufe. Trotzdem erscheint der Verzicht auf eine niedrigdimensionale Parametrisierung und die Voraussetzung der unkorrelierten Messungen mit stationärer Varianz gerade bei Verlaufskurven ein schlechter Kompromiß für eine sequentielle Form der Zuordnung.

(2) Strukturierte Modellierung mit Gruppenparameter („population - averaged models")

In diesem für die statische Situation von Lee (1977, 1982) sowie Christl (1976) vorgeschlagenen und von Ulm (1984) auf unsere dynamische Situation erweiterten Ansatz wird die Verteilung $p(y^n|\Theta)$ der y^n durch einen von der Anzahl n der Meßzeitpunkte unabhängigen gruppenspezifischen Vektor $\Theta^{(g)}$ parametrisiert. $\Theta^{(g)}$ wird aus der Population Π_g geschätzt und in die Modelle $p(y^j|\Theta^{(g)})$ für die y^j eingesetzt. Aus diesen können leicht (z.B. Fisher'sche) Diskriminanzfunktionen $D_j^\Theta(y^j)$ für beliebiges j berechnet werden. Selbst für kleine $j = 1, 2, 3, \ldots$ kann dann die Zuordnung sofort erfolgen, da am zu klassifizierenden Individuum keine Schätzung durchzuführen ist. Zudem ist schon ab $j = 1$ die gesamte Information aus dem Trainingssample über $\Theta^{(g)}$ in der DF enthalten.

Als eine Schwäche des Modells muß gesehen werden, daß es bloß einen Gruppenparameter enthält, während für Scharen von Verlaufskurven die Modellierung unter Einbeziehung individuumspezifischer Parameter, d.h. zufälliger Effekte, als geeigneter erkannt wurde. Diese Idee liegt dem folgenden Ansatz zugrunde:

(3) Strukturierte Modellierung mit individuellem Parameter („subject - specific models")

Im Gegensatz zu Punkt (2) wird hier der Verlauf jeder einzelnen Kurve durch ein Regressionsmodell mit fix-dimensionalem Parametervektor Θ_i (i-te Kurve, $i = 1, \ldots, m$) beschrieben. So erhält man für jede Gruppe eine andere Verteilung der Θ_i, für welche dann eine Diskriminanzfunktion im Parameterraum entwickelt wird. In diesem von Azen & Afifi (1972a,b), Azen, Garcia-Pena & Afifi (1975), Browdy & Chang (1982) und Christl (1976) untersuchten Ansatz wird somit zuerst ein Beobachtungsraum mit wachsender Dimension durch Regression auf einen zeitkonstanten Raum transformiert und dann eine Diskrimination mit einem Standardverfahren durchgeführt. Ein Vorteil ist die Verwendbarkeit von Standardsoftware, ein Problem die (möglichst rekursive) Schätzung des Verlaufs am zuzuordnenden Individuum, da diese schon bei sehr wenig

Zeitpunkten möglich sein und Vorinformation vom Trainingssample einbeziehen sollte. Die Einbeziehung individueller Variation bringt also vorerst Nachteile, welche bei Gruppenparametern nicht vorhanden sind. Daß auch diese zu umgehen sind, wird sich in unserem Vorgehen zeigen.

(4) Rekursive Modellierung mittels Filter

Im nächsten Kapitel wird sich folgendes zeigen: Ein sequentielles Zurodnungsverfahren unter Verwendung von Filter-Schätzern ergibt sich zwangsläufig bei Zugrundelegung eines allgemeinen gemischten Modells (general mixed model), auf welchem implizit auch Ansatz (3) beruht. Zudem sind damit die erwähnten Nachteile der vorigen Ansätze alle behoben, jedoch auf Kosten einer einfachen Implementierung mittels Standard-Statistiksoftware.

Diese Idee wurde für unser Problem bisher nur von Welch (1987) behandelt, der in seiner Dissertation die DA von Zeitreihen mittels Kalman-Filterung untersucht. Die Problemstellung entspricht der unseren und es ist die einzige Arbeit, in welcher der gleiche Lösungsweg eingeschlagen wurde. Jedoch entwickelte Welch seinen Algorithmus für ein lineares Zustandsraummodell, das nicht der von uns für Verlaufskurven gewählten Modellierung entspricht. Weiters ist die Arbeit insofern nicht direkt anwendbar, als das wichtige Problem der Parameterschätzung aus dem Trainingssample nicht behandelt wird.

3. Sequentielle Diskriminanzfunktion

Ziel dieses Abschnitts ist es, im sequentiellen Diskriminanzproblem einen allgemeinen Ausdruck für die Berechnung der a-posteriori Gruppenzugehoerigkeitswahrscheinlichkeit $q_{g|j} = P(G = g|y^j)$, $j = 1, \ldots, n$, nach dem Vorliegen der jeweils ersten j Beobachtungen zu erhalten.

Soll auch hier eine Entscheidungsregel wie im statischen Fall entwickelt werden, so muß neben den beiden Zuordnungsbereichen für die zwei Gruppen auch noch ein „Fortsetzungsbereich" eingeführt werden, welcher die Auswertung des Meßwerts des folgenden Zeitpunkts verlangt. Eine solche Zuordnungsregel wird aus der Vorgabe von Grenzwahrscheinlichkeiten l_g für die Zuordnung in eine der beiden Gruppen angegeben werden.

Bezeichnet $q_g := P(G = g)$ die a-priori Wahrscheinlichkeit der Gruppenzugehoerigkeit, so berechnen sich die a-posteriori Wahrscheinlichkeiten gemäß dem Satz von Bayes nach

$$q_{1|j} = \frac{1}{1 + \frac{q_2}{q_1} e^{-D_j}} \qquad (3\text{-}1)$$

wobei

$$D_j := D_j(y^j) := \ln \frac{p(y^j|G = 1)}{p(y^j|G = 2)} \qquad (3\text{-}2)$$

die sogenannte **Diskriminanzfunktion** bezeichnet.

Wir sehen, daß für jeden Zeitpunkt eine Diskriminanzfunktion $D_k(y^j)$ berechnet werden muß, insgesamt also n. Für die sequentielle On-Line-Berechnung ist es besonders bei wachsendem j wünschenswert oder notwendig, daß D_j nicht wieder alle früheren $j - 1$ Meßwerte zusätzlich zu y_j verarbeiten muß, welche ja bereits in D_{j-1} eingegangen sind. Formal formuliert bedeutet dies, daß eine Statistik $u_j(y^j) \in \mathbb{R}^r$ mit fixer Dimension r gewünscht ist, welche sich rekursiv aus einer Transformation T_j mit

$$u_j = T_j[y_j, u_{j-1}] \qquad (3\text{-}3)$$

berechnen läßt und auf welche $D_j(y^j)$ zurückgeführt werden kann:

$$D_j(y^j) = f[u_j(y^j)] \qquad (3\text{-}4)$$

Die Existenz einer solchen Statistik ist nur für bestimmte Modelle gegeben (siehe z.B. Ferrante und Runggaldier, 1990), günstigerweise auch in unserer Anwendung der allgemeinen gemischten linearen Modelle.

Als Ausgangspunkt für eine rekursive Form der DF zerlegen wir D_j mit Hilfe der „prediction error decomposition" in eine Summe von bedingten Diskriminanzfunktionen d_j :

$$D_j = \sum_{s=1}^{j} \ln \frac{p(y_s|y^{s-1}, G = 1)}{p(y_s|y^{s-1}, G = 2)} = \sum_{s=1}^{j} d_s = d_j + D_{j-1} \qquad (3\text{-}5)$$

Die auftretenden **Prädiktivdichten** $p(y_s|y^{s-1}, G)$ besitzen unter Einbeziehung der Parametrisierung die Darstellung

$$p(y_s|y^{s-1}, G) = \int_{\Theta} p(y_s|y^{s-1}, G, \Theta) \, p(\Theta|y^{s-1}, G) \, d\Theta. \qquad (3\text{-}6)$$

Zumeist gilt wegen der bedingten Unabhängigkeitsrelation (Kap. 1):

$$p(y_s|y^{s-1}, G, \Theta) = p(y_s|y^{s-1}, \Theta). \tag{3-7}$$

Diese Dichten sind dem parametrischen Modell für die y^n zu entnehmen, während das nun ersichtlich gewordene Schätzproblem in der Berechnung von $p(\Theta|y^{s-1}, G = g)$ für g=1 und g=2, $s = 1, \ldots, j$, besteht.

Ab dieser Stelle wollen wir berücksichtigen, daß der Parametervektor Θ in den meisten Modellen in einen allgemeinen Teilparameter b sowie in meßzeitpunktspezifische Teilparameter c_j, welche nur die Verteilung von y_j parametrisieren, zerfällt:

$$\Theta = (x_1, \ldots, x_n) \qquad mit \qquad x_j := (c_j, b). \tag{3-8}$$

Letztere Bedingung bedeutet formal, daß

$$p(y_j|y^{j-1}, \Theta, G) = p(y_j|y^{j-1}, x_j, G) \tag{3-9}$$

gilt, wobei die $p(y_j|x_j, y^{j-1}, G)$ als **Beobachtungsdichten** bezeichnet werden und durch das Modell spezifiziert sind. Die als **Zustandsvektoren** bezeichneten x_j enthalten einen zeitpunktspezifischen ersten Teilvektor c_j und einen „zeitkonstanten" zweiten Teilvektor b. (Formal kann natürlich immer $x_j = b = \Theta$ gesetzt werden.) Es ist nunmehr möglich, in der Integralzerlegung der Prädiktivdichte über $x_1, \ldots, x_{j-1}, x_{j+1}, \ldots, x_n$ auszuintegrieren, sodaß als Schätzaufgabe nur mehr die Berechnung von $p(x_j|y^{j-1}, G)$, $j = 1, \ldots, n$, durchzuführen ist.

Wir machen jetzt die Annahme, daß die Verteilung des Parameters Θ entsprechend einem Markoff-Prozeß faktorisiert und nur eingeschränkt von „zukünftigen" Beobachtungen y_j abhängt:

$$p(x_1, \ldots, x_n|y^n, G) = \prod_{j=1}^{n} p(x_j|x_{j-1}, y^n, G) = \prod_{j=1}^{n} p(x_j|x_{j-1}, y^{j-1}, G), \tag{3-10}$$

d.h. die Verteilung $p(\Theta|y^n, G)$ ist durch die sogenannten **Transitionsdichten**

$$p(x_j|x_{j-1}, y^{j-1}, G), \tag{3-11}$$

welche aus dem zugrundeliegenden Modell gewonnen werden, vollständig bestimmt. Diese Annahme ist keineswegs einschränkend, da sie für die meisten interessierenden

Modelle erfüllt ist und ansonsten oft durch Erweiterung des Zustandsvektors ein Markoff'sches Verhalten leicht erhalten wird. Der große Vorteil dieser Voraussetzung besteht darin, daß unser Schätzproblem, d.i. die rekursive Berechnung der $p(x_k|y^j, G)$, zu einem **Filterproblem** geworden ist und somit Verfahren der stochastischen Filtertheorie einsetzbar sind.

Ein Filter durchläuft für jede neue Beobachtung y_j folgenden Zyklus (von Zeitpunkt t_{j-1} auf t_j) von „Filterdichten":

$$p(x_{j-1}|y^{j-1}, G) \xrightarrow{\ evolut.\ } p(x_j|y^{j-1}, G) \xrightarrow{\ predict.\ } p(y_j|y^{j-1}, G) \xrightarrow{\ update\ } p(x_j|y^j, G)$$

Im dritten Schritt innerhalb des Zyklus erhält man also die benötigte Prädiktivdichte. Ebenso ist ersichtlich, daß jede Gruppe einen eigenen Filter braucht.

Der **prediction step** erfolgt nach obenstehender Integralgleichung unter Verwendung der Beobachtungsdichte $p(y_j|y^{j-1}, x_j, G)$, für den **evolution step** kann man sich überlegen:

$$p(x_j|y^{j-1}, G) = \int_{X_{j-1}} p(x_j|y^{j-1}, x_{j-1}, G)\, p(x_{j-1}|y^{j-1}, G)\, dx_{j-1} \qquad (3\text{--}12)$$

und wegen der Markoff-Eigenschaft der x_j reicht für diesen Schritt die Verwendung der Transitionsdichte $p(x_j|x_{j-1}, y^{j-1}, G)$.

Beobachtungs- und Transitionsdichtefamilie

$$p(y_j|x_j, y^{j-1}, G) \quad und \quad p(x_j|x_{j-1}, y^{j-1}, G) \quad j = 1, \dots, n$$

zusammen beschreiben das parametrische Modell für die Gruppendaten $(y^n|G)$. Es lassen sich damit viele statistische Modelle formulieren, wir werden später eine Modifikation eines gemischten Modells mit autokorrelierten Fehlern in diese Form bringen. Der bedingte Term y^{j-1} in beiden Dichtefamilien ist in vielen Modellen nicht vorhanden, ebenso nicht im klassischen Kalman-Filter, sodaß wir auf ihn zukünftig ebenso verzichten werden.

Multivariat-normalverteilte Gruppendaten $(y^n|G)$ sind flexibel durch normalverteilte Beobachtungs- und Transitionsdichten mit linearer Abhängigkeit der Erwartungswerte vom bedingten Zustand x_j modellierbar. Diese Modelle werden als

Gauß'sche lineare Zustandsraummodelle (linear state space models)

bezeichnet und finden in den letzten Jahren verstärkt in der Zeitreihenanalyse Anwendung, während sie ursprünglich vor allem in Systemtheorie und Technik verbreitet waren (Steuer- und Regelungstechnik, Signalverarbeitung). Es sind dann natürlich auch die Prädiktivdichten normalverteilt. Bezeichnet $\hat{y}_{j|j-1}^{(g)}$ deren Erwartungswert („Prädiktion") und $s_j^{2(g)}$ deren Varianz, so können wegen

$$-2\ln p(y_j|y^{j-1},G) = \ln(2\pi s_j^{2(g)}) + \frac{(y_j - \hat{y}_{j|j-1}^{(g)})^2}{s_j^{2(g)}} \tag{3-13}$$

die bedingten Diskriminanzfunktionen d_j dargestellt werden als

$$d_j = -\frac{1}{2}\ln\frac{s_j^{2(g=1)}}{s_j^{2(g=2)}} - \frac{1}{2}\left[\frac{(y_j - \hat{y}_{j|j-1}^{(g=1)})^2}{s_j^{2(g=1)}} - \frac{(y_j - \hat{y}_{j|j-1}^{(g=2)})^2}{s_j^{2(g=2)}}\right]. \tag{3-14}$$

Somit ist

$$d_j = d_j[y_j, \hat{y}_{j|j-1}^{(g=1)}, s_j^{2(g=1)}, \hat{y}_{j|j-1}^{(g=2)}, s_j^{2(g=2)}]. \tag{3-15}$$

Zur rekursiven Berechnung der $(\hat{y}_{j|j-1}^{(g)}, s_j^{2(g)})$ bietet sich bei zugrundeliegendem linearen Zustandsraummodell der im folgenden Kapitel vorgestellte „Kalman Filter" an.

4. Kalman Filter

Kalman (1960) zeigte, daß die bei einem Gauß'schen linearen Zustandsraummodell entstehenden Dichten im Filterzyklus (siehe voriges Kapitel) bei normalverteilter Startdichte wiederum normalverteilt sind. Folglich kann der Filterzyklus für diese Dichten auf einen Zyklus für deren erste und zweite Momente zurückgeführt werden. Mit den Bezeichnungen für die Erwartungswerte und Varianzen entsprechend den Dichten im Zyklus des vorigen Kapitels ergibt sich somit:

$$\hat{x}_{j-1|j-1}^{(g)} \xrightarrow{\text{evolution}} \hat{x}_{j|j-1}^{(g)} \xrightarrow{\text{prediction}} \hat{y}_{j|j-1}^{(g)} \xrightarrow{\text{update}} \hat{x}_{j|j}^{(g)}$$

$$P_{j-1|j-1}^{(g)} \xrightarrow{\text{evolution}} P_{j|j-1}^{(g)} \xrightarrow{\text{prediction}} S_j^{(g)} \xrightarrow{\text{update}} P_{j|j}^{(g)}$$

(In diesem Kapitel betrachten wir nur einen Filter, lassen also im restlichen Teil den Index (g) weg.)

Mit anderen Worten kann auch gesagt werden, daß

$$u_j := (\hat{x}_{j|j}, P_{j|j})$$

eine suffiziente Statistik fixer Dimension für die Schätzung $p(x_j|y^j)$ darstellt.

Wir wollen nun folgendes **lineare Zustandsraummodell** mit (auch vektoriellen) Ausgangswerten y_j und Zustandsvektoren x_j den weiteren Entwicklungen zugrundelegen:

$$y_j = H_j x_j + H_j^u u_j + H_j^v v_j \qquad j = 1, \ldots, n \quad (\textit{Beobachtungsgleichung}) \qquad (4\text{--}1)$$

$$x_j = F_j x_{j-1} + F_j^u u_j + F_j^w w_j \qquad j = 2, \ldots, n \quad (\textit{Transitionsgleichung}) \qquad (4\text{--}2)$$

$$x_1 \sim N(\hat{x}_{1|0}, P_{1|0}) \qquad v_j \sim N(0, V_j) \qquad w_j \sim N(0, W_j) \qquad (4\text{--}3)$$

Zusätzlich sind die stochastischen Vektoren v_j, w_j, $j = 1, \ldots, n$, und x_1 als voneinander unabhängig vorausgesetzt.

Unter den v_j bzw. w_j kann man sich Beobachtungsfehler (Meßrauschen) bzw. Übergangsfehler (Signalrauschen) vorstellen. Die

$$(H_j, H_j^u, H_j^v, F_j, F_j^u, F_j^w, V_j, W_j, P_{1|0})$$

sind **bekannte** deterministische Matrizen geeigneter Dimension, u_j eine bekannte Eingangsgröße. Die inhaltliche Bedeutung dieser Größen hängt stark vom Kontext (Systemtheorie, Signalverarbeitung, Zeitreihenanalyse etc.) ab und wird sich in unserem Kontext später von selbst ergeben. Falls sie (wie oft in Anwendungen und auch in unserer Trainings-Sample Schätzung) unbekannte Elemente enthalten, kann der Kalman Filter nicht ohne weiteres verwendet werden. Man muß dann auf sogenannte *adaptive Filter*, die auf dem Kalman Filter aufbauen, zurückgreifen.

Kurz gesagt ist die Idee der Zustandsraumdarstellung die Zurückführung eines beobachteten (nicht Markoff'schen) Prozesses $(y_j)_j$ auf einen Markoff-Prozeß $(x_j)_j$ und letztlich auf einen unkorrelierten Prozeß $(v_j, w_j)_j$ („weißes Rauschen"). Von „Darstellung" spricht man, weil es sich um eine Repräsentation des allgemeineren Konzepts eines *Stochastischen Dynamischen Systems* handelt (siehe z.B. van Schuppen, 1979). In einem anderen Kontext wird $(y_j, x_j)_j$ auch als „partiell observabler Prozeß" bezeichnet.

Für das obige Zustandsraummodell geben wir jetzt den Kalman-Filteralgorithmus an, wobei die Definitionen und Bedeutungen der verwendeten Größen die folgenden sind:

$\hat{x}_{j|s} := E(x_j|y^s)$ ...Erwartungswert der Posterioriverteilung von x_j bei bekanntem y^s.

$\hat{x}_{j|s}$ heißt für

$j > s$: Prognoselösung, Vorhersage von x_j ,

$j = s$: Filterlösung, Schätzung von x_j ,

$j < s$: Glättungslösung.

$\tilde{x}_{j|s} := x_j - \hat{x}_{j|s}$ ...Schätzfehler.

$P_{j|s} := cov(x_j|y^s)$ ...Kovarianzmatrix der Posterioriverteilung von x_j .
(Sie ist beim Kalman Filter gleich der Kovarianzmatrix des Schätzfehlers $\tilde{x}_{j|s}$.)

$\hat{y}_{j|s} := E(y_j|y^s)$ ...Prognose für y_j bei bekannter Information y^s .

$\tilde{y}_j := y_j - \hat{y}_{j|j-1}$ ...Prognosefehler (Bildet eine **Innovationsfolge**).

$S_j := cov(y_j|y^{j-1})$ ...Kovarianzmatrix der Prognosedichte.
(=Kovarianzmatrix von $\tilde{y}_j$).

Zyklus des Kalman Filters:

Initialisierung:

Erfolgt mit $\hat{x}_{1|0}$ und zugehöriger Varianz $P_{1|0}$ oder $\hat{x}_{0|0}$ und $P_{0|0}$. Im ersten Fall folgt der Inferenzschritt, im zweiten der Evolutionsschritt.

Evolutionsschritt: $\quad j-1|j-1 \longrightarrow j|j-1$

(a) für Systemzustand:

$$\hat{x}_{j|j-1} = F_j\hat{x}_{j-1|j-1} + F_j^u u_j \qquad (mean-evolution) \qquad (4\text{-}4)$$

$$P_{j|j-1} = F_j P_{j-1|j-1}F_j' + F_j^w W_j F_j^{w\prime} \qquad (variance-evolution) \qquad (4\text{-}5)$$

(b) für Prognose:

$$\hat{y}_{j|j-1} = H_j\hat{x}_{j|j-1} + H_j^u u_j \qquad (4\text{-}6)$$

$$S_j = H_j P_{j|j-1} H_j' + H_j^v V_j H_j^{v'} \qquad (4\text{-}7)$$

3. Inferenzschritt: $\qquad j|j-1 \longrightarrow j|j$

$$\hat{x}_{j|j} = \hat{x}_{j|j-1} + K_j(y_j - \hat{y}_{j|j-1}) \qquad (mean \quad update) \qquad (4\text{-}8)$$

$$P_{j|j} = P_{j|j-1} - K_j H_j P_{j|j-1} \qquad (variance \quad update) \qquad (4\text{-}9)$$

mit der sogenannten **Kalmanfiltermatrix (Kalmangain)**

$$K_j = P_{j|j-1} H_j' S_j^{-1} \qquad (Kalmangain) \qquad (4\text{-}10)$$

Eigenschaften der Innovationen $\tilde{y}_j$:

$$E(\tilde{y}_j) = 0 \qquad (4\text{-}11)$$

$$E(\tilde{y}_j . \tilde{y}_s') = \delta_{js} . S_j \qquad (4\text{-}12)$$

Im Kalmanfilteralgorithmus ist die Gleichung für das Varianz- Update als numerisch problematisch erkannt worden (cf. Maybeck, 1979). Eine als „**Joseph - Form**" bekannte algebraische Umformung sichert die Symmetrie sowie die positive Definitheit der Varianzmatrix $P_{j|j}$ besser, jedoch auf Kosten des Berechnungsaufwandes:

$$P_{j|j} = [I - K_j H_j]\, P_{j|j-1}[I - K_j H_j]' + K_j H_j^v V_j H_j^{v'} K_j' \qquad (4\text{-}13)$$

(I steht für die Einheitsmatrix.)

Eine gute Einführung in die lineare Filtertheorie sind die Bücher von Anderson und Moore (1979) oder Maybeck (1979, 1982), aus welchen weitere Details bezüglich des Kalman Filters entnommen werden können.

5. Modell für Verlaufskurven

Zu den typischen Merkmalen der Verlaufskurvendaten gehören:

* Variierende Zeitintervalle zwischen den Meßzeitpunkten, die auch von Individuum zu Individuum verschieden sind.

* Fehlende Werte bzw. unterschiedlich lange Meßreihen bei verschiedenen Individuen. (Das ist ein Spezialfall des vorigen Punktes.)

* Serielle Korrelation bei aufeinanderfolgenden Messungen, oft mit abnehmender Korrelation bei zunehmendem zeitlichen Abstand.

* Instationäres Verhalten im Mittelwertverlauf und in der Kovarianzstruktur, da die Kurven fast immer an einem Zeitpunkt einer wesentlichen Veränderung beginnen (Krankheitsbeginn, Therapiebeginn etc.).

* Die Streuung setzt sich zusammen aus einem Teil von innerhalb des Individuums (intraindividuelle Varianz) und einer Streuung zwischen den Individuen (interindividuelle Varianz).

Das folgende Bild (Fig. 1) zeigt charakteristische Verlaufskurven (Onkogenverlauf bei Patienten mit chronisch-myeloischer Leukämie):

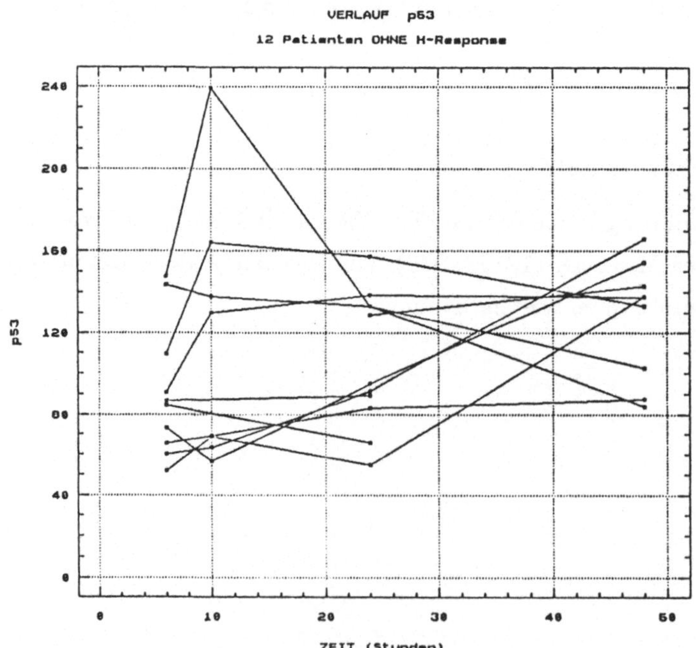

Unter Berücksichtigung obiger Merkmale und allgemeiner Gesichtspunkte, wie sie z.B. von Diggle (1988) angesprochen werden, wollen wir kurz auf die Frage eingehen, welche Eigenschaften Modelle für Verlaufskurven aufweisen und welchen Anforderungen sie genügen sollten.

(1) Die Modellierung des mittleren Verlaufs sollte ausreichend flexibel möglich sein, um vielfältigen Kurvenformen und Instationaritäten gerecht zu werden.

(2) Die Kovarianzstruktur innerhalb eines Verlaufs sollte flexibel, aber doch sparsam (mit wenigen Parametern) spezifizierbar sein. Auch wenn die Struktur nicht selbst von Interesse ist, kann Überparametrisierung zu ineffizienter Schätzung führen (siehe z.B. Altham, 1984). Zudem sollte dabei in einem gewissen Ausmaß auch eventuell vorhandenes instationäres Varianzverhalten berücksichtigbar sein.

(3) Irregulär variierende Zeitspannen zwischen den Meßzeitpunkten sowie missing values (wie z.B. auch die bei realen Daten häufigen vorzeitig abbrechenden Verläufe) sollten in Modell und Analyse Berücksichtigung finden.

(4) Außer der Streuung im Verlauf der Werte am einzelnen Individuum sollte auch der Streuung zwischen den Individuen Rechnung getragen werden („subject-specific models").

(5) Auch Anforderungen hinsichtlich des nachfolgenden Ziels der sequentiellen Zuordnung können sinnvoll sein, z.B. ist die zeitrekursive Darstellbarkeit des Modells von Vorteil.

Modellgleichungen

Das folgende aus den bisherigen Überlegungen entstandene Modell für sequentielle Messungen enthält sowohl Verlaufskurvenmodelle als auch Repeated-Measures Modelle als Spezialfälle. Es ist ein **allgemeines lineares gemischtes Modell** und entspricht dem (in der Fehlerkovarianzmatrix) etwas allgemeineren **Zweistufen-Modell** von Laird und Ware (1982), welches auf Ideen von Harville (1977) zurückgeht. Weiters ist es wegen der zwei Stufen auch der Klasse der **hierarchischen Modelle** zuzuordnen.

Die Grundbestandteile sind ein Term für den mittleren Verlauf („Gruppenmittel") mit Gruppenparameter $\alpha^{(g)}$, ein Term für die Streuung zwischen den Individuen mit Individuumparametervektor b_i, sowie zwei skalare Terme v_{ij} und c_{ij} für die Streuung innerhalb eines Individuums. Der erste dieser beiden Terme modelliert unabhängige, identisch verteilte Fehler (mit Parameter σ^2), der zweite einen autokorrelierten Fehler mit eventuell instationärer Varianz. Eine Einbeziehung dieser drei Varianzquellen in die Modellierung wird auch von Diggle (1988) vorgeschlagen.

Die im Modell verwendeten Indizes bedeuten:

$g \in \{1, 2\}$ Gruppenindex,

$i = 1, \dots, m_g$ Individuen, $m := m_1 + m_2$,

t_{ij}, $j = 1, \dots, n_i$ Zeitpunkte des i-ten Individuums, $\mathbf{t}_i := (t_{i1}, \dots, t_{in_i})$.

$\tau_{ij} := t_{ij} - t_{ij-1}$, $j = 2, \dots, n_i$, $\tau_{i1} = 0$, Zeitabstände.

Die Bestandteile des Modells sind:

$X_i(\mathbf{t}_i)$ eine bekannte $n_i \times p$ - Design Matrix mit Zeilen

$$X_i(t_{ij}) = (X_{i1}(t_{ij}), \dots, X_{ip}(t_{ij}))$$

für **fixe Effekte** mit dem unbekannten Gruppenparameter $\alpha^{(g)} = (\alpha_1^{(g)}, \dots, \alpha_p^{(g)})'$.

$Z_i(\mathbf{t}_i)$ eine bekannte $n_i \times q$ - Design Matrix mit Zeilen

$$Z_i(t_{ij}) = (Z_{i1}(t_{ij}), \dots, Z_{iq}(t_{ij}))$$

für **zufällige Effekte** mit dem unbekannten Individuumparameter $b_i = (b_{i1}, \dots, b_{iq})'$. Diese sind über die Population verteilt nach $b_i \sim N_q(0, \sigma_g^2 B^{(g)})$.

$e_i = (e_{i1}, \dots, e_{in_i})'$ ein Fehlerterm mit Verteilung im i-ten Individuum nach $e_i \sim N_{n_i}(0, \sigma_g^2 W_i^{(g)})$, wobei die Kovarianzmatrix (im Gegensatz zum Laird & Ware Modell) eine spezielle Struktur mit vier Parametern σ_g^2, ρ_g, ω_g^2 und Stationaritäts-Koeffizient κ_g aufweist: $\sigma_g^2 W_i^{(g)} = \omega_g^2 \, \Omega_i(\rho_g, \kappa_g, \mathbf{t}_i) + \sigma_g^2 I_n$, mit $n_i \times n_i$ - Matrix $\Omega_i(\rho, \kappa, \mathbf{t}_i)$.

$y_i^{(g)} = (y_i^{(g)}(t_{i1}), \dots, y_i^{(g)}(t_{in_i}))'$ bezeichnet die Meßwerte am i-ten Individuum aus Gruppe g.

<u>Modellgleichung (in Matrixform)</u>: $i = 1, \dots, m_g$, $g = 1, 2$.

$$\boxed{y_i^{(g)} = X_i(\mathbf{t}_i)\, \alpha^{(g)} + Z_i(\mathbf{t}_i)\, b_i + e_i} \tag{5-1}$$

Modelle dieser Struktur sind wie erwähnt als **two-stage linear models** bekannt und *perhaps the most satisfying, and sometimes the most satisfactory, approach to repeated measurements, at least from the regression modelling point of view...* (Crowder and Hand, 1990). Als erste Stufe bezeichnet man das Modell bei festem b_i, die zweite ist die Variation der b_i über die Population.

<u>Modellgleichungen (ausgeschrieben)</u> : $i = 1, \ldots, m_g$, $j = 1, \ldots, n_i$, $g = 1, 2$.

$$y_i^{(g)}(t_{ij}) = X_i(t_{ij})\alpha^{(g)} + Z_i(t_{ij})b_i + c_{ij} + v_{ij} \qquad (5\text{-}2)$$

$$c_{ij} = \rho_g^{\tau_{ij}} c_{ij-1} + w_{ij} \qquad c_{i1} \sim N(0, \kappa_g \omega_g^2) \qquad \rho_g \in [0, 1) \qquad (5\text{-}3)$$

$$b_i \sim N_q(0, \sigma_g^2 B^{(g)}) \quad v_{ij} \sim N(0, \sigma_g^2) \quad w_{ij} \sim N(0, \omega_g^2[1 - \rho_g^{2\tau_{ij}}]) \qquad (5\text{-}4)$$

Aus diesen Gleichungen läßt sich nun die zuerst offen gelassene Varianz - Kovarianzstruktur, d.i. Ω_i , berechnen (für den Spezialfall $\kappa = 1$ siehe z.B. Morrison, 1967, S. 296). Für die Varianzen der c_{ij} ergibt sich:

$$var(c_{ij}) = \omega_g^2[1 + (\kappa_g - 1)\rho_g^{2t_{ij}}] \qquad (5\text{-}5)$$

Bei $\kappa = 1$ erhalten wir somit stationäre Varianz, für $\kappa > 1$ eine monoton fallende und für $\kappa < 1$ eine monoton steigende Varianzfolge. Man beachte, daß unser κ über eine bijektive Transformation $\kappa = (1 - \rho^2)/(1 - \kappa_{Geary}\rho^2)$ gerade dem Nichtstationaritäts-Parameter κ_{Geary} von Geary (1989) entspricht. Geary verallgemeinerte durch Einführung dieses Parameters das Modell von Wilson, Hebel und Sherwin (1981), welches stationäre Varianz aufweist, sowie jenes von Mansour, Nordheim und Rutledge (1985), welches wachsende Varianz besitzt. Während bei Geary (1989) der Parameter κ_{Geary} etwas künstlich eingeführt erscheint, ist bei unserem κ die Bedeutung als Abweichung der Startvarianz von der stationären Varianz ω^2 klar ersichtlich.

Unser Modell besitzt als Gruppenparameter den Vektor

$$\Theta^{(g)} := (\alpha^{(g)}, \theta^{(g)}) := (\alpha^{(g)}, \sigma_g^2, B^{(g)}, \omega_g^2, \rho_g, \kappa_g),$$

der sich aus dem linearen Parameter $\alpha^{(g)}$ der fixen Effekte und dem nichtlinearen Varianzparameter $\theta^{(g)}$ zusammensetzt. Mit Verfahren zu seiner Schätzung beschäftigen wir uns im übernächsten Kapitel.

Am einzelnen Individuum i ist auch die Realisierung der individuellen Zufallsvektoren (c_{ij}, b_i) , $j = 1, \ldots, n_i$, zukünftig bezeichnet mit β_{ij} , als ein Parameter anzusehen. Die Linearität dieses Parameters ermöglicht gerade den On-Line-Einsatz des „einfachen" Kalman Filters in der Diskriminanzfunktion.

Die ersten (mit p Parametern) bzw. zweiten (mit $4 + \frac{q}{2}(q + 1)$ Parametern) Momente der Verteilung der $y_i^{(g)}$ ergeben sich in unserem Modell zu:

$$\mu_i^{(g)} := E(y_i^{(g)}) = X_i(t_i)\alpha^{(g)} \qquad bzw. \qquad (5\text{-}6)$$

$$\Sigma_i^{(g)} := cov(y_i^{(g)}) = \sigma_g^2 Z_i(t_i) B^{(g)} Z_i(t_i)' + \sigma_g^2 I_{n_i} + \omega_g^2 \Omega_i(\rho_g, \kappa_g, t_i). \qquad (5\text{-}7)$$

6. Filter für die Diskriminanzfunktion

Der Gruppenparametervektor $\Theta^{(g)} := (\alpha^{(g)}, \sigma_g^2, B^{(g)}, \omega_g^2, \rho_g, \kappa_g)$ wird aus dem Trainingssample geschätzt, sodaß er bei der Zuordnung des zu klassifizierenden Individuums bekannt ist. Es sind nun keine nichtlinearen Parameter mehr vorhanden, weshalb wir unser Modell in die Form eines **linearen Zustandsraummodells** bringen können. In der Folge ist der für die Diskriminanzfunktion benötigte Filter ein Kalman Filter, deren Rekursionen bereits beschrieben wurden.

<u>Überführung des Modells in Zustandsraumdarstellung</u>:

Für die Zustandsraumdarstellung bei bekannten Gruppenparametern ist es sinnvoll, die b_i formal als zeitabhängig aufzufassen: $b_{ij} := b_i(t_{ij}) := b_i$ und damit den Zustandsvektor $x_{ij} := (c_{ij}, b_{ij}')'$ zu bilden.

Nur eine Verlaufskurve betrachtend sehen wir jetzt vom Index i ab und formulieren das Zustandsraummodell für das zu klassifizierende Individuum. Mit Zustandsvektor $x_j = (c_j, b_j')'$, Transitionsmatrix

$$F_j^{(g)} = \begin{pmatrix} \rho_g^{\tau_j} & | & 0 \\ & & \\ 0 & | & I_q \end{pmatrix} \qquad (6\text{-}1)$$

und $1+q$ Vektor $F^w = (1, 0, \ldots, 0)'$ sowie Startkovarianzmatrix

$$P_{1|0}^{(g)} = cov(x_1) = \begin{pmatrix} \kappa_g \omega_g^2 & | & 0 \\ & & \\ 0 & | & \sigma_g^2 B^{(g)} \end{pmatrix} \qquad (6\text{-}2)$$

und Startwert $\hat{x}_{1|0} = E(x_1) = 0$ ergeben sich die linearen Gleichungen

$$y_j^{(g)} = X(t_j)\alpha^{(g)} + (1|Z(t_j))x_j + v_j \quad v_j \sim N(0, \sigma_g^2) \qquad (6\text{-}3)$$

$$x_j = F_j^{(g)} x_{j-1} + F^w w_j \quad x_1 \sim N_{1+q}(0, P_{1|0}^{(g)}) \quad w_j \sim N(0, \omega_g^2[1 - \rho_g^{2\tau_j}]) \qquad (6\text{-}4)$$

Wir können nun unter Verwendung des Kalman Filter Algorithmus die für die bedingten Diskriminanzfunktionen d_j benötigten $\hat{y}_{j|j-1}^{(g)}$ und $s_j^{2(g)}$ berechnen (dabei bezeichnet i_r bzw. 0_r den Einheits- bzw. Nullvektor der Dimension r):

Start Step:

$$\hat{b}_{1|0}^{(g)} = 0 \quad \hat{c}_{1|0}^{(g)} = 0 \qquad P_{1|0}^{(g)} \quad \textit{wie oben.} \tag{6-5}$$

Prediction Step:

$$\hat{y}_{j|j-1}^{(g)} = X(t_j)\alpha^{(g)} + Z(t_j)\hat{b}_{j|j-1}^{(g)} + \hat{c}_{j|j-1}^{(g)} \tag{6-6}$$

$$s_j^{2(g)} = (1|Z(t_j))P_{j|j-1}^{(g)}(1|Z(t_j))' + \sigma_g^2 \tag{6-7}$$

Update Step: $j|j-1 \rightarrow j|j$

$$K_j^{(g)} = \frac{1}{s_j^{2(g)}}P_{j|j-1}^{(g)}(1|Z(t_j))' \tag{6-8}$$

$$(\hat{c}_{j|j}^{(g)}, \hat{b}_{j|j}'^{(g)})' = (\hat{c}_{j|j-1}^{(g)}, \hat{b}_{j|j-1}'^{(g)})' + K_j^{(g)}(y_j - \hat{y}_{j|j-1}^{(g)}) \tag{6-9}$$

$$P_{j|j}^{(g)} = P_{j|j-1}^{(g)} - K_j^{(g)}(1|Z(t_j))P_{j|j-1}^{(g)} \tag{6-10}$$

Evolution Step: $j|j \rightarrow j+1|j$

$$\hat{b}_{j+1|j}^{(g)} = \hat{b}_{j|j}^{(g)} \qquad \hat{c}_{j+1|j}^{(g)} = \rho_g^{\tau_{j+1}}\hat{c}_{j|j}^{(g)} \tag{6-11}$$

$$P_{j+1|j}^{(g)} = diag(\rho_g^{\tau_{j+1}}, i_q)P_{j|j}^{(g)}diag(\rho_g^{\tau_{j+1}}, i_q) + diag(\omega_g^2[1 - \rho_g^{2\tau_{j+1}}], 0_q) \tag{6-12}$$

7. Gruppenparameterschätzung - Adaptive Filterung

Dieser Abschnitt ist der Schätzung der gruppenspezifischen Parameter $\Theta^{(g)} = (\alpha^{(g)}, \theta^{(g)})$ gewidmet. Wir haben bereits gesehen, daß im Modell drei Gruppen von Parametern erscheinen: die fixen Effekte $\alpha^{(g)}$, die zufälligen Effekte β_i und die Varianzparameter $\theta^{(g)}$. Es sind jedoch, entsprechend der quadratischen Diskriminanzanalyse, keine den Gruppen gemeinsame Parameter eingeführt worden. Die Schätzungen werden daher für jede Gruppe getrennt vorgenommen und wir verzichten in diesem Kapitel auf den Gruppenindex. Für die gesamten Beobachtungen einer Gruppe schreiben wir kurz $y := (y_i)_{i=1,\dots,m}$.

Es gibt im wesentlichen drei Modellklassen, denen wir unser Modell zuordnen können: (a) allgemeine gemischte lineare Modelle, (b) Zustandsraummodelle und (c) Bayes'sche hierarchische Modelle. Je nach Zuordnung existieren andere (und natürlich z.T. verwandte) Strategien für die Inferenz. Wir geben eine kurze Übersicht und wählen dann Punkt (b) als unsere Strategie.

ad (a): Mit der Inferenz im allgemeinen gemischten linearen Modell und einiger seiner Spezialfälle mit einfacheren Varianzstrukturen beschäftigen sich u.a. einige Arbeiten von Harville (1974, 1976, 1977) und in neuerer Zeit die einflußreiche Arbeit von Laird & Ware (1982). Letztere besprechen kurz frühere Arbeiten und sehen zwei einheitliche Ansätze zur Schätzung der drei Parametergruppen, welche sie unter Verwendung des EM-Algorithmus realisieren. Dieser ist sinnvoll anwendbar, weil die zufälligen Effekte b_i als „fehlende Daten" aufgefaßt werden können, neuere Arbeiten lassen den EM-Algorithmus jedoch in unseren Modellen als weniger geeignet erscheinen (z.B. Chi & Reinsel, 1989). Wir skizzieren kurz die beiden (in Laird & Ware beschriebenen) grundsätzlichen Ansätze:

(1) (klassisches) Maximum-Likelihood (ML) Vorgehen:

Aus der marginalen Likelihood $p(y|\alpha,\theta)$ werden hier die ML-Schätzwerte $\hat{\alpha}_M$ und $\hat{\theta}_M$ bestimmt. Bei bekannter Varianzstruktur (θ bekannt) können die fixen und zufälligen Effekte geschätzt werden mit den gewichteten Kleinste- Quadrate- Schätzern (Aitken- Schätzern)

$$\hat{\alpha} = \left(\sum_{i=1}^{m} X_i' \Sigma_i^{-1} X_i \right)^{-1} \sum_{i=1}^{m} X_i' \Sigma_i^{-1} y_i \tag{7-1}$$

$$\hat{\beta}_i = \sigma^2 B Z_i' \Sigma_i^{-1} (y_i - X_i \hat{\alpha}). \tag{7-2}$$

$\hat{\alpha}$ ist ein Maximum-Likelihood und ein Minimum - Varianz - Unbiased Schätzer, während $\hat{\beta}_i$ ein Empirical - Bayes Schätzer ist. Wenn eine Schätzung $\hat{\theta}$ vorhanden ist, so kann diese in Σ_i eingesetzt werden und man erhält mit obigen Gleichungen die Schätzungen $\hat{\alpha}(\hat{\theta})$ und $\hat{\beta}_i(\hat{\theta})$. Die gemeinsame Maximum - Likelihood - Schätzung $(\hat{\alpha}_M, \hat{\theta}_M)$ erfüllt $\hat{\alpha}_M = \hat{\alpha}(\hat{\theta}_M)$ (s. Laird & Ware, 1982). Ein Nachteil dieser Vorgangsweise ist, daß die Maximum - Likelihood Schätzung $\hat{\theta}_M$ der Varianzparameter gegen Null „gebiased" ist, da die durch die Schätzung der fixen Effekte α verlorengegangenen Freiheitsgrade nicht berücksichtigt werden. Das Problem ist analog der Varianzschätzung aus einer Stichprobe von n normalverteilten Werten. Der Maximum - Likelihood Schätzer teilt die Quadratsumme durch n, wogegen der unverzerrte Schätzer durch $n-1$ teilt. Eine Abhilfe sind die sogenannten **restricted ML Schätzungen (REML)**, die im nächsten Ansatz erhalten werden.

(2) <u>Semi-Bayes'sches (SB) Vorgehen</u> :

Die fixen Effekte werden mit einer nichtinformativen Prioriverteilung, hier im speziellen eine „flache" mit infiniter Varianz, versehen. Die Varianzparameter bleiben ohne Verteilung, deswegen die Bezeichnung „Semi-Bayes". Das Vorgehen ist gerechtfertigt, da Sallas & Harville (1981, 1988) zeigten, daß fixe Effekte im allgemeinen gemischten linearen Modell zur Berechnung von Schätzern wie zufällige Effekte mit infiniter Varianz behandelt werden können. Praktische wird so vorgegangen, daß man zuerst die fixen Effekte als zufällig mit endlicher Varianz auffaßt, somit durch Ausintegration eine Likelihood $p(y|\theta)$ erhält, und dann einen Grenzübergang mit gegen Unendlich gehender Varianz vornimmt. Die Likelihood $p(y|\theta)$ ist nach dem Grenzübergang genau die REML - Likelihood (Harville, 1976), sodaß die ML-Schätzung eine unverzerrte REML-Schätzung ist und als $\hat{\theta}_R$ bezeichnet wird.

ad (b): Wegen der unbekannten Varianzparameter im linearen Zustandsraummodell wird dieses nichtlinear, was ersichtlich wird, wenn man den Zustandsvektor durch die formal als dynamisch aufgefaßten Varianzparameter ergänzt. Im Gegensatz zum linearen Zustandsraummodell existieren endlichdimensionale - und damit berechenbare - Filterlösungen (wie der Kalman Filter) im nichtlinearen Fall fast nie. Aufbauend auf linearen Filtern mit unbekannten Hyper - Parametern Θ lassen sich dann aber noch sogenannte **adaptive Filter** entwickeln. Dafür gibt es unzählige Strategien (siehe z.B. Mehra, 1972, oder Maybeck, 1982), deren Leistungsfähigkeit sehr unterschiedlich ist (siehe z.B. Schnatter, 1988). Wir erwähnen zwei Hauptgruppen, nämlich erstens die ML-adaptiven Filter, zu welchen der von uns nachfolgend ausgeführte Ansatz gehört, und zweitens die Bayes-adaptiven Filter, die als Bayes'sche hierarchische Modelle (Punkt (c)) aufgefaßt werden können.

ad (c): Hier sind auch die Varianzparameter θ mit einer (Priori-) Verteilung versehen. Eine analytisch geschlossene Lösung gibt es nur für Spezialfälle, da zumeist keine konjugierten Verteilungsfamilien existieren. Verschiedene Approximationsverfahren wurden vorgeschlagen (siehe z.B. Schnatter, 1988). Der Autor arbeitet zur Zeit an einer Implementierung mittels Gibbs - Sampling.

ML-adaptive Filterung

Es gibt eine Strategie entsprechend dem Maximum - Likelihood - und eine entsprechend dem Semi-Bayes'schen Vorgehen unter Verwendung einer rekursiven Berechnung der Likelihood mittels eines Kalman Filters. Im SB - Vorgehen wird einer Idee von Sallas & Harville (1981) folgend wird zunächst das gemischte Modell als Limit eines reinen Random - Effects - Modells dargestellt. Letzteres kann in die Zustandsraumdarstellung überführt werden und die üblichen Kalman Filter Rekursionen folgen unmittelbar. Durch Grenzübergang folgen Filterrekursionen für die Filterung im gemischten Modell. Diese liefern dann die Momente der Prädiktivdichten für die Likelihood. Schließlich wird durch ein Quasi-Newton Verfahren die Likelihood der Varianzparameter maximiert. Diese Überführung in die Zustandsraumdarstellung ist bei einer Schar von Kurven nur möglich, wenn alle Individuen gleiche Meßzeitpunkte besitzen. Wir wählen daher statt dieses Vorgehens das ML - Vorgehen, bei welchem in der schon von der rekursiven Diskriminanzfunktion her bekannten Weise das gemischte Modell in Zustandsraumdarstellung überführt wird. Dann werden die (vom Hyperparameter θ abhängigen) Prädiktivdichten mittels Kalman Filterung berechnet. Das Vorgehen dazu ist folgendermaßen:

Wegen der Unabhängigkeit der y_i innerhalb einer Gruppe und unter Verwendung der „prediction error decomposition" faktorisiert die marginale Likelihood in:

$$p(y|\theta) = \prod_{i=1}^{m} p(y_i|\theta) = \prod_{i=1}^{m} \prod_{j=1}^{n_i} p(y_{ij}|y_i^{j-1},\theta), \tag{7-3}$$

wobei die Prädiktivdichten $p(y_{ij}|y_i^{j-1},\theta)$ verteilt seien nach $N(\hat{y}_{ij}(\theta), s_{ij}^2(\theta))$. Folglich lautet die zu minimierende negative Loglikelihood (bis auf eine additive Konstante):

$$-2\ln p(y|\theta) = \sum_{i=1}^{m} \sum_{j=1}^{n_i} \left[\ln s_{ij}^2(\theta) + \frac{(y_{ij} - \hat{y}_{ij}(\theta))^2}{s_{ij}^2(\theta)} \right]. \tag{7-4}$$

Zur numerischen Minimierung wird von uns die in S-plus vorhandene Funktion „nlmin" verwendet, die auf einem Quasi-Newton Algorithmus beruht (s. Dennis, Gay & Welsch, 1981). Numerisch besser aber auch aufwendiger ist die direkte Anwendung des Fisher'schen Scoring Algorithmus, wie es z.B. von Chi & Reinsel (1989) sowie von Schneider (1986) vorgeschlagen wird. Dazu werden im Zustandsraummodell - Kontext die Gradienten (nach θ) der Filterrekursionen benötigt, die für den Standard - Kalman Filter von Goodrich & Caines (1979) sowie Schneider (1986) angegeben wurden.

8. Beispiel

Um die Arbeitsweise des Algorithmus zu demonstrieren analysieren wir das Beispiel von Azen & Afifi (1972b), an welchem sie ihren sequentiellen Zuordnungsalgorithmus erproben. An den selben Daten illustrierte später Christl (1976) seine beiden statischen Diskriminanzalgorithmen. Die Originaldaten sind in Azen & Afifi (1972b) angegeben und in Fig. 2a (1. Gruppe) und Fig. 2b (2. Gruppe) dargestellt. Sie stammen aus einem an der Shock Research Unit der Universität von Southern California durchgeführten Vorversuch zum Patienten - Monitoring - Problem. Es wurden 17 Ratten einem 4 Stunden andauernden Blutverlust (hämorrhagischer Schock) ausgesetzt und dabei stündlich der arterielle Blutlaktatspiegel (in mM) gemessen. Daraufhin wurde das Blut wieder ersetzt und die Überlebenszeit gemessen. Man erhielt eine Gruppe von langzeitüberlebenden ($\Pi_1, m_1 = 8$) und eine Gruppe von kurzzeitüberlebenden ($\Pi_2, m_2 = 9$) Ratten. Wir wollen nun sequentiell aufgrund der Laktatwerte eine Zuordnung zu einer der beiden Gruppen vornehmen.

Die Meßzeitpunkte waren bei allen Ratten gleich und äquidistant, d.h. $n_i = 5$ und $t_i = (0, 1, 2, 3, 4)$. Der Verlauf der Kurven läßt eine Modellierung mit linearem Trend angemessen erscheinen, wir führen also einen Intercept- und Slope - Parameter α_1 und α_2 ein, d.h. $p = q = 2$, $X_j := X_i(t_{ij}) = Z_i(t_{ij}) = (1 \ j - 1)$, die wir als unkorreliert annehmen: $\sigma^2 B = \sigma^2 diag(B_{11}, B_{22}) =: diag(\sigma_{11}^2, \sigma_{22}^2)$. Wir gehen von einem stationären Varianzverlauf aus, d.h. $\kappa = 1$.

Unser Hyperparametervektor lautet somit: $\theta = (\alpha_1, \alpha_2, \sigma_{11}^2, \sigma_{22}^2, \sigma^2, \omega^2, \rho)$.

Wir können nun unter Verwendung des Filter Algorithmus die für die bedingten Diskriminanzfunktionen d_j benötigten $\hat{y}_{j|j-1}^{(g)}$ und $s_j^{2(g)}$ berechnen:

Start Step:

$$\hat{b}_{1|0} = 0 \qquad \hat{c}_{1|0} = 0 \qquad P_{1|0} = diag(\omega^2, \sigma_{11}^2, \sigma_{22}^2) \tag{8-1}$$

Prediction Step:

$$\hat{y}_{j|j-1} = (1\ j - 1)(\alpha_1, \alpha_2)' + (1\ j - 1)\hat{b}_{j|j-1} + \hat{c}_{j|j-1} \tag{8-2}$$

$$s_j^2 = (1\ 1\ j - 1)P_{j|j-1}(1\ 1\ j - 1)' + \sigma^2 \tag{8-3}$$

Update Step: $j|j - 1 \to j|j$

$$K_j = \frac{1}{s_j^2}P_{j|j-1}(1\ 1\ j - 1)' \tag{8-4}$$

$$(\hat{c}_{j|j}, \hat{b}'_{j|j})' = (\hat{c}_{j|j-1}, \hat{b}'_{j|j-1})' + K_j(y_j - \hat{y}_{j|j-1}) \tag{8-5}$$

$$P_{j|j} = P_{j|j-1} - K_j(1\ 1\ j - 1)P_{j|j-1} \tag{8-6}$$

Evolution Step: $j|j \to j + 1|j$

$$\hat{b}_{j+1|j} = \hat{b}_{j|j} \qquad \hat{c}_{j+1|j} = \rho\hat{c}_{j|j} \tag{8-7}$$

$$P_{j+1|j} = diag(\rho, 1, 1)P_{j|j}diag(\rho, 1, 1) + diag(\omega^2[1 - \rho^2], 0, 0) \tag{8-8}$$

Durch Verwendung des Aitkin - Schätzers (7-1) können in (8-2) die α_i als Funktion der Varianzparameter dargestellt werden, wodurch weniger Parameter zu maximieren sind. Die dabei erhaltene Likelihood wird in verschiedenen Kontexten als *maximierte, konzentrierte, reduzierte* oder *Profile - Likelihood* bezeichnet.

Die Minimierung der negativen Log - Likelihood mittels der Splus - Funktion `nlmin` erfolgte in beiden Gruppen mit dem Startvektor (1 1 0,5 0,5 0,5 0,5 0,5) für θ. Konvergenz trat in Gruppe 1 nach 29 und in Gruppe 2 nach 23 Iterationen ein. Die Parameterschätzungen lauten:

$$\alpha_1^{(1)} = 1,381 \qquad \alpha_1^{(2)} = 1,506$$

$$\alpha_2^{(1)} = 1,996 \qquad \alpha_2^{(2)} = 0,928$$

$$s_{11}^{2(1)} = 10^{-12} \qquad s_{11}^{2(2)} = 10^{-15}$$

$$s_{22}^{2(1)} = 0,546 \qquad s_{22}^{2(2)} = 0,057$$

$$s^{2(1)} = 10^{-12} \qquad s^{2(2)} = 2,549$$

$$\omega^{2(1)} = 2,270 \qquad \omega^{2(2)} = 0,551$$

$$\rho^{(1)} = 0,135 \qquad \rho^{(2)} = 0,334$$

Es zeigt sich bei den $\alpha_i^{(g)}$ eine gute Übereinstimmung mit der Bayes'schen Analyse von Christl (1976). Azen & Afifi (1976) erhalten mit ihrem reinen ML - Ansatz etwas kleinere Werte.

Fig. 3a und 3b zeigen die Verläufe der Posteriori - Wahrscheinlichkeiten $q_{1|t}(y^t)$ für die Zugehörigkeit zur ersten Gruppe für alle Mitglieder der beiden Gruppen. Zur Vergleichbarkeit mit den beiden vorliegenden Analysen von Azen & Afifi (1972) sowie Christl (1976) handelt es sich bei diesen Verläufen um Reklassifikationswahrscheinlichkeiten, d.h. die Diskriminanzprozedur beruht auf den Daten des gesamten Trainings - Samples. Man erkennt, daß zur fünften und letzten Messung von Gruppe 1 zwei und von Gruppe 2 ein Individuum falsch klassifiziert werden. Azen & Afifi berichten von vier Fehlklassifikationen in ihrem ML - Verfahren und drei im LS - Verfahren, während Christl in seinem „population averaged" Modell ebenso vier und im „subject specific" Modell dagegen nur zwei Fehlklassifikationen berichtet. Für eine verallgemeinerungsfähige Einschätzung der Leistungsfähigkeit der verschiedenen Ansätze sind umfangreichere Simulationen und Analysen noch durchzuführen.

Fig. 2a: Arterial Blood Lactate
Group 1

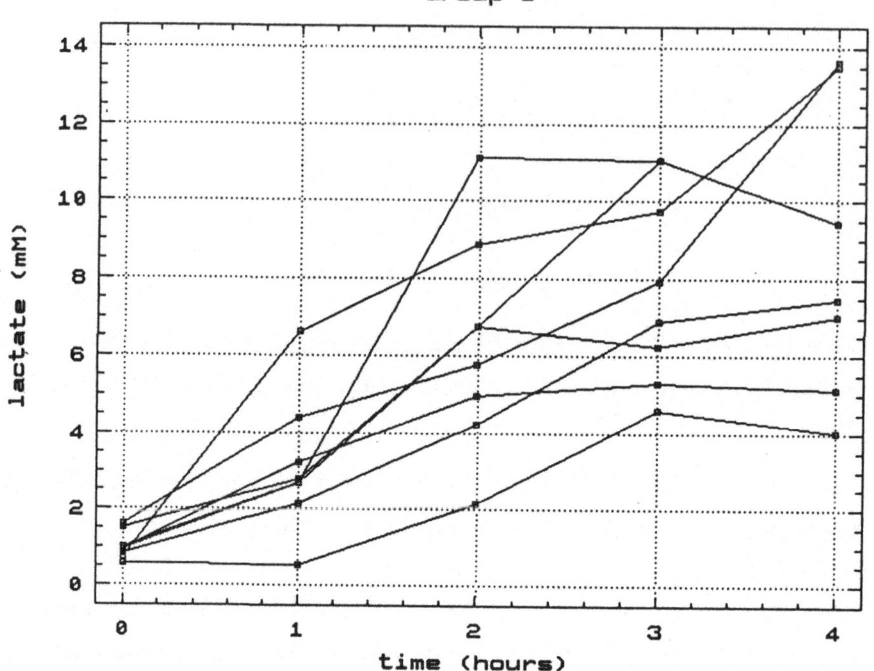

Fig. 2b: Arterial Blood Lactate
Group 2

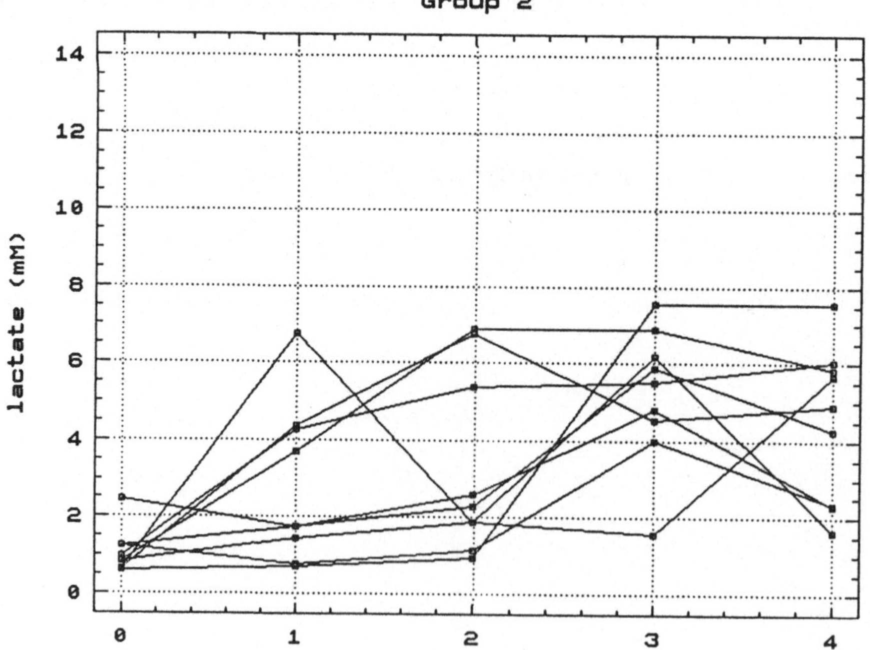

Fig. 3a: Posterior Probabilities q1|t for Group 1

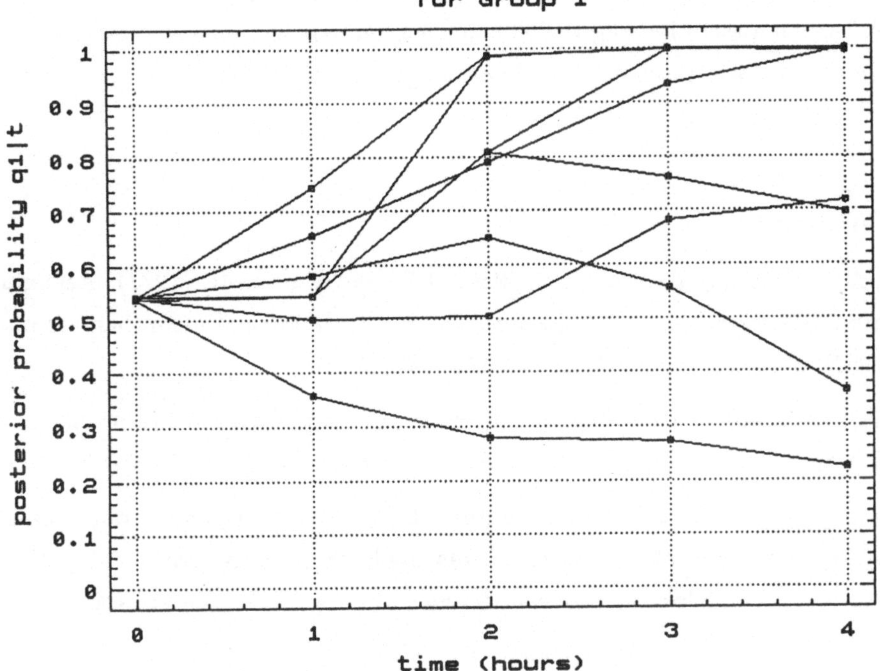

Fig. 3b: Posterior Probabilities q1|t for Group 2

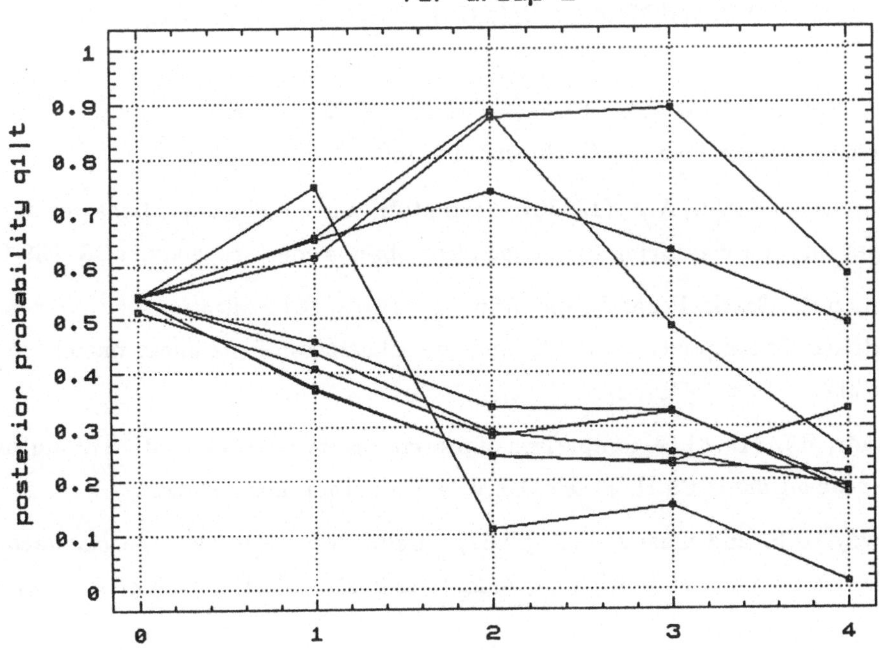

Danksagung

Die Arbeit an diesem Beitrag wurde finanziell unterstützt vom österreichischen Fonds zur Förderung der wissenschaftlichen Forschung, Projekt P7873.

Referenzen

Afifi, A.A., Sacks, S.T., Liu, V.Y., Weil, M.H. and Shubin, H. (1971). Accumulative prognostic index for patients with barbiturate, glutethimide and meprobamate intoxication. *New England Journal of Medicine* **285**, 1497.

Albert, A. (1983). Discriminant analysis based on multivariate response curves: a descriptive approach to dynamic allocation. *Statistics in Medicine* **2**, 95-106.

Albert, A., Chapelle, J.P. and Bourguignat, A. (1984). Dynamic outcome prediction from repeated laboratory measurements made on intensive care unit patients. I. Statistical aspects and logistic models. *Scand. J. Clin. Lab. Invest.* **44**, suppl. 171, 259-268.

Altham, P.M.E. (1984). Improving the precision of estimation by fitting a model. *J. R. Statist. Soc.* B, **46**, 118-119.

Anderson, B.D.O. and Moore, J.B. (1979). *Optimal Filtering.* Englewood Cliffs, N.J.: Prentice-Hall.

Azen, S.P. and Afifi, A.A. (1972a). Two models for assessing prognosis on the basis of successive observations. *Math. Biosci.* **14**, 169-.

Azen, S.P. and Afifi, A.A. (1972b). Asymptotic and small-sample behavior of estimated Bayes rules for classifying time-dependent observations. *Biometrics* **28**, 989-998.

Azen, S.P., Garcia-Pena, J. and Afifi, A. (1975). Classification of time-dependent observations: The exponential model and the robustness of the linear model. *Biom. J.* **17**, 203-212.

Browdy, B.L. (1978). A comparison of procedures for the classification of multivariate time-dependent data. Ph.D. Thesis, Univ. of California, Los Angeles.

Browdy, B.L. and Chang, P.C. (1982). Bayes procedures for the classification of multiple polynomial trends with dependent residuals. *J. Amer. Statist. Assoc.* **77**, 483-487.

Chi, E.M. and Reinsel, G.C. (1989). Models for longitudinal data with random effects and AR(1) errors. *J. Amer. Statist. Assoc.* **84**, 452-459.

Christl, H.L. (1976). Time dependence and Bayesian approach. In de Dombal, F.T. and Gremy, F. (eds.) *Decision Making and Medical Care.* 467-476. Amsterdam: North-Holland Publishing Company.

Crowder, M.J. and Hand, D.J. (1990). *Analysis of Repeated Measures.* London: Chapman and Hall.

De Jong, P. (1988). The likelihood for a state space model. *Biometrika* **75**, 165-169.

Dennis, J.E., Gay, D.M. and Welsch, R.E. (1981). An adaptive nonlinear least-squares algorithm. *ACM Transactions on Mathematical Software* **7**, 348-383.

Diggle, P.J. (1988). An approach to the analysis of repeated measurements. *Biometrics* **44**, 959-971.

Diggle, P.J. (1990). *Time series: a biostatistical introduction.* Oxford: Oxford Univ. Press.

Ferrante, M. and Runggaldier, W.J. (1990). On necessary conditions for the existence of finite-dimensional filters in discrete time. *Systems & Control Letters* **14**, 63-69.

Geary, D.N. (1989). Modelling the covariance structure of repeated measurements. *Biometrics* **45**, 1183-1195.

Goodrich, R.L. and Caines, P.E. (1979). Linear system identification from nonstationary cross-sectional data. *IEEE Trans. on Automatic Control* **24**, 403-411.

Grossmann, W. (1985). Diskrimination und Klassifikation von Verlaufskurven. In: *Neuere Verfahren der nichtparametrischen Statistik.* G.C. Pflug (Ed.) (Medizin. Inform. und Statistik, Vol. 60). Berlin: Springer.

Harville, D.A. (1974). Bayesian inference for variance components using only error contrasts. *Biometrika* **61**, 383-385.

Harville, D.A. (1976). Extensions of the Gauss-Markov theorem to include the estimation of random effects. *Annals of Statistics* **4**, 384-395.

Harville, D.A. (1977). Maximum likelihood approaches to variance component estimation and to related problems. *J. Amer. Statist. Assoc.* **72**, 320-340.

Jennrich, R.I. and Schluchter, M.D. (1986). Unbalanced repeated-measures models with structured covariance matrices. *Biometrics* **42**, 805-820.

Jones, R.H. and Ackerson, L.M. (1990). Serial correlation in unequally spaced longitudinal data. *Biometrika* **77**, 721-731.

Jones, R.H. and Boadi-Boateng, F. (1991). Unequally spaced longitudinal data with AR(1) serial correlation. *Biometrics* **47**, 161-175.

Kalman, R.E. (1960). A new approach to linear filtering and prediction problems. *Trans. ASME, J. Basic Engineering* **82**, 35-45.

Laird, N.M. and Ware, J.H. (1982). Random-effects models for longitudinal data. *Biometrics* **38**, 963-974.

Lee, J.C. (1977). Bayesian classification of data from growth curves. *South African Statist. J.* **11**, 155-166.

Lee, J.C. (1982). Classification of growth curves. In: Krishnaiah, P.R. and Kanal, L.N. (eds.) *Handbook of Statistics*, **2**, 121-137. Chichester: Wiley.

Mansour, H., Nordheim, E.V., and Rutledge, J.J. (1985). Maximum likelihood estimation of variance components in repeated measures designs assuming autoregressive errors. *Biometrics* **41**, 287-294.

Maybeck, P.S. (1979, 1982). *Stochastic Models, Estimation, and Control.* Vol. 1, Vol.2. New York: Academic Press.

Mehra, R.K. (1972). Approaches to adaptive filtering. *IEEE Trans. on Autom. Control* **17**, 693-698.

Morrison, D.F. (1967). *Multivariate statistical methods.* New York: McGraw-Hill.

Nagel, P.J.A. and deWaal, D.J. (1979). Bayesian classification, estimation and prediction of growth curves. *South African Statist. J.* **13**, 127-137.

Sallas, W.M. and Harville, D.A. (1981). Best linear recursive estimation for mixed linear models. *J. Amer. Statist. Assoc.* **76**, 860-869.

Sallas, W.M. and Harville, D.A. (1988). Noninformative priors and restricted maximum likelihood estimation in the Kalman filter. In: J.C. Spall (Ed.) *Bayesian Analysis of Time Series and Dynamic Models.* New York: Marcel Dekker.

Schnatter, S. (1988). *Dynamische Bayes'sche Modelle und ihre Anwendung zur hydrologischen Kurzfristvorhersage.* Dissertation. Technische Universität Wien.

Schneider, W. (1986). *Der Kalmanfilter als Instrument zur Diagnose und Schätzung variabler Parameter in ökonometrischen Modellen.* Heidelberg, Wien: Physica - Verlag.

Shumway, R.H. (1982). Discriminant analysis for time series. In: Krishnaiah, P.R. and Kanal, L.N. (eds.) *Handbook of Statistics*, 2, 1-46. Chichester: Wiley.

Ulm, K. (1984). Classification on the basis of successive observations. *Biometrics* **40**, 1131-1136.

van Schuppen, J.H. (1979). Stochastic filtering theory: a discussion of concepts, methods, and results. In M. Kohlmann and W. Vogel, (eds.), *Stochastic Control Theory and Stochastic Differential Systems*, Lect. Notes in Control and Inform. Sci. No. 16, 209-226. Berlin: Springer.

Welch, M.E. (1987). Classification methods for linear dynamic models. Unpublished Ph.D. Thesis, Univ. of California, Los Angeles.

Wilson, P.D. (1988). Autoregressive growth curve and Kalman filtering. *Statistics in Medicine* **7**, 73-86.

Wilson, P.D., Hebel, J.R., and Sherwin, R. (1981). Screening and diagnosis when within-individual observations are Markov-dependent. *Biometrics* **37**, 553-565.

Zeger, S.L., Liang, K.-Y. and Albert, P.S. (1988). Models for longitudinal data: a generalized estimating equation approach. *Biometrics* **44**, 1049-1060.

Globale Anpassungstests für eine weite Klasse von statistischen Modellen

Christoph E. Minder
Institut für Sozial- und Präventivmedizin, Universität Bern
Finkenhubelweg 11, CH-3012 Bern

Zusammenfassung

Das Thema dieses Artikels ist ein allgemeiner Vorschlag, Anpassungstests für verschiedenste statistische Modelle zu konstruieren. Bedingung für die Anwendbarkeit der Methode ist, daß man n unabhängige Beobachtungen von einem bestimmten, bekannten Wahrscheinlichkeits-Modell zur Verfügung stehen; die Methode läßt sich also z.B. nicht direkt auf Zeitreihenprobleme anwenden.

Für Modelle mit unabhängigen Beobachtungen entspricht jeder Beobachtung ein Vektor der Likelihood Score-Komponenten. Die zu betrachtenden Tests basieren auf einem Vergleich der beobachteten Verteilung dieser Score-Vektoren mit ihrer theoretischen Verteilung. Im speziellen kann die beobachtete Varianz-Kovarianz-Matrix der Score-Komponenten mit der Fisher-Informations-Matrix (der theoretischen Varianz-Kovarianz-Matrix der Score-Komponenten) verglichen werden. Funktionale dieser beiden Matrizen können dann zur Beurteilung der Güte der Anpassung verwendet werden.

Es zeigt sich, daß einige wohlbekannte Anpassungstests wie zum Beispiel der Poisson-Dispersionstest und ein Normalitätstest, der auf dem dritten und vierten Moment basiert, in die betrachtete Klasse gehören. Dieselbe Idee kann auf die lineare Regression und auf generalisierte lineare Modelle angewendet werden und ergibt auch in diesen Fällen brauchbare Test-Vorschläge. Es wird insbesondere ein Anpassungstest für die Poisson-Regression näher betrachtet.

Schlüsselworte: AIDS-Voraussagen, Anpassungstests, Dispersionstest, generalisierte lineare Modelle, Goodness-of-Fit, logistische Regression, Poisson Regression, Überdispersion.

1 Einführung

In den letzten zwei Jahrzehnten hat die Verwendung von Regressionsmodellen mit nicht normal verteilten Fehlern stark zugenommen. Es sei hier nur an die Entwicklung des proportionalen Risikomodells von COOK [5] sowie an die logistischen Regressionsmodelle erinnert. Seit den Sechzigerjahren hat sich die Theorie-Entwicklung für die klassischen, linearen Modelle mit Normalverteilung in Richtung verbesserter Möglichkeiten zur Beurteilung der zugrunde liegenden Annahmen (Normalität der Verteilung, Korrektheit des Erwartungswertes, Grad der Interpolation etc.) bewegt. Ein Buch, das diese Aspekte gut behandelt, ist z.B. COOK UND WEISBERG [3]. Als Konsequenz dieser Entwicklung können wir heute behaupten, die klassischen Normalverteilungsmodelle recht gut zu verstehen und auch zum Modellieren gebrauchen zu können: das Risiko, ein irreführendes Modell zu verwenden, ist bei genügender Datenmenge für diese Modelle recht gering.

Eine entsprechende Aussage kann für Modelle mit nicht normal verteilten Fehler keineswegs gemacht werden. Die größten Anstrengungen wurden hier in Bezug auf die logistische Regression gemacht (PREGIBON [8], COPAS [4], DUFFY [7] als Beispiele). Schon diese wenigen Referenzen zeigen, daß weder über die Nützlichkeit von Residuen-Analysen noch über die Brauchbarkeit von Anpassungstests Einstimmigkeit besteht; dieses Gebiet ist noch in voller Entwicklung begriffen, und endgültige Resultate sind noch nicht abzusehen. Auch wenn heute die Antworten noch nicht feststehen, so ist es doch offensichtlich, daß Methoden zur Überprüfung der Qualität der Anpassung für diese nicht normalen Modelle eine gewichtige Rolle zu spielen haben werden. Dies gilt sowohl für graphische Verfahren, wie auch für formale Tests.

In der vorliegenden Arbeit soll ein Ansatz für einen globalen Anpassungstest, der in einer weiten Klasse von solchen statistischen Modellen anwendbar ist, vorgestellt werden. Das Ziel ist dabei, einen möglichst universell verwendbaren Ansatz vorzustellen, der routinemäßig bei der Modellierung mit nicht normalen Fehlern eingesetzt werden kann. Das Verfahren soll bei groben Abweichungen alarmieren und so „das Schlimmste" verhüten: völlig ungeeignete und irreführende Modelle sollen signalisiert werden. Gemäß dieser Zielsetzung handelt es sich um einen globalen „Omnibus-Test", der sich nicht gegen eine spezifische Alternative richtet. Sein Vorteil ist die allgemeine Einsetzbarkeit, ein Vorteil, der mit mangelnder Macht gegenüber spezifischen Alternativen zu bezahlen sein wird. Die Erfahrung sagt jedoch, daß ein solcher Test einen Platz in der Werkzeugkiste des Datenanalytikers hat.

Im folgenden beschäftigen wir uns mit Anpassungstests für die Situation von n unabhängigen Beobachtungen von einem spezifizierten Modell. In dieser Situation entspricht jeder Beobachtung ein Score-Komponenten-Vektor, d.h. ein Vektor von Ableitungen der Log-Likelihood-Komponente für diese Beobachtung nach den Parametern; dieser Vektor hat so viele Komponenten, wie das Modell Parameter aufweist. Die gesamte Log-Likelihood-Ableitung ist die Summe dieser Score-Komponenten-Vektoren.

Der zu betrachtende Test basiert auf einem Vergleich der beobachteten Verteilung der Score-Komponenten-Vektoren mit ihrer theoretischen Verteilung unter dem Modell; insbesondere wird die beobachtete Varianz-Kovarianz-Matrix mit der Fisher-Informations-Matrix verglichen. Funktionale dieser beiden Matrizen, insbesondere deren elementweise Differenzen bzw. Quotienten, werden dann zur Beurteilung der Qualität der Anpassung benutzt.

Die Anwendung dieses hier kurz skizzierten Prinzips führt zu verschiedenen wohlbekannten, guten Anpassungstests. Diese Feststellung hat uns ermutigt, den Test auf allgemeinere Modelle zu erweitern. Demzufolge ist sein Hauptinteresse, daß er auf verallgemeinerte lineare Modelle, wie logistische und Poisson- Modelle angewendet werden kann. Solche Anwendungen werden in diesem Artikel vorgestellt.

2 Notation und Testprinzip

Wir werden im folgenden weiterhin annehmen, daß n unabhängige Beobachtungen $y_1, y_2, \ldots, y_n$ von einem statistischen Modell zur Verfügung stehen. Ist das Modell bekannt, so können die Log-Likelihood, die Score-Funktion und die Score-Komponenten-Vektoren berechnet werden:

$$\ell(\vartheta, y) = c + \sum_{i=1}^{n} \ln f_i(y_i, \vartheta)$$

$$s(\vartheta) = \left\{ \frac{\partial \ell}{\partial \vartheta_1}, \ldots, \frac{\partial \ell}{\partial \vartheta_k} \right\}$$

$$c_{ij} = \frac{\partial \ell_i}{\partial \vartheta_j} = \frac{\partial \ln f_i}{\partial \vartheta_j}$$

Aus der Theorie der maximalen Likelihood-Schätzung ist es wohlbekannt, daß unter Regularitätsbedingungen die Score-Komponenten-Vektoren, ausgewertet am wahren Parameterpunkt Verteilungen haben, deren Mittelwert 0 und deren Varianz-Kovarianz-Matrix gleich der Fisher-Informations-Matrix, evaluiert für eine Beobachtung und am wahren Parameterpunkt, ist. In ähnlicher Weise wie das zweite Moment, ist es möglich auch höhere Momente dieser Verteilung zu errechnen.

In diesem Artikel werden Verfahren vorgestellt und untersucht, die auf einem Vergleich der Stichprobenmomente den Score-Komponenten-Vektoren, ausgewertet am Maximum-Likelihood-Parameterwert, mit den theoretischen Momenten, ausgewertet am selben Parameterwert, basieren. Die jetzige Analyse beschränkt sich außerdem auf die zweiten Momente. Für diese Situation werden wir im folgenden einige Beispiele zeigen, um so die Idee konkreter und klarer werden zu lassen.

3 Einige bekannte Beispiele

3.1 Poisson-Verteilung

Eine einfache Rechnung zeigt, daß für n unabhängige Beobachtungen von einer Poisson-Verteilung mit unbekanntem Mittelwert ϑ die (in diesem Falle eindimensionalen, d.h. skalaren) Score-Komponenten durch die Formel $c_i = (x_i/\vartheta) - 1$ gegeben sind. Deren Varianz ist durch den folgenden Ausdruck gegeben:

$$V(\vartheta) = \frac{\vartheta^{-2}}{n - 1} \cdot \sum_i (x_i - \vartheta)^2$$

Die zweite Ableitung der Log-Likelihood ergibt die Fisher-Information als $J(\vartheta) = n/\vartheta$.

Wertet man sowohl die Varianz wie die Fisher-Information am Maximum-Likelihood-Schätzwert $\bar{x}$ aus und berechnet als Test-Statistik den Quotienten von V und J, so ergibt sich der wohlbekannte Dispersionstest (z.B. ARMITAGE [1], S. 214-216). Dieser Test findet in der Praxis sehr oft Verwendung als Omnibus-Test für Überdispersion in der Poisson-Verteilung. Seine weite Verbreitung zeigt, daß sich dieser Test für den vorgesehenen Zweck sehr gut bewährt.

3.2 Normalverteilung

Betrachten wir n unabhängige Beobachtungen von einer Normalverteilung mit unbekanntem Mittelwert μ und unbekannter Varianz σ^2, so ergeben sich die Score-Komponenten (ausgewertet an den Maximum-Likelihood-Schätzwerten $\hat{\mu} = \bar{x}$ und $\hat{\sigma}^2 = s^2$ als:

$$c_i = \frac{1}{\hat{\sigma}^2} \left(\begin{array}{c} x_i - \bar{x} \\ \dfrac{(x_i - \bar{x})^2 - \hat{\sigma}^2}{2\hat{\sigma}^2} \end{array} \right)$$

deren Varianz-Kovarianz-Matrix, da wir zwei Parameter haben, eine 2×2 Matrix, ist gegeben durch

$$V(\hat{\mu}, \hat{\sigma}) = \left(\begin{array}{cc} n/\hat{\sigma}^2 & m_3/2\hat{\sigma}^6 \\ m_3/2\hat{\sigma}^6 & -[m_4/\hat{\sigma}^4 - 1]/4\hat{\sigma}^4 \end{array} \right)$$

die Fisher-Matrix, am Maximum-Likelihood-Schätzwert, ist bekanntermaßen:

$$J(\hat{\mu}, \hat{\sigma}) = \frac{n}{\hat{\sigma}^2} \left(\begin{array}{cc} 1 & 0 \\ 0 & \frac{1}{2\hat{\sigma}^2} \end{array} \right)$$

Ein Vergleich von V und J zeigt, daß ein Anpassungstest, der auf diesen Matrizen basiert, ein Funktional der drei Größen s^2, m_3 und m_4 sein muß. Nun haben aber Bowman und Shenton [2] gezeigt, daß ein Normalitätstest, der auf der gemeinsamen Verteilung von standardisierten Versionen von m_3 und m_4 beruht, recht gute Eigenschaften hat.

3.3 Binomialverteilung; einzelne Stichprobe

Berechnet man den Test in ähnlicher Weise wie für die Poisson-Verteilung für eine Stichprobe von einer Binomialverteilung, erhält man am Maximum-Likelihood-Schätzwert identisch gleiche V und J, d.h. keinen Test. Dies kann dahingehend gedeutet werden, daß die einzige Information über die Qualität der Anpassung in einem binomialen Experiment in der Sequenz von Nullen und Einsen, die man beobachtet hat, besteht; unter der Unabhängigkeitsannahme ist aber diese Sequenz nicht offen für einen Test. In diesem Falle ergibt sich also kein brauchbarer Anpassungstest aus unserem Prinzip. Dies läßt Schwierigkeiten für die logistische Regression erahnen.

3.4 Mehrere binomiale Stichproben

Wir betrachten hier die Situation von k parallelen binomialen Stichproben mit jeweils n_i Beobachtungen und Parameter ϑ_i, $(i = 1, \dots, k)$. Unter der Annahme eines gemeinsamen $\vartheta_i = \vartheta$

und der Unabhängigkeit zwischen den k Stichproben ergeben sich die Likelihood und die Fisher-Information als:

$$L(\vartheta) = c + \sum_i x_i \ln \vartheta + \sum_i (n_i - x_i) \ln(1 - \vartheta)$$

$$J(\vartheta) = \frac{N}{\vartheta(1 - \vartheta)}$$

In diesem Falle ist N die Summe der n_i. Die empirische Varianz der Score-Komponenten ergibt sich zu:

$$V(\vartheta) = \frac{\sum_i n_i^2 (\hat{\vartheta}_i - \vartheta)^2}{\vartheta^2 (1 - \vartheta)^2}$$

und die Quotienten-Test-Statistik wird zu

$$T(\vartheta) = \frac{\sum_i n_i^2 (\hat{\vartheta}_i - \vartheta)^2}{N \vartheta(1 - \vartheta)}$$

Dieser Ausdruck sieht sehr vernünftig aus, vergleicht er doch die Variabilität in den geschätzten ϑ_i zwischen den Stichproben mit der totalen Variabilität, die unter Homogenität zu erwarten wäre. Ausgewertet am Maximum-Likelihood Schätzer $\hat{\vartheta} = \sum_i x_i / N$ wird T für relativ kleine Stichproben schon eine χ^2-Verteilung mit $k - 1$ Freiheitsgraden aufweisen. Dieser Test ist von Interesse, da eine leichte Abwandlung davon als Test der logistischen Regression verwendet werden kann: Ersetzt man nämlich ϑ_i durch den Erwartungswert einer logistischen Regression, und den Nenner in derselben Weise, so ergibt sich für gruppierte logistische Beobachtungen ein Anpassungstest, und es kann erwartet werden, daß dieser Test auf Abweichungen in der Abhängigkeit von ϑ_i von den Regressoren reagieren wird. Hiermit verlassen wir die einfachen Beispiele und wenden uns Regressionsbeispielen zu.

4 Generalisierte lineare Modelle

4.1 Allgemeine Theorie

Die Theorie der generalisierten linearen Modelle (WEDDERBURN [9]) beruht auf Eigenschaften der exponentialen Verteilungsfamilie, kombiniert mit Eigenschaften der linearen Modelle via einer nicht-linearen Linkfunktion. Kurz zusammengefaßt haben univariate generalsierte lineare Modelle die folgende Likelihood:

$$\ell(\vartheta, y) = \sum_i y_i b(\vartheta_i) + \sum_i c(\vartheta_i) + \sum_i d(y_i)$$

Dabei bestehen folgende Zusammenhänge zwischen dem Erwartungswert der Beobachtungen y und den Koeffizienten der Likelihoodfunktion:

$$E(y_i) = \mu_i = -\frac{c'(\vartheta_i)}{b'(\vartheta_i)}.$$

Der lineare Teil dieser Modelle wird mittels einer Link-Funktion $g(\cdot)$ modelliert:

$$g(\mu_i) = x_i^t \beta = \eta_i.$$

Die obige Beschreibung führt zu einer Score-Komponenten-Funktion der folgenden Form:

$$\frac{\partial \ell}{\partial \beta_j} = \sum_i \frac{(y_i - \mu_i)x_{ij}}{\mathrm{Var}(y_i)} \cdot \frac{\partial \mu_i}{\partial \eta_i}.$$

Individuelle Score-Vektoren c_i haben die Komponenten c_{ij}:

$$c_{ij} = \frac{(y_i - \mu_i)x_{ij}}{\mathrm{Var}(y_i)} \cdot \frac{\partial \mu_i}{\partial \eta_i}.$$

(z.B. DOBSON [6], S.30). Unter diesen Bedingungen ergibt sich für das individuelle Glied der Matrix V der folgende Ausdruck:

$$V_{jk} = \sum_i \frac{x_{ij}x_{ik}(y_i - \mu_i)^2}{\mathrm{Var}(y_i)} \cdot \left(\frac{\partial \mu_i}{\partial \eta_i}\right)^2. \tag{1}$$

Für die Fisher-Informations-Matrix J ergibt sich für den (j,k)-ten-Term der Ausdruck:

$$J_{jk} = \sum_i \frac{x_{ij}x_{ik}(y_i - \mu_i)^2}{\mathrm{Var}(y_i)} \cdot \left(\frac{\partial \mu_i}{\partial \eta_i}\right)^2 \cdot \mathrm{Var}(y_i). \tag{2}$$

Es ist nun notwendig, eine Wahl bezüglich der weiteren Auswertung zu treffen, d.h. es muß das zu betrachtende Funktional von V und J gewählt werden. Wir werden hier nur Differenzen von entsprechenden Elementen aus J und V betrachten, weil deren Eigenschaften analytisch zugänglich sind.

4.2   Globale Differenzen-Statistik

Die Differenz zwischen V_{jk} und J_{ik} ist gegeben durch die Größe:

$$Z_{jk} = \sum_i \frac{x_{ij}x_{ik}}{\mathrm{Var}^2(y_i)} \cdot \left(\frac{\partial \mu_i}{\partial \eta_i}\right)^2 \cdot \left[(y_i - \mu_i)^2 - \mathrm{Var}(y_i)\right]. \tag{3}$$

Es ist klar, daß $Z_{jk} = Z_{kj}$, sodaß es nur notwendig ist, den unteren triangulären Teil der Matrix Z auszuwerten. Eine weitere elementare Rechnung ergibt für die Kovarianz von Z_{jk} und Z_{hl} den folgenden Ausdruck:

$$\mathrm{Cov}(Z_{jk}, Z_{hl}) = \sum_i \frac{x_{ij}x_{ik}x_{ih}x_{il}}{\mathrm{Var}^4(y_i)} \cdot \left(\mathrm{Var}(y_i - \mu_i)^2\right). \tag{4}$$

Die obigen Formeln erlauben somit den statistischen Vergleich von V_{jk} und Z_{jk} bzw. einen globalen Vergleich von V und Z aufgrund ihrer Differenzen. Diese Berechnungen sind für alle generalisierten linearen Modelle relativ einfach durchführbar. Ein matrixprozessierendes Softwarepaket wie z.B. SAS erlaubt die nötigen Berechnungen anschließend an eine Modell-Anpassung. Modell für Modell müssen nur die folgenden drei Größen berechnet werden: $\partial \mu_i / \partial \eta_i$, $Var(Y_i)$, $var[(Y_i - \mu_i)^2]$. Die folgende Tabelle gibt diese Größen für die logistische und für die Poisson-Regression, wahrscheinlich die wichtigsten Anwendungen.

Verteilung	Link Funktion	$\partial \mu_i / \partial \eta_i$	σ_i^2	$\mu_i - \sigma_i^4$
Normal(μ_i, σ^2)	Identität	1	σ^2	$2\sigma^4$
Binominal$(1, \mu_i)$	Logit	$\mu_i(1 - \mu_i)$	$\mu_i(1 - \mu_i)$	$(1 - 2\mu_i)^2 \mu_i(1 - \mu_i)$
Poisson(μ_i)	Logarithmus	μ_i	μ_i	$(1 - 2\mu_i)^2 \mu_i$

Für Modelle ohne Skalenparameter, wie es die logistischen und Poisson-Regressionsmodelle sind, genügt diese Information zur Konstruktion des Anpassungstests. Wir verwenden dabei die Bezeichnungen $U = \mathrm{vech}\, Z$ (vech=subdiagonaler Teil von Z, Kolonne nach Kolonne vektorisiert) und $W = \mathrm{Cov}(U)$, um weiterhin die übliche Vektornotation verwenden zu können. Eine mögliche Form der Teststatistik ist dann

$$T^2 = U^t \cdot W^{-1} \cdot U. \tag{5}$$

Ausgewertet am wahren Parameterwert, hat diese Größe eine χ^2-Verteilung mit $p \cdot (p+1)/2$ Freiheitsgraden, entsprechend der Dimension des Vektors U. Aus der begrenzten Erfahrung unserer Simulationen ist es zweifelhaft, ob die χ^2-Verteilung für kleine Stichproben anwendbar ist; jedenfalls müssen die Freiheitsgrade angepaßt werden.

Für gewisse Zwecke mag es besser sein, nur gewisse Komponenten von U, das heißt nur gewisse Z_{jk} zu verwenden. Für alle Modelle, die einen konstanten Achsenabschnitt enthalten, ist das Element $Z_{11} = U_1$ die Differenz zwischen total beobachteter und erwarteter Varianz unter dem Modell. Das zweite Glied $Z_{12} = U_2$ entspricht der Differenz der x_1 Durchschnitte der beobachteten und erwarteten Varianzen, u.s.w. (x_1 ist die erste Regressorvariable). Wenn also ein Verdacht auf spezifische Abweichungen in Richtung einer Variablen besteht, so mag es sinnvoll sein, eine Testgröße analog T^2 auf der Basis nur der relevanten Elemente zu konstruieren.

Für Modelle mit einem Skalen-Parameter verändert sich die Situation etwas, indem in diesen Modellen auch Komponenten der Likelihood als Ableitungen bezüglich diesem Skalenparameter existieren. Das bedeutet, daß sowohl die V- wie die J-Matrix mehr Komponenten enthalten. Dies kann am Beispiel der normalen Regression illustriert werden. Für ein Modell $Y = X \cdot \beta + \varepsilon$, wo ε unabhängig identisch verteilte normale Variabeln mit Varianz σ^2 sind, ergibt sich die V-Matrix als

$$V(\hat{\beta}, \hat{\sigma}) = \begin{pmatrix} \hat{\sigma}^{-4} X^t \mathrm{diag}(r^2) X & \hat{\sigma}^{-5} X^t r^3 \\ \hat{\sigma}^{-5} X^t r^3 & \hat{\sigma}^{-2}(n-2) + \hat{\sigma}^{-6} r^{2t} r^2 \end{pmatrix}$$

dabei bedeutet $r_i = (y_i - x_i^t \cdot \beta)$ ein Residuum, und r^2 ein Vektor von quadrierten Residuen etc. Die Fisher-Informationsmatrix sieht etwas einfacher aus:

$$J(\hat{\beta}, \hat{\sigma}) = \begin{pmatrix} \hat{\sigma}^{-2} X^t X & 0 \\ 0 & 2n\hat{\sigma}^{-2} \end{pmatrix}$$

Bezugnehmend auf das Vorige enthält die letzte Spalte und letzte Zeile dieser beiden Matrizen die Komponenten bezüglich σ^2. Für J sind diese relativ einfach, indem nur das $(p+1, p+1)$ Element ungleich Null ist; für V sind alle diese Elemente ungleich Null. Ein Vergleich der beiden Matrizen J und V ergibt drei Tests. Der erste Test besteht darin, daß in der V-Matrix die letzte Spalte bzw. die letzte Zeile (bis auf das $(p+1, p+1)$ Element) $= 0$ gesetzt wird, das heißt $X^t r^3 = 0$: Dies ist ein Test der Symmetrie der Verteilung der Residuen und ein Test auf vergessene Regressor-Variabeln. Ein zweiter Test ergibt sich durch die Gleichsetzung der $(p+1, p+1)$ Elemente der beiden Matrizen. Dies führt zu

$$\hat{\sigma}^{-4} \frac{1}{n} \cdot \sum_i r_i^4 = 3,$$

d.h. einem Test für die Kurtosis der Residuen-Verteilung. Der dritte Test schließlich basiert auf den Regressoren, wie das bei Modellen ohne Skalenparameter der Fall ist. Dieser Test ist auch analog strukturiert. Für das Regressionsmodell mit normalem Fehler führt er zu folgender Teststatistik:

$$\left(X^t X\right)^{-1} \left(X^t \mathrm{diag}(r^2) X\right) \left(X^t X\right)^{-1} = \hat{\sigma}^2 \left(X^t X\right)^{-1}$$

Eine Betrachtung dieser Teststatistik zeigt, daß es sich hier um einen Test der Homoszedastizität der Residuen handelt.

Es wäre eine interessante Aufgabe, die Verteilungseigenschaften dieser Test-Statistiken herzuleiten; unseres Wissens ist das bisher nicht geschehen und mag recht schwierig sein.

4.3   Individuelle Differenzenstatistik

Die Formeln (1) bis (4) lassen sich auch für eine Einzelbeobachtung herleiten:

$$V_{jk}(i) = \frac{x_{ij} x_{ik} (y_i - \mu_i)^2}{\mathrm{Var}^2(Y_i)} \frac{\partial \mu_i}{\partial \eta_i}^2$$

$$J_{jk}(i) = \frac{x_{ij} x_{ik} \mathrm{Var}(Y_i)}{\mathrm{Var}^2(Y_i)} \frac{\partial \mu_i}{\partial \eta_i}^2$$

$$Z_{jk}(i) = \frac{x_{ij} x_{ik}}{\mathrm{Var}^2(Y_i)} \cdot \left(\frac{\partial \mu_i}{\partial \eta_i}\right)^2 \cdot \left[(y_i - \mu_i)^2 - \mathrm{Var}(Y_i)\right]$$

und

$$\mathrm{Var}\left(Z_{ik}(i)\right) = \frac{x_{ij}^2 x_{ik}^2}{\mathrm{Var}^4(Y_i)} \cdot \left(\frac{\partial \mu_i}{\partial \eta_i}\right)^4 \cdot \mathrm{Var}\left[(Y_i - \mu_i)^2\right]$$

Oaraus ergibt sich die Möglichkeit, für die Beobachtung i eine vereinfachte Statistik herzuleiten:

$$S(i) = \frac{Z_{jk}(i)}{\sqrt{\mathrm{Var}(Z_{jk}(i)}} = \frac{(y_i - \mu_i)^2 - \mathrm{Var}(Y_i)}{\sqrt{\mathrm{Var}\left[(Y_i - \mu_i)^2\right]}}$$

$S(i)$, ausgewertet am wahren Parameterwert, hat Erwartungswert 0 und Varianz 1; ausgewertet aus ML-Schätzer sind die Eigenschaften unbekannt; aus der Residuentheorie erwartet man jedoch keine allzu gravierenden Abweichungen. Die Statistiken $S(i)$ lassen sich graphisch darstellen und erlauben so eine Diagnostik.

Man kann erwarten, daß S Mittelwert 0 und eine Varianz von nahezu 1 hat.

5   Ein Beispiel

Die folgenden Daten geben die halbjährlich neu diagnostizierten AIDS-Fälle für die Schweiz, beginnend mit dem ersten Halbjahr 1981 [10]:

x:	1	2	3	4	5	6	7	8	9	10	11	12	13	14	15	16	17	18	19
y:	0	5	1	4	6	7	12	16	26	49	57	93	99	141	188	203	233	195	181

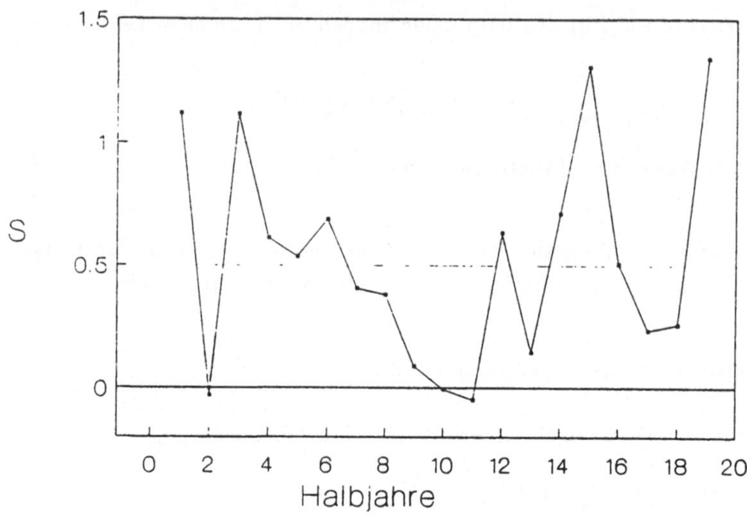

Abbildung 1: Individuelle S-Statistiken

An diese Daten wurde zu Zwecken der Illustration ein log-lineares Poisson-Modell angepaßt:

$$\eta_i = \beta_0 + \beta_i \cdot x_i$$
$$\mu_i = \exp(\eta_i)$$
$$Y_i \sim \text{Po}(\mu_i).$$

D.h. es wurde exponentielles Wachstum geschätzt; die Daten zeigen jedoch eine deutliche Abflachung, die von einem globalen Test entdeckt werden sollte. Mittels der Angaben in Tabelle 1 erhalten wir mit $A_i = (y_i - \mu_i)^2 - \mu_i$

$$Z = \begin{pmatrix} \sum A_i & \sum x_i A_i \\ \sum x_i A_i & \sum x_i^2 A_i \end{pmatrix} = 19 \cdot \begin{pmatrix} 1351.61 & 23312.21 \\ 23312.21 & 411128.59 \end{pmatrix}$$

und als Kovarianz-Matrix von $U^t = (\text{vech}Z)^t = (\sum A_i \quad \sum x_i A_i \quad \sum x_i^2 A_i)$ mit $B_i = \mu_i(2\mu_i - 1)^2$:

$$W = \begin{pmatrix} \sum B_i & \sum x_i B_i & \sum x_i^2 B_i \\ & \sum x_i^2 B_i & \sum x_i^3 B_i \\ & & \sum x_i^4 B_i \end{pmatrix} = 19 \cdot 10^8 \cdot \begin{pmatrix} 0.1188 & 2.1282 & 38.39 \\ & 38.39 & 696.46 \\ & & 12694.00 \end{pmatrix}$$

Daraus ergeben sich die Komponenten-Statistiken, zum Beispiel ($c_{11} = (1,1)$-Element von W^{-1}):

$$T_1 = \frac{Z_{11}}{\sqrt{C_{11}}} = 1.71$$

Diese zeigen alle knapp eine Abweichung an ($P(Z > 1.71) = 0.044$). Die globale Statistik wird

$$T^2 = U^t W^{-1} U = 4.82$$

auch sie zeigt eine Abweichung an $(P(\chi_1^2 > 4.82) = 0.028)$. Recht interessant sind die individuellen Statistiken $S(i)$. Abbildung 1 zeigt $S(i)$ gegen das Halbjahr der Diagnose. (1= 1.Halbjahr 1981). Es zeigt sich hier eine systematische Verschiebung in positiver Richtung, wie sie die Statistik T_1 schon angezeigt hat. Einzeln ist allerdings keine der Abweichungen signifikant. Die Form der Abweichungen läßt eine systematische Störung, d.h. eine nicht adaptierte Erwartungswertfunktion, vermuten.

Die erforderlichen Berechnungen, vielleicht mit Ausnahme der Formel (5), sind alle leicht ausführbar.

Referenzen

[1] ARMITAGE P: *Statistical Methods in Medical Research*. Oxford: Basil Blackwell 1980.

[2] BOWMANN KO, SHENTON RL: Omnibus test contours for departures from normality based on $\sqrt{b_1}$ and b_2. *Biometrika* **62** (1975) 243 – 250.

[3] COOK DR, WEISBERG S: *Residuals and Influence in Regression*. London: Chapman and Hall 1982.

[4] COPAS JB: Binary regression models for contaminated data (with discussion). *JRSS B* **50** (198) 225 – 265.

[5] COX DR: Regression models and life tables (with discussion). *JRSS B* **34** (1972) 187 – 220.

[6] DOBSON AJ: *An Introduction to Statistical Modelling*. London: Chapman and Hall 1983.

[7] DUFFY DE: On continuity-corrected residuals in logistic regression. *Biometrika* **77** (1990) 287 – 293.

[8] PREGIBON D: Logistic regression diagnostics. *Annals of Statistics* **9** (1981) 705 – 724.

[9] WEDDERBURN RWM: Quasi-likelihood functions, generalized linear models and the Gauss-Newton method. *Biometrika* **61** (1974) 439 – 447.

[10] WHO-EC COLLABORATING CENTRE ON AIDS: Aids surveillance in Europe. *Quarterly Report* n. 28, Dec. 31, 1990.

Medizinische Informatik, Biometrie und Epidemiologie

Band 38: Arztgeheimnis-Datenbanken-Datenschutz. Arbeitstagung, Bad Homburg, 1982. Herausgegeben von P. L. Reichertz und W. Kilian. VIII, 224 Seiten. 1982.

Band 39: Ausbildung in der Medizinischen Informatik. Proceedings, 1982. Herausgegeben von P. L. Reichertz und P. Koeppe. VIII, 248 Seiten. 1982.

Band 40: Methoden der Statistik und Informatik in Epidemiologie und Diagnostik. Proceedings, 1982. Herausgegeben von J. Berger und K. H. Höhne. XI, 451 Seiten. 1983.

Band 41: G. Heinrich, Bildverarbeitung von Computer-Tomogrammen zur Unterstützung der neuroradiologischen Diagnostik. VIII, 203 Seiten. 1983.

Band 42: K. Boehnke, Der Einfluß verschiedener Stichprobencharakteristika auf die Effizienz der parametrischen und nichtparametrischen Varianzanalyse. II, 6,173 Seiten. 1983.

Band 43: W. Rehpenning, Multivariate Datenbeurteilung. IX, 89 Seiten. 1983.

Band 44: B. Camphausen, Auswirkungen demographischer Prozesse auf die Berufe und die Kosten im Gesundheitswesen. XII, 292 Seiten. 1983.

Band 45: W. Lordieck, P. L. Reichertz, Die EDV in den Krankenhäusern der Bundesrepublik Deutschland. XV, 190 Seiten. 1983.

Band 46: K. Heidenberger, Strategische Analyse der sekundären Hypertonieprävention. VII, 274 Seiten. 1983.

Band 47: H.-J. Seelos, Computerunterstützte Screeninganamnese. IX, 221 Seiten. 1983.

Band 48: H. E Wichmann, Regulationsmodelle und ihre Anwendung auf die Blutbildung. XVIII, 303 Seiten. 1984.

Band 49: D. Hölzel, G. Schubert-Fritschle, Ch. Thieme, Klinikübergreifende Tumorverlaufsdokumentation. XI, 269 Seiten. 1984.

Band 50: Der Beitrag der Informationsverarbeitung zum Fortschritt der Medizin. 28. Jahrestagung der GMDS, Heidelberg, September 1983. Herausgegeben von C. O. Köhler, P. Tautu und G. Wagner. XI, 668 Seiten. 1984.

Band 51: L. Gutjahr, G. Ferber, Neurographische Normalwerte. XI, 322 Seiten. 1984.

Band 52: Systemanalyse biologischer Prozesse, 1. Ebernburger Gespräch. Herausgegeben von D. P. F Möller. IX, 226 Seiten. 1984.

Band 53: W. Köpcke, Zwischenauswertungen und vorzeitiger Abbruch von Therapiestudien. V, 197 Seiten. 1984.

Band 54: W. Grothe, Ein Informationssystem für die Geburtshilfe, VIII, 240 Seiten. 1984.

Band 55: K. Vanselow, D. Proppe, Grundlagen der quantitativen Röntgen-Bildsauswertung. VII, 280 Seiten. 1984.

Band 56: Strukturen und Prozesse – Neue Ansätze in der Biometrie. Proceedings, 1982. Herausgegeben von R. Repges und Th. Tolxdorff. V, 138 Seiten. 1984.

Band 57: H. Ackermann, Mehrdimensionale nichtparametrische Normbereiche. VI, 128 Seiten. 1984.

Band 58: Krankendaten, Krankheitsregister, Datenschutz. 29. Jahrestagung der GMDS, Frankfurt, Oktober 1984. Herausgegeben von K. Abt, W. Giere und B. Leiber. VI, 566 Seiten. 1985.

Band 59: WAMIS Wiener Allgemeines Medizinisches Informations-System. Herausgegeben von G. Grabner. X, 367 Seiten. 1985.

Band 60: Neuere Verfahren der nichtparametrischen Statistik. Proceedings, 1985. Herausgegeben von G. Ch. Pflug. V, 129 Seiten. 1985.

Band 61: Von Gesundheitsstatistiken zu Gesundheitsinformation. Herausgegeben von E. Schach. XIV, 300 Seiten. 1985.

Band 62: Prognose- und Entscheidungsfindung in der Medizin. Proceedings, 1985. Herausgegeben von H. J. Jesdinsky und H. J. Trampisch. VIII, 524 Seiten. 1985.

Band 63: H. J. Trampisch, Zuordnungsprobleme in der Medizin: Anwendung des Lokationsmodells VIII, 121 Seiten. 1986.

Band 64: Perspektiven der Informationsverarbeitung in der Medizin. Kritische Synopse der Nutzung der Informatik in der Medizin. Proceedings. Herausgegeben von C. Th. Ehlers und H. Beland. XIV, 529 Seiten. 1986.

Band 65: Methodische Aspekte in der Umweltepidemiologie. Proceedings. Herausgegeben von H.-E. Wichmann. VIII, 160 Seiten. 1986.

Band 66: Th. Tolxdorff, Ein neues Software-System (RAMSES) zur Verarbeitung NMR-spektroskopischer Daten in der bildgebenden medizinischen Diagnostik. V, 141 Seiten. 1987.

Band 67: W. Lehmacher, Verlaufskurven und Crossover. IV, 176 Seiten. 1987.

Band 68: H.-K. Selbmann, K. Dietz (Hrsg.), Medizinische Informationsverarbeitung und Epidemiologie im Dienste der Gesundheit Proceedings, 1987. XI, 384 Seiten. 1988.

Band 69: H. Letzel, Passivrauchen und Lungenkrebs. VI, 208 Seiten. 1988.

Band 70: P. Bauer, G. Hommel, E. Sonnemann (Hrsg.), Multiple Hypothesenprüfung, Multiple Hypotheses Testing. IX, 234 Seiten. 1988.

Band 71: G. Giani, R. Repges (Hrsg.), Biometrie und Informatik – neue Wege zur Erkenntnisgewinnung in der Medizin. Proceedings, 1989. X, 301 Seiten. 1990.

Band 72 : I. Guggenmoos-Holzmann (Hrsg.), Quantitative Methoden in der Epidemiologie. Proceedings, 1990. X, 387 Seiten. 1991.

Band 73: N. Victor, H. Schäfer, H. Nowak et al., Arzneimittelforschung nach der Zulassung. VIII, 92 Seiten. 1991.

Band 74: G. U. H. Seeber, Ch. E. Minder (Hrsg.), Multivariate Modelle. V, 165 Seiten. 1991.